박막 공학의 첫걸음

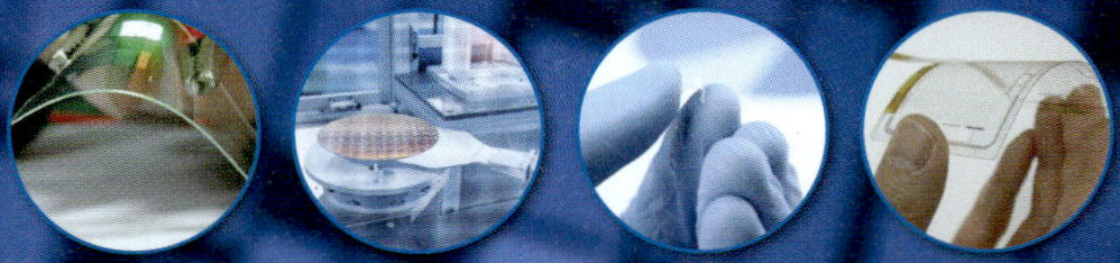

Introduction to
THIN FILM ENGINEERING

| 윤영수 · 최지혁 · 김수형 · 이운호 공저 |

도서출판 동화기술

머리말

전자 소재, 부품, 에너지 및 표면 과학 분야에 관심이 있는 이공학도에게 박막 공학은 가장 중요한 전공 지식 중 하나입니다. 이 때문에 박막 공학은 재료, 전자, 기계, 물리, 화공 등 다양한 학문 분야에서 매우 중요한 위치를 점하고 있습니다. 박막은 단순히 원하는 물질을 매우 얇은 형태로 구현함으로써 "작음"을 실현하는 것으로 인식되곤 합니다. 그러나 박막은 특정 물질을 2차원 구조로 만들며, 3차원 구조에서는 나타날 수 없는 독특한 특성을 가지게 하는 것이 또 다른 큰 특징입니다. 또한, 기판(어떤 경우는 이를 모재라 표현하기도 합니다)의 기본적인 물리적 특성을 그대로 유지하면서 표면의 화학적 또는 기계적 특성을 바꿀 수 있기 때문에 그 활용성이 매우 높습니다.

오늘날 대부분의 산업에서 표면과 관련된 박막 기술은 없어서는 안 될 과학이자 공학이 되었습니다. 그럼에도 불구하고 박막과 관련된 대부분의 교재는 지나치게 이론 위주이거나 이미 상당한 수준의 박막 지식을 가진 대상을 위해 작성되어 있어, 박막에 처음 진입하는 초보자나 대학생을 위한 적절한 교재를 찾기가 어렵습니다. 이 때문에 박막 분야에 처음 진입한 학생이나 엔지니어는 이에 대한 이해를 위해 상당 기간의 시행착오를 겪는 것이 일반적이었습니다. "박막 공학의 첫걸음"은 박막 공학에 대한 기초 지식과 응용을 체계적으로 제공함으로써 대학생, 현장에서 막 업무를 시작한 초보자, 그리고 현장 전문가들 모두에게 유익한 자료가 되고자 편찬되었습니다.

이 교재의 특징은 교육과 연구 현장에서 학생들을 지도하는 윤영수 교수와 실제 박막 공학에 대한 교육과 연구를 몇 년 동안 진행하며 현장 수준의 전문가가 된 박사 과정의 최지혁, 김수형, 이운호 학생들이 공동으로 집필하였다는 점입니다. 이는 다양한 수준에서의 시각이 반영되어 교재의 활용도와 실효성을 높이고자 하는 의도입니다.

본 교재는 박막 공학과 관련된 많은 학생과 현장 엔지니어가 자기 전공 지식을 기반으로 박막 공정을 직접 설계하고 구현하는 데 작지만 의미 있는 도움이 될 것으로 확신합니다. 끝으로 출판에 기꺼이 응해주신 도서출판 동화기술 관계자 여러분께 감사의 말씀을 드립니다.

목차

CHAPTER 01 ▶ 박막공정 개론

CHAPTER 02 ▶ 박막 증착 종류

CHAPTER 03 ▶ Sputtering을 통한 박막 형성 공정 이해

CHAPTER 05 ▶ 결론

CHAPTER 01

박막공정 개론

학습목표

1.1 박막이란 무엇인가?
1.2 코팅 / 박막 / 도금
1.3 박막공정 개론 - 박막공정 주요 변수
1.4 플라즈마(Plasma)

1.1 ▸ 박막이란 무엇인가?

1.1.1 박막(Thin Film)의 정의

박막(Thin film)은 현재 많은 산업에서 사용되며, 박막제조 기술은 과학 기술의 기초가 되는 분야로 품질이 우수한 박막을 제조하기 위해서 많은 연구가 이루어지고 있다. 박막은 모재의 특성을 향상시키거나 모재에 추가적 기능을 추가하는 표면처리 기술을 의미한다. 우선 박막의 정의를 살펴보면, 인위적으로 제작하거나 만들 수 없는 얇은 두께의 막을 의미한다. 이때 아주 얇은 두께는 보통 마이크로미터(μm)단위에서부터 나노미터(nm) 단위이다. 수면의 기름막, 비눗방울막, 금속 표면의 녹 등이 이에 속하지만, 이외에도 다양한 금속이나 반도체 또는 절연물 등을 재료로 하는 금속박막·반도체박막·절연박막·자성박막·유전체박막·초전도박막 등이 진공증착법(증기 건조법)의 대표적인 예이며, 전해도금, 기상 혹은 액상 속의 산화, 화합물 열분해, 전자빔 증착, 레이저빔 증착 등에 의해 만들어진다. 물질이 이렇게 얇은 두께의 박막이 되면, 일반적으로 표면장력이 줄어들고 점성이 증가하는 등 화학적·물리적 성질이 크게 변하게 된다. 예를 들어, 일반적인 금속을 박막형태로 만들면 녹는점이 낮아져 상대적으로 낮은 온도에서 녹게 되고, 빛의 간섭에 의해 착색현상이 일어난다. 이러한 박막의 특성 때문에 화학 · 물리 실험부터 전자회로 등 다양한 분야에 활용할 수 있는데, 금속막을 금속이 아닌 물질에 입히게 되면 금속만이 지니는 뛰어난 특성을 다른 물질에

그림 1-1 ▸ 박막 소재가 증착된 실리콘 웨이퍼

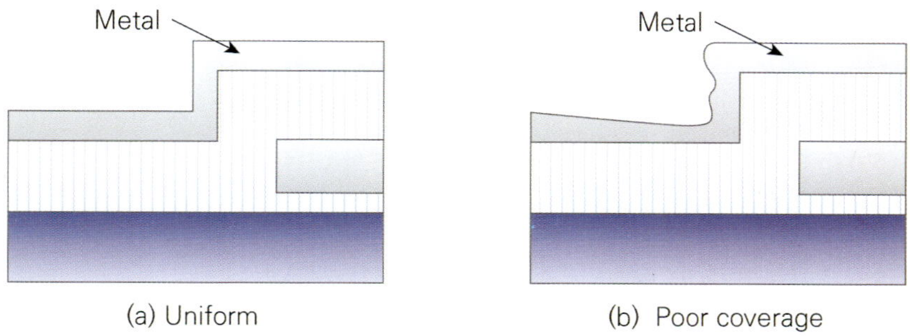

그림 1-2 ▸ Step coverage 문제

구현할 수 있는 것이다. 즉, 금속은 전자전도성, 광택이 우수하지만 경제성과 무거운 무게로 인해 이종의 물질에 금속의 특성을 입혀 금속의 장점만 살릴 수 있다. 그 예로는 자동차 램프 재질인 경량 플라스틱에 Al (알루미늄)을 증착시키면 경량성과 높은 반사율을 동시에 가지게 된다. 또한 세라믹은 상대적으로 높은 강도와 불활성을 가지고 있고, 부식, 산화에도 강해 기판이나 도구의 보호를 위한 코팅으로도 사용된다.

반도체 8대 공정의 5번째 순서이기도 한 박막의 제조공정은 증착(Thin film deposition)과 사진식각(Photolithography) 공정을 이용하여 원하는 모양의 회로를 제작하는 과정을 의미한다. 증착(Deposition)이란 반도체 소자를 작동하기 위해 필요한 다양한 재료(금속, 폴리머, 세라믹)를 얇은 두께의 박막(film)으로 제작하는 공정을 뜻한다. 박막을 제작하는 방법은 수많은 방식이 제안되고 있으며, 각 방식에는 MBE (Molecular Beam Epitaxy), LB (Langmuir-Blodgett technique), LBL (Layer by Layer deposition, ALD (Atomic Layer Deposition) 등 다양한 방법과 특징, 차이점을 가진다. 물체의 표면에 이종막을 씌우는 점에서 도금(plating)에 속한다고 할 수 있지만, 일반적으로 우리가 말하는 증착과 도금의 차이점은 물체 표면으로 이동하는 이종재료의 상태이다. 일반적으로 도금 공정이 이종재료가 녹아 있는 전해질과 같은 용액에 물체를 넣어 이종막을 입히는 것과 달리, 증착은 기체화된 이종의 금속원으로 박막을 만든다. 따라서 도금 공정과 달리 유해한 화학성분 및 폐유기물 등의 오염물이 없다는 장점이 있다. 증착시 필요한 스펙으로는 전기적이나 물리적 특성의 품질(Quality), 증착 두께 균일도(Thickness Uniformity), 단차에서 일정한 두께를 유지하는지의 여부(Step Coverage), 단차 사이 공간을 잘 채우는지(Filling) 등이 있으며, 그림 1-3에서처럼 사이 공간을 증착으로 채울 때 안쪽이 잘 채워지지 않아 생기는 빈공간을 Void라고 한다.

이 밖에도 박막에 원치 않는 원소나 오염, 튼튼함을 평가하는 Film purity and density, 원하는 원소들을 원하는 비율로 증착하는 Stoichiometry, 박막의 결정립 사이즈를 조절해 전기적 특성을 다르게 하는 Film structure, 박막이 기판과 얼마나 잘 붙

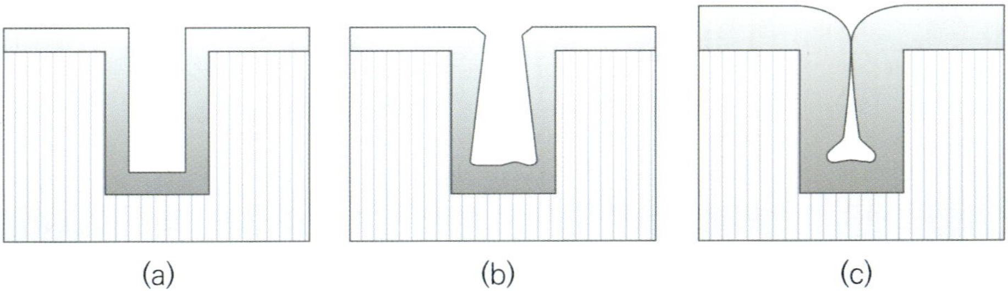

그림 1-3 ▸ Void 결함 발생 과정 (a) → (b) → (c)

어있는지를 평가하는 Film adhesion 등이 있다. 이러한 박막은 집적공정에 있어서 전기적 용도에 따른 분류, 공정 방법에 따른 분류로 나눌 수 있다. 전기적 용도에 따른 박막 분류는 전도성 물질(Conducting)박막, 절연성 물질(부도 물질; Dielectric), 박막, 보호막(Passivation Layer) 등으로 나눌 수 있고, 공정 방법에 따른 분류는 물리증착(Physical Vapor Deposition; PVD)과 화학증착(Chemical Vapor Deposition; CVD), 원자 층 박막증착(Atomic layer deposition; ALD)으로 나눌 수 있다. Physical Vapor Deposition는 화학반응을 수반하지 않은 증착법이며, sputtering, thermal evaporation, E-beam evaporation 등이 있다. 화학증착(CVD)은 화학반응을 통해 형성된 가스 형태의 원자나 분자를 사용해 증착하는 방법으로 APCVD (Atomospheric, 상압), LPCVD (low pressure, 저압), PECVD (Plasma enhanced, 플라즈마 보강), EECVD (Energy enhanced, 에너지 증속형), MOCVD (Metalorganic, 유기금속) 등이 그 예이다. 전도성 박막 중 가장 흔하게 사용되는 재질은 다결정 Silicon (Polycrystalline Silicon)으로, 사용 목적에 따라 비저항(Resistivity)을 줄이기 위해 흔히 Boron, Phosphorous, Arsenic 등 이종 원소를 첨가하여 사용하기도 하는데, Doping을 위하여 증착 후 확산이나 Ion Implantation의 방법을 활용하여 Doping하며, 때로는 증착 중에 이종 원소를 같이 첨가(in-situ Doping)하기도 한다. 절연성 박막은 열 산화막과 마찬가지로 증착 산화막도 전도층 간의 절연의 목적으로 가장 많이 쓰이지만, 그 외에도 확산 방지막(Diffusion Barrier), 불순물을 모으는 먹적(Gettering)으로 쓰이는 절연막, 수분 침투나 물리적 손상을 막아주는 보호학(Passivation), 집적공정 중 단차(Step)가 크게 발생한 부분을 평탄화(Planarization)하기 위한 목적으로 쓰이는 Doped Glass 등 매우 다양한 목적으로 쓰인다.

1.2 ▶ 코팅 / 박막 / 도금

1.2.1 코팅, 박막, 도금의 정의 – 어떤 것을 박막이라는 단어를 사용할까?

코팅, 박막, 도금은 비슷한 뜻 같지만, 모두 다른 단어를 사용한다. 왜 어떤 것은 도금이라고 표현하고, 어떤 것은 박막이라는 단어를 사용하는 것인지 알아보자. 그 차이를 알려면 재료가 아닌 다른 관점에서의 생각이 필요하다. 우선 코팅과 도금은 동일한 단어로서 도금을 영어로 쓰면 코팅(Coating)이다. 코팅(Coating)은 플레이팅(Plating)이라고도 한다. 도금은 한자로 '鍍金'으로 금속을 입히는 것의 한자표현이다. 영어로 입히는 물질을 금속으로 한정한다면, 코팅(Coating)보다는 플레이팅(Plating)이라는 용어가 더 전문적인 표현이다. 따라서 물질에 상관없이 입히는 행위는 코팅(Coating)이라는 단어가 좀 더 포괄적이라고 할 수 있다. 예를 들어, '막대기 코팅을 위해 크롬도금을 했다'라는 식의 표현이 가능하다. 하지만, 막대기에 입히고자 하는 물질이 금속이므로 코팅과 도금을 같은 의미로 쓸 수 있어 '막대기 도금을 위해 크롬도금을 했다'도 같은 의미이다. 즉, 어떠한 물질을 입히는 행위를 코팅이라고 하고, 그 중에서 재료를 금속으로 한정하면 도금 또는 플레이팅(Plating)이라 할 수 있다. 일반적인 상황에서는 도금과 코팅을 구분 없이 사용한다. 하지만 일반적으로 사람들의 인식에 '도금'이라 하면 전통적인 습식도금을 생각하는 경우가 많고, '코팅'은 진공증착, 스퍼터링 등의

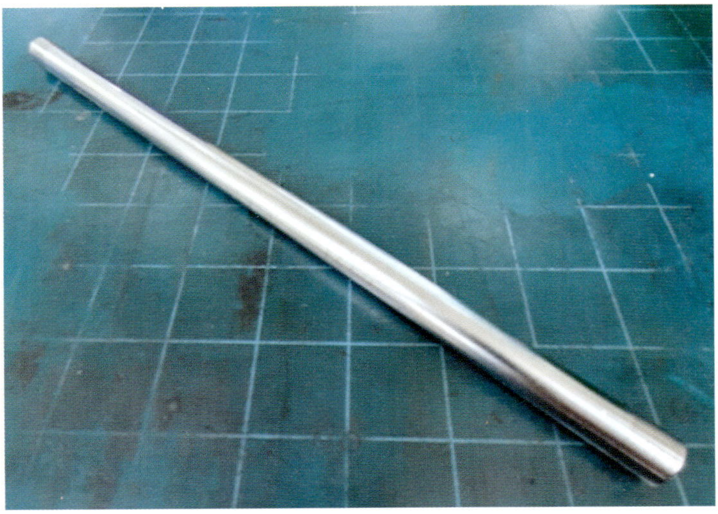

그림 1-4 ▸ 크롬도금된 스테인리스 스틸

표 1-1 박막, 후막의 제조공정에 따른 분류

대분류	세분류	내용
박막 제조공정	습식공정	• Sol-gel, Metallo-organic Deposition
	건식공정	• Sputtering, Chemical Vapor Deposition, Pulsed Laser Deposition
후막 제조공정	습식공정	• Tape Castion, Screen Printing, In Jett Printiong, Hybrid Sol-gel
	건식공정	• Thermal Spray, Cold Spray, Aerosol Deposition

건식도금을 생각하는 경우가 많다. 하지만 이런 식의 구분은 잘못된 구분이고, 건식도금과 습식도금 또는 건식코팅과 습식코팅이라고 구분해야 한다. 그렇다면 코팅과 박막은 어떤 차이가 있을까? 구분방법으로는 몇 가지 기준이 있다. 첫 번째는 두께이고, 두 번째는 기능이다. 기술력이 부족했던 옛날에는 오직 두께만을 기준으로 하여 두께가 5μm 이하는 박막, 그 이상은 후박으로 구분을 지었다. 하지만, 기술이 발전한 요즘은 1μm 이하를 박막으로 규정하기도 한다. 하지만, 이렇게 두께를 기준으로 나누는 것은 큰 의미가 없는데, 현재는 단 원자 층 두께 정도로 얇게도 가능하고 필요 이상으로 두껍게도 만들 수 있기 때문이다. 이러한 이유로 코팅과 박막의 구분은 기능적인 측면으로 나누는 것이 더 명확하다.

코팅(혹은 도금)은 먼저 기본 주재료에 주재료의 기능을 보완하거나, 추가 기능을 위해 표면에 다른 재료를 입히는 것을 말한다. 예를 들어, 내마모 도금은 원재료의 표

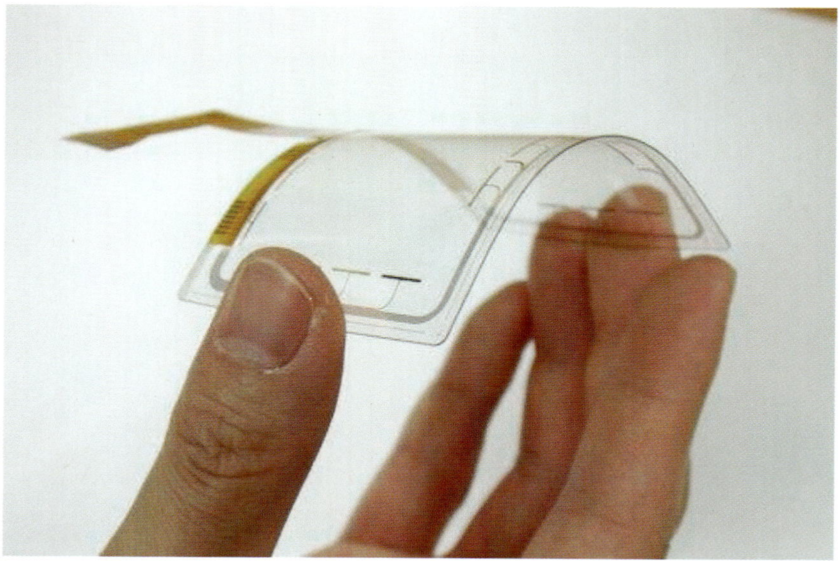

그림 1-5 ▸ ITO 투명전극

면의 보호를 위해, 광택도금은 주재료의 표면에 광택을 부여하기 위해, 내부식성 도금은 주재료가 가지지 못한 내식성을 향상시키기 위해 진행한다. 주재료가 주 기능을 담당하고, 표면에서 주재료의 기능과 성능을 향상 및 보완시켜주는 역할을 하는 것이다. 한편 박막은 도금과 동일하게 다른 재료의 표면에 존재하지만 독자적인 기능을 한다. 한 가지 예로 ITO (Indium-Tin-Oxide) 투명전극재료는 그 자체로 투명하고 전도성을 가져 디스플레이의 전극으로의 역할을 독자적으로 담당하는 것이지, 기판의 투명도나 전도성 기능을 향상시키는 것이 아니다. 마찬가지로 트랜지스터 박막(TFT)도 기판 위에서 독자적인 박막으로 트랜지스터의 기능을 하는 것이다. 따라서 기판이 없이 박막만으로도 기능을 한다. 하지만, 기판의 지지역할을 하지 못해 단독적으로 사용하지 못하는 것이다. LCD (Liquid Crystal Display)의 같은 경우도 내부에 매우 얇은 층의 박막이 적층 다중층으로 증착되 각각의 독자적인 기능을 수행한다. 즉, 박막이란 기판 위에 수 μm 이하 두께의 독립적인 기능을 가지는 층(layer)이라고 생각하면 된다. 후막에 대해서도 간단히 알아보자. 후막의 두께는 앞서 설명한 것처럼 약 1μm 이상 두께의 막을 칭하며, 기존의 박막 증착 공정을 사용해서 제작하기에는 너무 두껍고, 수 mm 단위의 벌크 Ceramic을 가공해서 얻기에도 용이하지 않다는 어려움이 있었다. 하지만, 급격한 산업 성장으로 인해 두께 범위의 후막을 요구하는 분야가 증가하면서 다양한 후막 제조공정 기술들이 연구되어 광범위하게 사용되고 있다. 후막 제조공정 기술은 소재 표면에 적층구조로 형성하면서 회로구조 및 회로형상을 구현할 수 있는 전자, 반도체 부품 분야 등에 활용된다. 이 밖에도 구조용 내마모, 내구성 향상을 위한 코팅, 반도체/LCD 제조장비 부품산의 내식성 향상을 위한 코팅, 에너지 사업 분야에

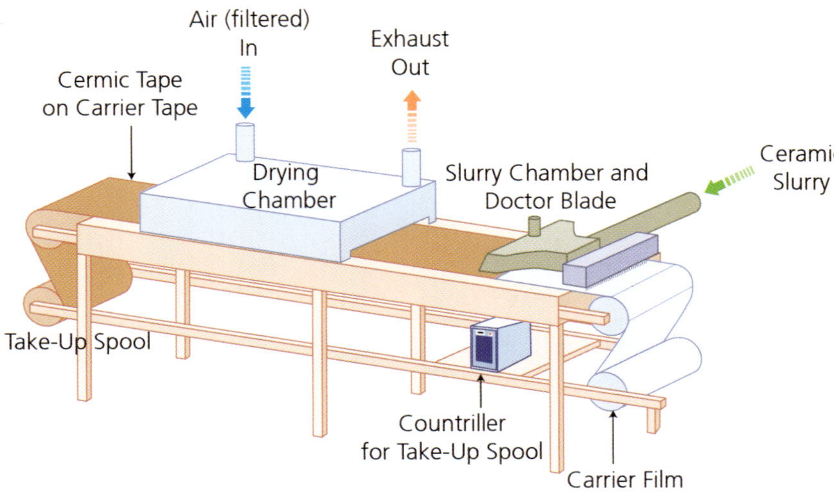

그림 1-6 ▸ Tape cater 모식도

서의 연료전지 및 전지, 광촉매 코팅, 의료산업에서의 표면 활성을 위한 코팅 등 다양한 분야에서도 적용되고 있으며, 그 범위가 더욱 넓어질 것으로 기대된다. 후막 공정에 대해 간단히 알아보자. 후막 기술은 습식공정과 건식공정으로 나눌 수 있으며, 습식공정에는 테이프 캐스팅(Tape Casting) 기술과 스크린 프린팅(Screen Printing) 기술, 하이브리드 졸-겔(Hybrid Sol-gel) 공정이 있다[1-2]. 우선 테이프 캐스팅(Tape Casting)이란, 그림 1-6에서 보는 것처럼 슬러리 쳄버(Slurry chamber), 바탕 테이프(Carrier tape), 닥터 블레이드(Doctor blade), 건조실(Drying chamber)로 구성되어 있다. 테이프 케스터(Tape cater)는 케스팅 속도(Casting speed), 온도 기울기(Temperature profile), 용매 농도 기울기(Solvent gradient), 성형테이프 두께(Casting thickness), 건조공기 흐름속도(Air flow rate) 등을 제어할 수 있다. 슬러리 용액에는 세라믹 분말에 용매, 결합제, 분산제와 같은 유기물 첨가제를 혼합해 현탁시켜 롤러(Roller)나 블레이드(Blade) 등을 이용해 일정한 두께를 유지, 조절하면서 필름 위에 치밀하고 유연한 시트를 얻는다. 세라믹 파우더와 유기물 첨가제가 혼합된 Slurry는 밀링, 에이징, 캐스팅, 기포 제거 등의 여러 공정을 거쳐야 하기 때문에 변수가 다양하다. 또한 우수한 Sheet를 제작 위해서는 품질 좋은 상태의 슬러리를 제작하는 것이 중요하다. 테이프 캐스팅(Tape casting) 기술은 Sheet의 두께 조절이 자유롭고, Sheet가 유연해 사용 및 가공이 용이하며 적층 구조 제작이 가능하다는 특징이 있기 때문에 적층 구조 세라믹 제조에 폭넓게 사용되고 있다

스크린 프린팅(Screen Printing) 기술은 지금까지 전극 및 커패시터 등의 소재에 많이 사용되어 오던 기술로서, 현재 전기·전자 산업 분야에서 가장 많이 사용되고 있는 후막 Ceramic 제조공정이다. 스크린 프린팅 기술은 원하는 후막 성분의 파우더와 유기물 첨가제를 혼합시켜 만든 페이스트를 미세한 메쉬 필터를 사용해 걸러준 뒤 아래의 기판에 증착시키고 건조 및 열처리를 통해 후막을 제조한다. 이러한 스크린 프린팅 기술의 가장 큰 장점은 메쉬 스크린 필터의 구조를 조절함으로써 증착과 동시에 원하는 형태의 막으로 패터닝이 용이하기 때문에 막 증착 후 에칭 공정 같은 패터닝을 위

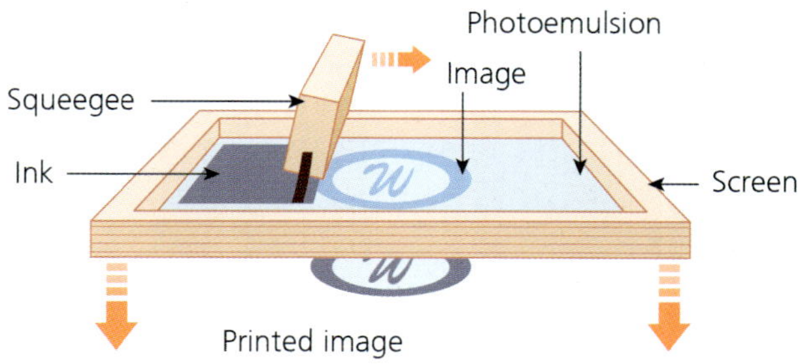

그림 1-7 ▸ 스크린 인쇄

한 후처리가 필요 없다는 점이다. 또한 비교적 장비가 저렴하고, 공정이 단순해서 양산성·생산성이 우수하다는 장점도 있다. 하지만, 막의 치밀화를 위해 고온 열처리가 필요하며 이러한 특성 때문에 사용할 수 있는 기판 재료의 종류에 한계가 있다는 단점이 있다.

하이브리드 졸-겔(Hybrid Sol gel) 공정은 박막공정인 Sol-gel과 세라믹 파우더 공정을 결합해 상대적 저온에서 후막 세라믹의 제작이 용이하다는 장점이 있다. 일반적인 Sol-gel법에 사용하는 Sol 용액에 세라믹 파우더가 균일하게 잘 혼합된 혼합 용액을 제작한 후, 스핀 코팅(Spin Coating) 공정을 이용해 원하는 기판에 후막을 제작한다. 후막 제작 후 열처리를 통해 Sol용액에 포함된 유기물을 제거하는 동시에 막 결정화가 일어나, 최종 열처리 공정을 걸쳐 결정상의 세라믹 후막이 형성된다. 하이브리드 졸-겔(Hybrid Sol gel) 공정에 의해 한 차례의 공정으로 증착되는 세라믹 후막의 두께는 파우더 함량에 따라 0.5~10μm 정도의 두께이다. 이는 전형적인 Sol-gel법으로 제작할 수 있는 막의 약 10배 정도 두께이며, 반복적인 공정을 균열 없이 약 50~60μm 두께의 후막 제조가 가능하다. 그러나 하이브리드 졸-겔(Hybrid Sol gel)에 보통 사용하는 열처리 온도는 보통 500~700°C이며, 이는 후막 세라믹을 완전히 치밀하게 제작하기에는 낮은 온도이다. 따라서 열처리 공정에 의해 제조된 후막은 대부분 많은 수의 기공을 가지고 있는 치밀하지 못한 미세구조를 보여, 오히려 벌크 세라믹보다 나쁜 특성을 나타낸다. 다음으로는 건식 공정 중 열용사(Thermal Spray) 기술에 대해 알아보자. 열용사(Thermal Spray) 공정은 분말 분사 코팅공정으로서 플라즈마 또는 열을 이용해 고온에서 반용융 또는 용융된 파우더를 기판에 물리적인 힘으로 분사해 막을 형성하는 방법이다. 용사과정 중 분말에 가해지는 온도는 용사공정의 종류에 따

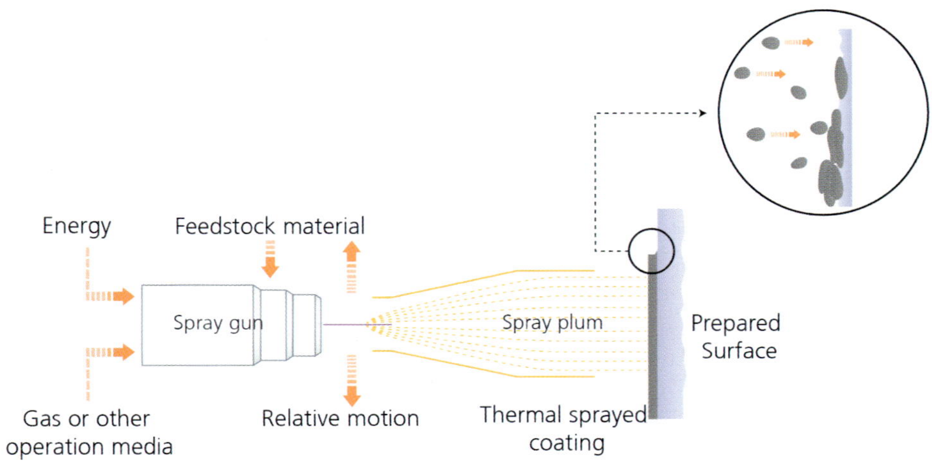

그림 1-8 ▸ Thermal spray process

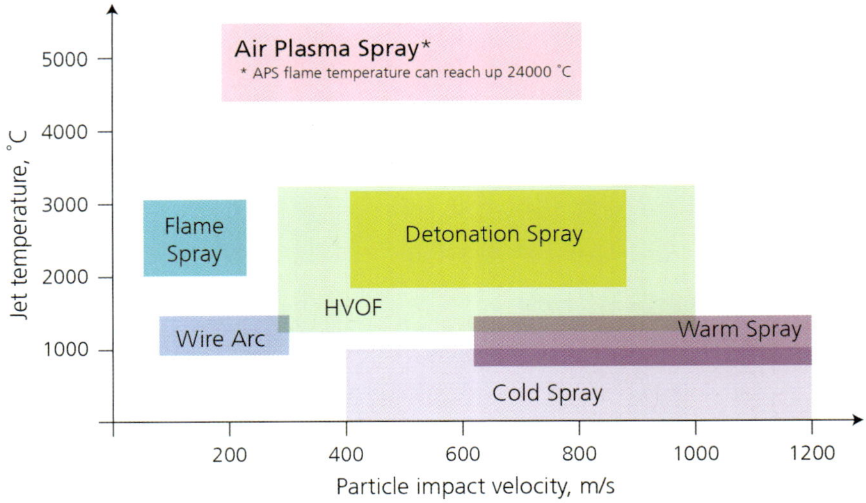

그림 1-9 ▸ 분말 온도와 속도에 따른 다양한 spray 공정 비교

라 어느 정도의 차이가 있으나 3,000~15,000K에 이르는 고온이다[2-3]. 대표적인 열용사 코팅 방법에는 Flame spray, Arc spray, Plasma spray, High velocity oxy-fuel spray가 있으며 단시간 내에 두꺼운 후막 형성이 가능하고, 파우더 입자들이 녹아 기판에 증착되기 때문에 입자간의 결합력이 우수하다, 모재의 재질, 형상과 크기에 관계없이 코팅이 가능하다는 장점이 있다. 하지만, 코팅층 내에 기공이 존재하고, 입자들이 고온에 노출돼 증발하거나 화학적으로 조성이 변경될 수 있고, 급속 냉각에 의해 비정질상이 형성되고, 표면의 거칠기가 크고, 칫수 보정의 경우 후가공 작업(선반, 연마, 래핑, 폴리싱 등)이 필요하다는 점과 균열과 기판과의 결합력이 낮다는 단점이 있다.

저온 분사(Cold spray)는 앞서 설명한 열용사와 유사하지만, 작동 온도가 낮고, 고온의 가스나 플라즈마를 사용하지 않는 공정이다. 그림 1-9에서 알 수 있듯이, 약 1,000K 이하의 상대적으로 낮은 온도에서 고속의 기체압력을 이용해 파우더를 기판 표면에 분사함으로써 코팅을 하는 기술이다. 고압의 가스에 의한 운동에너지와 열에너지에 의해 Particle이 기판에 충돌할 때 변형이 되고, 표면의 온도가 상승하면서 모재에 융착돼 코팅막을 형성하는 것이다. 열용사(Thermal spray)에 비해 상대적으로 저온에서 코팅이 이루어지기 때문에 코팅할 소재의 물성이 변하지 않고 유지된다는 장점이 있다. 하지만 파우더의 소성 변형으로 코팅 막이 생성되기 때문에 주로 금속 소재의 코팅에만 적용되며 세라믹 분말의 코팅에는 적용하기 힘들다는 단점이 있다.

건식 공정의 마지막으로 소개할 기술은 에어로졸 데포지션(Aerosol Deposition) 기술이다. 에어로졸 데포지션(Aerosol Deposition)은 고밀도의 막을 고속, 고압으로 제조할 수 있는 창의적인 막 형성 기술이다. 미세한 파우더를 운송 가스의 기압으로 기판에 분사해 기판 표면에 코팅층을 형성할 수 있는 기술로서 수 μm 이하의 얇은 박막뿐만 아니라 수백 μm 이상의 밀도 높은 두꺼운 후막을 짧은 시간에 얻을 수 있다는 장점이 있다.

파우더를 분사한다는 점에서 종래의 열용사(Thermal spray)와 저온 분사(Cold spray) 기술이 유사하지만, 치밀하고 두꺼운 후막이 상온에서 형성된다는 것이 차이점이다. 상온에서 코팅이 제작되기 때문에 기판과 코팅 막 사이에 별다른 계면반응이나 화학적 반응이 일어나지 않으며, 세라믹이나 금속과 같은 여러 종류의 물질이 기판으로 사용될 수 있다. 또한, 처음 분말상태와 형성된 코팅층 성분사이의 조성 변화가 없으므로, 다양한 조성의 화합물로 구성된 코팅막을 용이하게 제작할 수 있다는 장점이 있다. 이 밖에도 노즐과 기판 사이에 원하는 패턴의 마스크를 사용함으로써 코팅과 동시에 막의 패터닝 형성이 가능하다. 그림 1-10은 에어로졸 데포지션(Aerosol Deposition) 장비의 개략도로 공급될 원료 분말이 위치하는 Aerosol Chamber와 코팅이 진행되는 Deposition chamber가 가스관으로 연결되어 있다[3]. 원료파우더는 반송 가스와 교반, 혼합해 Aerosol chamber 내에서 에어로졸화 된다. 진공펌프에 의해 생성된 Aerosol과 Deposition chamber 사이의 압력 차로 인해 발생한 가스 흐름에 의해 파우더들이 Deposition chamber로 이동되며, 슬릿 형태의 노즐에 의해 가속화돼 기판에 분사됨으

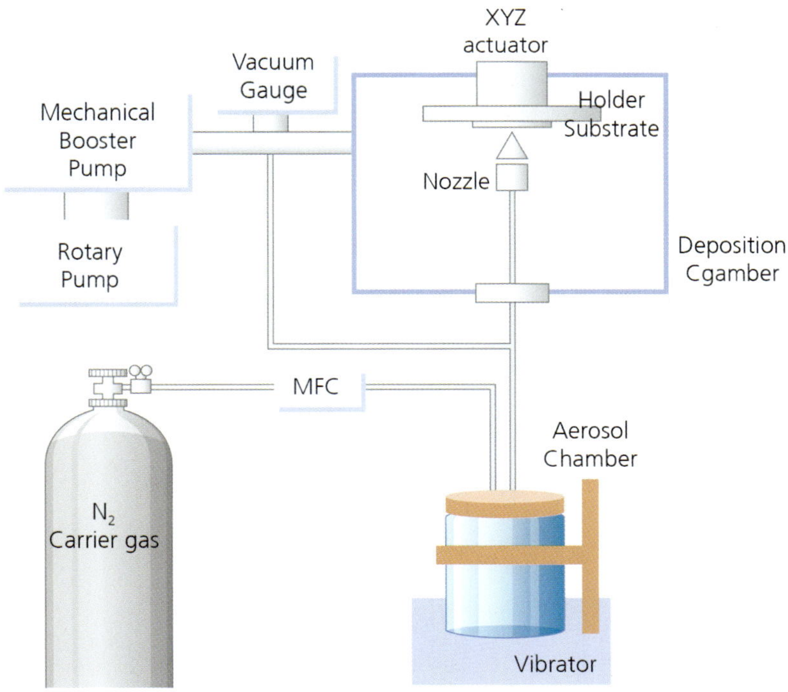

그림 1-10 ▸ 에어로졸 데포지션 공정기술

표 1-2 Sol-gel법과 MOD법 비교

	Sol-gel법	MOD법
반응	화학적 반응 M(OR) + H_2O M(OH) + ROH M(OH) + (OH)M M-O-M + H_2O Hydrolysis and Condensation	물리적(열적) 반응 M(OR) MO or MCO_3 MO + MCO_3 M-O-M +CO_2 Pyrolysis
요구 조건	• 가수분해가 쉽게 일어나야 한다. • 부산물의 휘발이 용이해야 한다.	• 유기물의 열분해가 용이해야 한다. • 전구체의 용해도가 커야한다.
특징	• 엔탈피 < 0 • 다단계의 화학반응	• 엔탈피 > 0 (고열 필요) • 열에 의한 고상반응

로서 물리적인 충돌에너지에 의해 코팅 층이 형성된다. 파우더 입자의 분사를 통해 코팅층을 제작하는 분말분사코팅 공정방법의 경우에는 비교적 경제적으로 대량 생산이 가능하기 때문에, 여러 코팅 방법 중에서 양산화를 위한 공정에 적합하다. 에어로졸 데포지션(Aerosol Deposition)의 경우, 상온에서 코팅막 제작이 가능하다는 점과 다른 공정에 비해 파우더 분사 속도가 낮아 공정 시 발생하는 소음 측면에서도 유리하고 환경 친화적이라는 장점이 있다.

본격적으로 박막에 대해 들어가기 전에 간단하게 박막의 제조 공정에 대해 알아보자.

박막 제조 공정도 후막 제조 공정과 마찬가지로 습식공정과 건식공정으로 구분할 수 있다. 우선 습식공정으로는 졸-겔(Sol-gel) 공정과 Metallo-Organic deposition 공정이 있다. 졸-겔(Sol-gel) 공정은 졸(Sol)이라는 무기물 단분자나 콜로이드 고체 분자들이 분산되어 있는 현탁액 상태에서의 반응이 진행됨에 따라 분산된 고체 분자들이 고분자로 바뀌면서 연속적인 고체 망목구조(Network structure)를 이루어 유동성이 없는 겔(Gel) 상태가 된다[4-5]. 이러한 졸-겔(Sol-gel) 반응은 주로 금속 알콕사이드 [$M(OR)_x$, R=alkyl]가 전구체로 사용되어 물과 알코올의 혼합 용액을 만들고 산 또는 염기 촉매를 첨가한다. 이때 일반적인 알콕사이드는 물과 혼합되지 않아 알코올을 용매로 함께 넣어 균일한 졸(Sol)을 형성시킨다.

1.2.2 핵의 성장과 연속된 박막의 형성

건식공정은 앞에서 설명한 PVD와 CVD가 대표적이다. 그렇다면 가장 흔히 분류하는 방법인 공정에 따른 분류를 살펴보자.

증착 공정은 크게 화학적(Chemical) 증착법과 물리적(Physical) 증착법이 있다. PVD 공정은 Evaporation, Molecular beam, Sputtering, Laser deposition 등이 있는데,

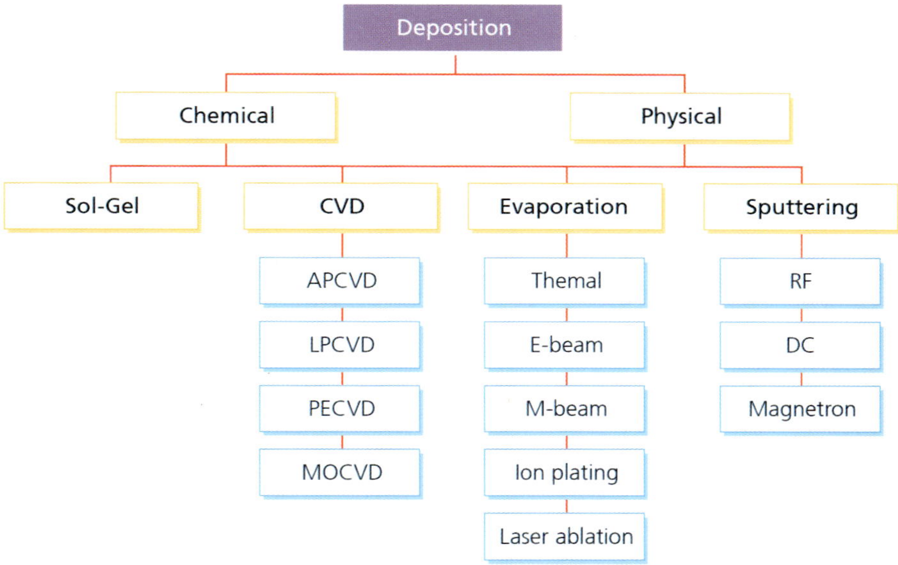

그림 1-11 ▸ 증착 공정방법에 따른 분류

CVD 공정보다 더 다양한 물질을 증착시킬 수 있다는 장점을 가지며 CVD보다 상대적으로 낮은 온도에서 증착이 가능하다. 하지만 단점으로는 CVD보다 상대적으로 느린 증착형성속도를 보인다. 간단하게 PVD 종류에 대해 알아보자. 우선 Thermal evaporation (Vaccum evaporation)은 증발(evaporation)을 활용해 증기 입자를 기판에 박막형태로 증착시키는 것을 말한다. 증발을 발생시키는 방법에는 여러 가지가 있는데, 가장 간단한 방법은 열을 사용하는 것이다[7]. 하지만, 이러한 방법은 필요하지 않은 이종의 금속, 불순물 등 공간에 포함된 물질 모두를 가열시킨다는 단점이 존재한다. 이외의 방법으로는 전자 빔(electron beam)을 이용하는 것으로서 전자 Emitter에 의해 가속된 전자가 Target에 직접적으로 부딪히면서 가열하는 방식이다. 이런 방식은 내화 금속(Refractory metals의 녹는점이 철보다 높은 금속물질을 총칭)뿐만 아니라 유기물 등 다양한 활용이 가능하다[8]. 이제 Sputtering 공정에 대해 알아보자. Sputtering 공정은 thermal evaporation에서 사용이 불가능한 다양한 재료를 사용해 증착이 가능하다. 또한 플라즈마를 이용하는 공정으로 물리적인 충격으로 물질을 분해해 기판, 웨이퍼로 이동시키는 것이다. 이온입자가 target을 큰 에너지로 때림으로서 원자가 방출하게 되고, 이 원자들은 이동하여 박막으로써 웨이퍼에 증착되는 것이다. 이를 위해서는 먼저 진공 챔버에 불활성 기체인 아르곤 가스를 일정 압력까지 주입한다. 그 결과 높은 전압으로 발생한 플라즈마 아르곤 양이온이 Cathode (−극)으로 가속하면서 캐소드 쪽에 부착되어 있는 타겟과 물리적으로 충돌하게 된다. 이후 원자가 타겟으로부터 분리되고 반대쪽의 웨이퍼로 날아가 증착되게 된다. 플라즈마란 이온화된 가스(partially ionized gas)를 말하며 또한 같은 갯수의 양전하와 음전하로 이루어져 전체적으로 중성을 띤다. Sputtering의 종류는 DC, RF, Magnetron이 있다. 우선 DC sputtering은 음극에는 타겟, 양극에는 기판을 둔 다음 플라즈마를 형성할 수 있는 높은 DC 전압을 걸어주는데 이것을 "DC sputtering"이라고 부른다. 이러한 DC sputtering의 장점은 굉장히 간편하다는 것이다. 하지만 단점으로는 전체 시스템에 플라즈마가 발생하기 때문에 기판에도 열이 가해져 지속적인 쿨링이 필요하다. 그리고 오직 전도성 물질만 증착이 가능하다. RF sputtering은 DC와 플라즈마를 형성하는 방식에 차이가 있다. RF Radio Frequency는 고주파 RF 전압을 전극에 걸면서 플라즈마를 형성하는데, AC 전압을 이용하여 Target이 charging 되는 것을 막아주고, 그 결과 절연성 물질의 증착이 가능해진다[6]. 그리고 가장 큰 특징은 Self-bias 캐패시터를 사용하는 것이다. RF sputtering의 가장 큰 장점은 charging problem을 극복하고 절연성 물체에 증착이 가능하다는 것이다. 추가적으로 RF field에 couple된 에너지는 플라즈마를 더욱 효율적으로 발생시키며 더 작은 에너지로 더 빠른 증착 속도를 보여준다[6]. 하지만 가장 큰 단점으로는 절연성 물질을 증착할 때 일반적으로 열에 취약한 물질이 많기 때문에 타겟을 계속해서 쿨링해줄 필요가 있으며, DC sputtering처럼 기판에도 열이 가해지기 때문에 쿨링이 필요하다. 마지막은 이러한 단점을 보완한 Magnetron sputtering이다. Magnetron Sputtering 방식은 RF 시스템에 자석이 추가된 것으로 이런 자기장의 역할은 전자를 음극에 주위에 둠으로써 아르곤 원자에 물리적 충격을 발생시켜 이온화를 일으킨다.

Sputtering의 가장 큰 장점은 다양한 재료를 기판에 증착할 수 있다는 것이다. 또한 좋은 adhesion, uniformity, step coverage 등 다양한 장점을 가지며, 한 번에 많은 양의 재료를 증착하고 두꺼운 두께의 코팅막을 얻을 수 있다[6]. 따라서 많은 양의 재료를 일정하게 증착시켜야 하는 산업에 활용될 수 있다. 마지막으로 "Sputter etching" 공정을 통해 응력과 drying step을 발생하지 않으며, 증착이 이루어지는 곳에 곧바로 활용할 수 있다는 장점이 있다[6]. 하지만 이런 플라즈마를 이용한 Dry cleaning 방식은 Wet cleaning보다 효율성이 떨어진다는 단점이 있다. 또한 원자나 충격으로 발생한 전자로 인해 기판의 온도를 증가시키며, 기판에 증착된 레이어와 화학 반응이 발생할 수도 있다. 또한 Thermal evaporation보다 더욱 복잡하고 가격이 비싸며, 완전히 순수도가 높은 막을 얻기는 힘들다는 단점이 있다. 다음은 Ion beam deposition (IAD, IBAD) 방식이다. Evaporation 방식과 Sputtering 방식이 합쳐진 방법으로 전체적인 형태는 evaporation과 같지만 이온 생성 방식에 차이점이 있다. IAD의 경우 이온의 발생은 ion source나 ion gun에서 생성된다. 이러한 장치는 이온을 진공 Chamber로 방출하면서 증착 전 또는 증착이 진행되는 동안 기판에 열을 가한다. 그리고 플라즈마

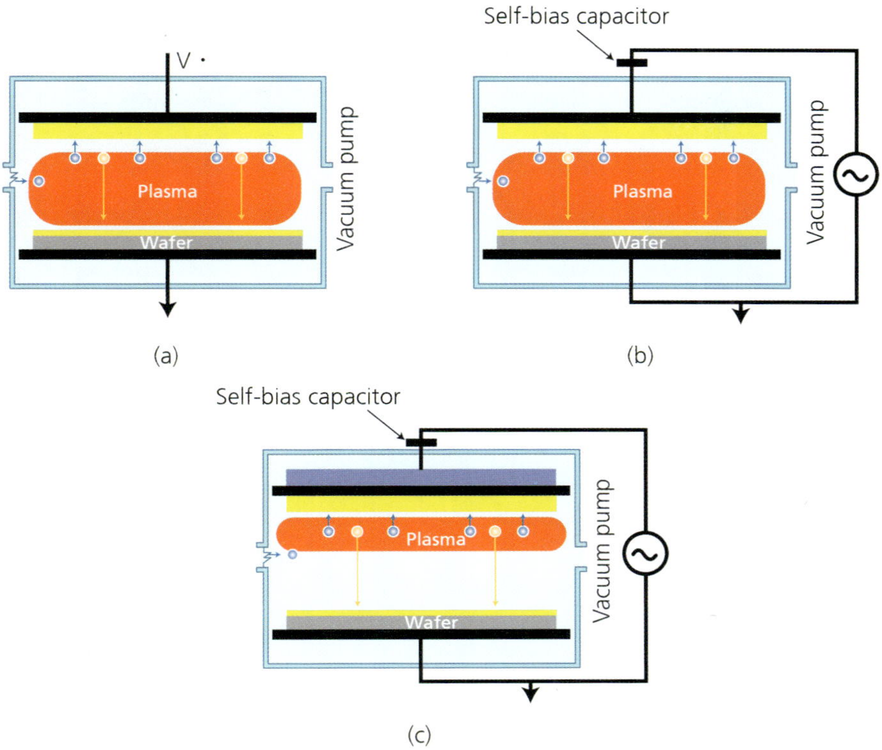

그림 1-12 ▸ Sputtering 종류 (a) DC (b) RF (c) Magnetron

는 evaporation chamber에서 형성되는데, 이때 negative bias 전압을 기판에 걸어주면서 형성된다. 이를 통해 일정한 두께의 증착, 향상된 접착력(film adhesion), 필름의 밀도 및 강도를 증가시킬 수 있다.

다음으로 에픽텍시(epitaxy)란 무엇인지 알아보자. 이 공정은 결정형 필름을 만드는데 활용되며 이는 Evaporation 방식과 Sputtering 방식으로는 불가능한 방법이다. Evaporation과 Sputtering 두 방식으로 증착된 박막층은 다결정상태이거나 비정질이며 단결정은 불가능하다. 에피텍시얼 증착은 crystalline 기판의 단결정필름으로 구성되어 있다. 주요 기능은 실리콘 기판 위에 원하는 도핑 레벨과 두께를 가지고 있는 실리콘 막의 제조 공정, 날카로운 큰 도핑 레벨의 변화가 있는 실리콘 레이어의 중첩이다[8]. 이러한 스택은 microprocessor, high-performance 로직 회로, MEMS 공정의 electrochemical etch stop에 활용될 수 있다. Pulsed laser deposition (PLD)은 높은 에너지 UV excimer 레이저를 사용해 타겟으로부터 물질을 잘라내는 방식이다[9]. PLD의 작동 원리는 먼저 고에너지 UV excimer 레이저 펄스로 타겟을 초점에 맞춘 뒤, 이로 발생하는 에너지를 흡수해 플라즈마 plume이 타겟 표면에서 발생한다[8]. PLD 증착은 상온에서 비정질 막을 형성한다. 하지만 기판을 700°C에서 900°C로 가열하게 되면 결정

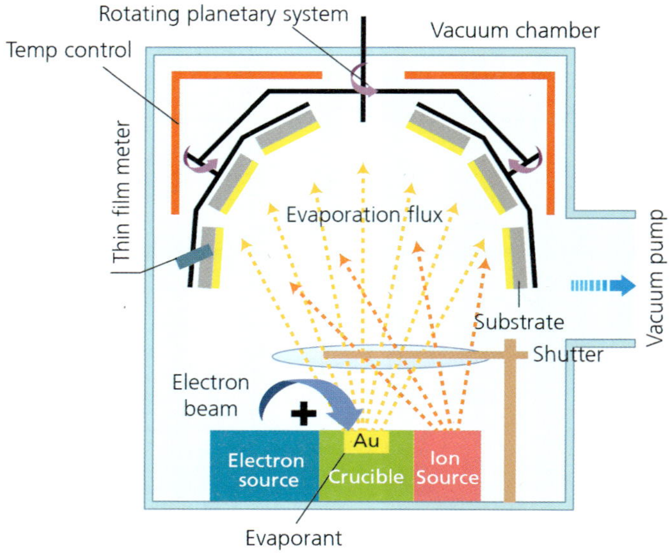

그림 1-13 ▸ Ion (beam) assisted deposition (IAD, IBAD)[8]

화된 박막이 생성된다. 기판을 가열시키는 방법은 히터를 사용하는 방법, CO_2 레이저를 사용하는 방법이 있다. PLD 방식의 장점으로는 대기압에서 높은 진공까지 모든 범위의 압력에 활용이 가능하다는 점[8], 거의 대부분의 물질을 증착할 수 있고 X-ray의 방출이 없다는 점, 타겟의 재료가 화학반응이나 분해 없이 기판에 증착된다는 점이 있다. 반면에 플라즈마 plume 때문에 표면의 boiling이나 충격파에 의한 splashing 위험이 있다. 또한 PLD의 직선형 기술로 인한 안 좋은 step coverage가 있다. 이는 lift-off나 shadow mask 기술에 적용될 수 있다. 또한 작은 소스 때문에 큰 범위의 증착에 적용하기는 적합하지 않다. 물리적 증착 방법인 PVD와 다르게 CVD란 화학 반응을 이용한 박막을 증착하는 공정이다. 그 중 Vapor를 통해 가스로부터 공정이 시작된다. 가스가 반응기 내부를 채우면서 모든 웨이퍼의 표면이 가스에 노출되고 이후 여러 화학반응을 거쳐 웨이퍼에 증착이 된다. 박막형성을 하기 위하여 가스 분자를 환원하거나 각종 가스분자의 분해결합 반응에 의하여 고체 박막을 형성한다. 산화, 질화와 같은 비교적 간단한 화학반응으로부터 유기금속가스와 같은 복잡한 화학반응까지 포함된다. 이는 단지 두께가 일정한 표면뿐만 아니라 구멍이나 결함 굴곡진 부분에도 고르게 증착이 된다는 특징이 있다. CVD 응용분야는 화합물반도체 소자, 액정표시 소자, 박막 트렌지스터, 태양 전지 등의 전자 디바이스 제작, 내마모, 내식피복박막 제작 등이 있다. 박막 재료는 화합물 반도체, 비정질 실리콘, 탄소, 각종 세라믹스 등이 잘 알려져 있다. 최근에는 산화물 고온초전도체, 고유전율, 강유전체 절연물 등의 새로운 기능성박막을 CVD로 만들려고 하는 연구 개발도 활발히 이루어지고 있다. CVD방식의 종류는 열에너지를 이용한 APCVD (Atmosphere pressure CVD), LPCVD (Low pressure CVD)가 있으며, 플라즈마 에너지 이용 방식에는 PECVD (Plasma Enhanced CVD), HDCVD (High density plasma CVD), 마지막으로 원자를 표면에 흡착시키는 방식인 ALCVD (원자층 증착방법)이 있다. 우선 APCVD와 LPCVD에 대해 알아보자. APCVD는 Chamber의 진공도를 대기압 상태에서 실시해서 주로 열에너지에 의해서 반응을 시킨다. APCVD System은 CVD 공정 초기 방식으로 현재는 많이 사용하지 않으며, 주로 소자 내의 층간 절연막을 생성하는데 사용된다. LPCVD는 Chamber의 진공도가 저압이며, 고온의 열에너지로 반응이 진행된다. APCVD보다 약 1/100 낮은 압력으로 thin film을 만드는 방식으로 게이트 층으로 사용되는 박막 형성에 주로 사용된다. LPCVD의 경우 압력이 낮아 온도를 APCVD보다 약 2배 높게 하여 Throughput 문제를 보완했다. Step coverage가 우수하고, 한 번에 다량의 웨이퍼를 처리할 수 있는 장점이 있다. 플라즈마를 이용한 PECVD의 경우 Chamber의 진공도는 저압이며, 상대적으로 저온의 열에너지와 RF 전력으로 Plasma 반응을 시킨다. 분자 자체를 고온에서 반응시켜 CVD 공정을 진행할 수 있지만, 그 과정에서 하부 층의 금속 라인에 손상이 가해지므로 비교적 저온(380~400°C)에 의한 공정인 PECVD 기법을 사용된다. 플라즈마 상태의 이온들은 서로 화학반응을 통해 원하는 물질은 증착되고 나머지는 결합하여 Chamber의 밖으로 빠져나가는 방식으로, PECVD의 장점은 저온공정임에도 불구하고 Throughput이 좋다는 장점이 있다. 하지만 단점으로는 Step coverage 문제가 발생한다는 것이다. 이러한 PECVD의 Step coverage를 개선한 방식이 HDCVD로 최근에는 주로 HDCVD를 사용하고 있다. HDPVD는 고밀도의 플라즈마를 통해 Etching 공정과 Deposition 공정을 번갈아서 반복해 Void와 같은 Defect 발

표 1-3 박막 소재가 증착된 실리콘 웨이퍼

	LPCVD	MOCVD	PECVD	ALD
특징	Inorganic source	Metalorganic source	낮은 공정온도	단원자층 제어
공정온도	−600도	~400°C		< 400°C
공정압력	0.1~10 torr	10~760 torr	0.01~10 torr	0.01~740 torr
증착반응형태	표면반응 + 기상반응	표면반응 + 기상반응	표면반응 + 기상반응	표면반응
단차 도포성	매우 우수	우수	우수	매우 우수
입자 오염	보통	보통	보통	우수
두께조절 인자	가스공급량, 온도, 시간 등	가스공급량, 온도, 시간 등	가스공급량, 온도, 시간 등	공정 cycle 수
조성조절	어려움	어려움		쉬움

생화률을 낮춘다. 마지막으로 원자를 표면에 흡착시키는 방식인 ALCVD에 대해 알아보자. ALCVD는 ALD라고도 불리며, PVD와 CVD보다 진보된 공정이라고 할 수 있다. 저온공정으로 제작하면 더욱 얇은 막을 형성할 수 있고, uniformity와 step coverage가 개선된다는 장점이 있다. ALD의 유일한 단점인 생산성 문제를 개선하기 위해 플라즈마를 활용한 PEALD 방식이 있다.

1.2.3 박막 성장

그렇다면 이러한 증착을 통해 원자가 표면에 도착했을 때 Film growth가 어떻게 발생하는지 알아보자. 박막의 증착과 성장은 재료의 몇 가지 성질에 의해 결정된다. 이는 원자의 충돌 시 발생하는 물리적에너지, 도착율 그리고 기판의 온도가 포함한다. 원자는 화학적 & 물리적으로 표면에 부착되고 흡수된다. 화학적으로 흡착되었을 경우에는 화학적 결합을 형성하고 이는 1 eV 정도의 결합에너지를 형성한다. 물리적으로 부착되는 경우는 낮은 에너지를 가지거나 화학적으로 불일치하여 화학적 흡착이 불가능한 경우로 이는 화학 반응이 일어나지 않았다는 것을 뜻한다. 이러한 물리적인 부착은 0.3～0.5 eV 정도의 에너지인 Van Der Waals 힘으로 약하게 결합되고[8], 그 결과 표면에서의 이동이 가능하다. 이러한 이동은 available 에너지를 증가시키지만 원자의 도착율의 가능성을 감소시키는데, 도착율이 높다면 표면의 원자와 새로 날아오는 원자와 빠르게 충돌하게 된다. 이는 원자의 이동을 제한하고 입자 성장에 영향을 준다. 그림 1-15는 표면에서 발생할 수 있는 다양한 현상을 나타낸 그림이다. 표면 확산으로 인해 물리적 흡착된 원자는 구멍 혹은 결합 부분에서 고립되거나 다른 원자들과 결합하여 클러스터를 형성하기도 하는데, 이러한 결합은 표면 에너지를 향상시켜 최종적으로 에너지가 충분히 높아지면 표면에서 탈착하게 된다. 이러한 탈착현상은 단일 원

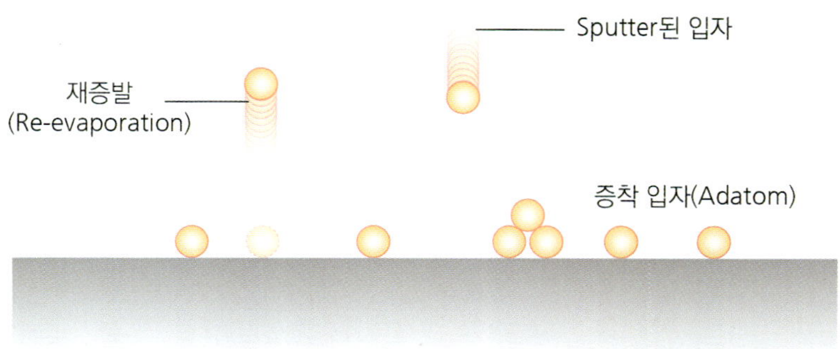

그림 1-14 ▸ 입자 증착 모식도

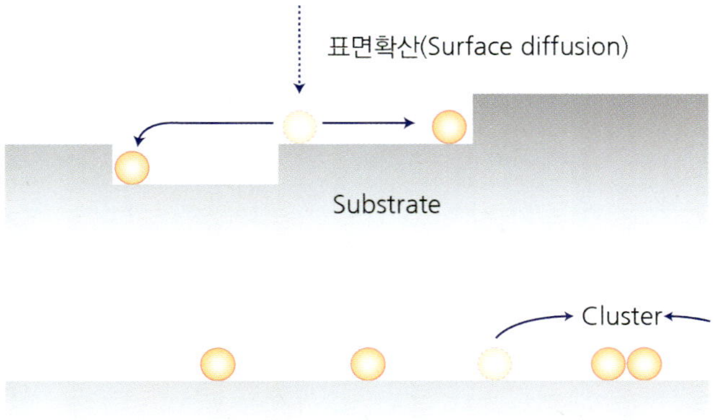

그림 1-15 ▸ 표면에서의 입자 확산 및 cluster 형성 모식도

자가 결합된 원자보다 발생할 확률이 높다. 아르곤 원자의 충돌에너지에 의해 타겟에서 떨어진 입자들은 입자 크기에 비해 상대적으로 먼 거리를 이동하여 기판에 도달하게 된다. 그런데 '입자'라고 표현한 '입자'는 사실 포괄적인 표현이고, 실제로 타겟에서부터 날아온 입자는 원자일수도 있고, 분자일수도 있다[10]. 또는 원자나 분자가 몇 개가 모인 클러스터 형태일수도 있다. 이것은 기판 표면에 하나씩 응축 또는 고착되어 성장하면서 박막을 형성하게 된다.

그림 1-15처럼 타겟에서부터 날아와서 기판에 도달한 입자는 기판 표면에 안착하게 된다. 대부분은 물리적인 결합으로 기판에 붙게 되는데 이렇게 기판에 도달한 입자를 Adatom이라고 부른다. 이런 Adatom은 입자 한두 개가 모여있는 상태로 박막이라고 부를 수가 없다. 또한 매우 불안정한 에너지를 갖고 있다 보니 그 중 일부는 표면 위에서 유지하고 있지 못하고 이동하거나 탈착되는 경우도 생긴다. 기판으로 느린 속도로 기판에 도달하게 되는 입자는 적은 운동에너지를 가지고 있어 기판과 결합하는 에너지 자체가 낮을 수가 있다[10]. 이런 입자들은 기판에 붙은게 아니라 그냥 '올려져있는' 상태로 존재하게 될 확률이 커 외부의 충격이나 작은 에너지만으로도 다시 기판에서 탈착될 수 있다. 또는 기판온도가 아주 증가해 입자들에게 높은 운동에너지가 전달되면 기판 표면에서 증발하게 되는 경우도 있다. 이러한 현상을 재증발(re-evaporation)이라고 한다. 또 다른 경우로는 날아오는 입자가 기판과 강하게 충돌하면서 이미 기판에 부착되어 있던 입자들을 탈착시키는 re-sputtering 현상도 있다. 그렇다면 일단 기판 표면에 증착된 Adatom들은 이동하지 않고 제자리에 있을까? 기판온도가 아주 낮아서 입자의 운동에너지가 0에 가까워지거나, 완벽한 진공상태가 아니라면 이 Adatom들은 처음 도착한 자리에 그대로 있지 않는다. 남은 운동에너지를 사용해서 기판 표면 위의 에너지가 낮은 부분인 안정한 위치로 이동하는데, 이런 움직임을 '표

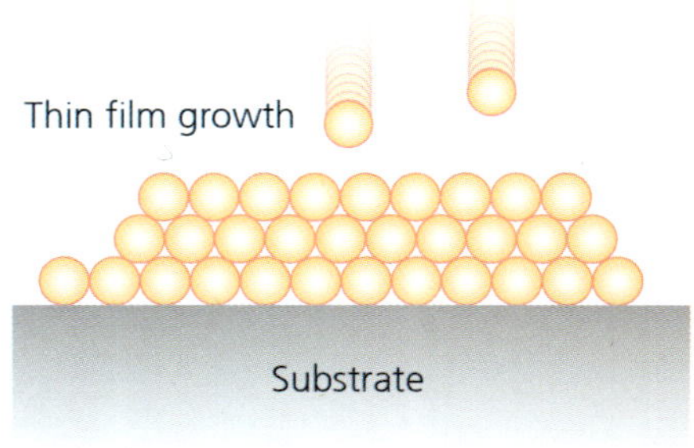

그림 1-16 ▸ 박막 형성 모식도

면확산'이라고 한다.

여기 저기 기판 위를 이동하다가 표면의 깊은 홈 부분이나 튀어나온 부분에서 먼저 자리를 잡는다. 여기서 '안정한 자리'란 Adatom이 있기에 안정한 자리이다. 불안정한 위치일수록 에너지가 높아 반응이 빠르게 일어난다. 만약 기판이 완벽하게 평평하다면 표면 위 어디나 똑같아 특별히 안정한 자리란 게 없다. 그럴 때면 이 Adatom들끼리 합쳐지면서 만나서 점점 크기가 커지는데, 이렇게 Adatom들이 모인 입자들을 클러스터(cluster)라 한다. 마찬가지로 이렇게 형성된 클러스터가 최소한 어느 정도 크기로 형성되면 박막으로 성장할 수 있지만, 상대적으로 크기가 작은 것들은 클러스터 내의 입자들이 재증발 하거나 표면확산으로 인해 다른 곳으로 이동한다. 하지만 임계크기를 넘은 클러스터는 안정화 되어 이동하지 않고 제자리에서 그 주변과 그 위로 입자들이 계속 모이면서 더욱 성장하게 되어 최종적으로 '박막'이라고 부를 수 있게 된다[10]. 이렇게 임계 핵 크기로 성장하고, 이후에 박막이 형성되는 초기 성장단계는 여러 연구자들이 구분한 3가지 분류가 있다. 입자들이 한 층씩 차례대로 층(layer)으로 성장하는 Frank-van der Merwe 성장[10-12], 보통 island 성장이라고 불리는 Volmer-Weber 성장, 그리고 앞의 두 가지 성장이 복합적으로 진행되는 Stranski-Kranstanov 성장으로 구분된다. 이 3가지 단계는 박막을 형성하는 입자끼리, 그리고 입자와 기판과의 상호작용에 의해 나타난다. Frank-van der Merwe 성장은 기판의 상태가 완전히 젖음(wetting)일 때 나타난다. 한 마디로 기판 표면에 입자들이 넓게 퍼지게 되는데, 입자들이 서로 뭉치려는 에너지보다 기판이 입자를 잡아당기는 에너지가 작용하기 때문에 이런 현상이 발생한다. Volmer-Weber 성장은 주로 박막 형성 시에 나타나는 형태로, 클러스터가 퍼지려는 힘보다 뭉치려는 힘이 강해 발생한다. 일반적으로 박막을 입히면 거의 그림 1-17 모습으로 성장을 한다. 바다 위의 섬들처럼 기판 위에 한 덩어리의 성장이 동시에 다발적으로 일어나고, 이 입자들이 성장하면서 서로 합쳐져 박막이 형

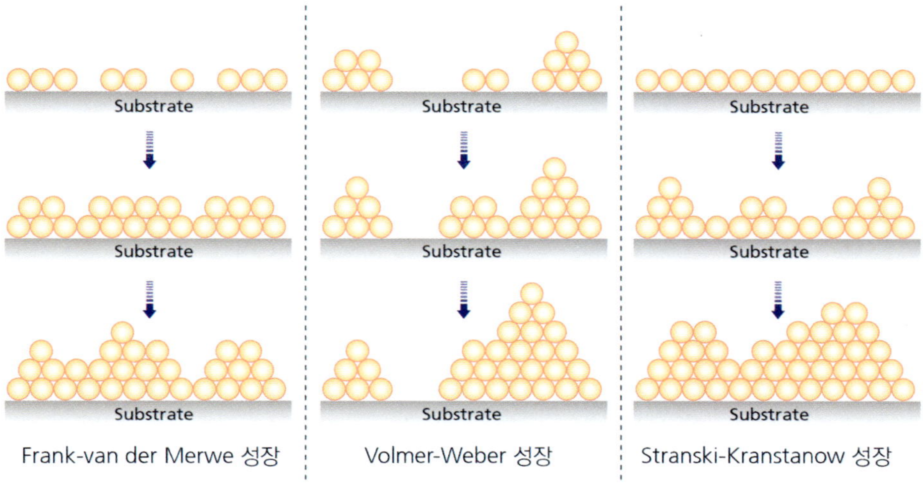

그림 1-17 ▸ 박막 초기 성장단계 3종류

성되는 형태이다. 따라서 이렇게 성장하는 현상을 아일랜드 성장(island growth)이라고 하는데, 이것이 전형적인 핵생성과 성장의 모습이다. 그래서 이렇게 성장한 박막의 모습을 섬상구조(island structure)라고도 부른다. Stranski-Kranstanov 성장은 앞에서도 설명한 것처럼 두 가지 성장이 동시에 일어나는 형태이다. 초기에는 Frank-van der Merwe 성장 모습으로 하부층으로 바닥이 형성되고, 하부층이 이루어진 이후에는 Volmer-Weber 성장으로 아일랜드로 성장하는 것을 말한다.

3가지 박막의 초기형성에는 Frank-van der Merwe 성장, Volmer-Weber 성장, Stranski-Kran stanov 성장이 있다[13]. 그리고 표면장력과 같은 특별한 형성조건이 제어되지 않는 한, 거의 모든 박막은 Volmer-Weber 형태를 가지고 성장한다. Volmer-Weber 성장은 대표적인 섬 성장(island growth)을 보여준다.

예를 들어, 넓은 기판 표면 위에 섬형태 처럼 따로 떨어진 핵들이 동시에 다발적으로 생겨나고, 그것들이 점차 성장하면서 하나로 합쳐지면서 박막을 이루게 된다. 이제 이 과정을 좀 더 구체적으로 알아보자. 그림 1-18처럼 초기에 기판에 도달한 입자들이 합쳐지면서 작은 핵들을 형성한다. 이런 핵들은 스퍼터링된 입자들이 기판에 강하게 충돌하고 그 위로 2차 입자들이 충돌하면서 쌓여 핵이 성장하거나, 기판에 안착된 입자들이 사이에 이동을 하거나 확산을 통해서 핵이 형성된다. 하지만 이러한 핵들이 무조건 성장하는 것은 아니며, 최대로 성장할 수 있는 임계핵의 크기가 정해져 있다. 기판에 도달한 작은 입자들이 모여 클러스터가 되면서 임계핵의 크기보다 커지면 자유에너지(Free Energy)가 감소하여 더욱 크게 성장이 가능하고, 임계핵의 크기보다 작아지면 자유에너지가 커 재증발 되거나 근처 다른 핵 쪽으로 확산해서 흡수되어 없어지

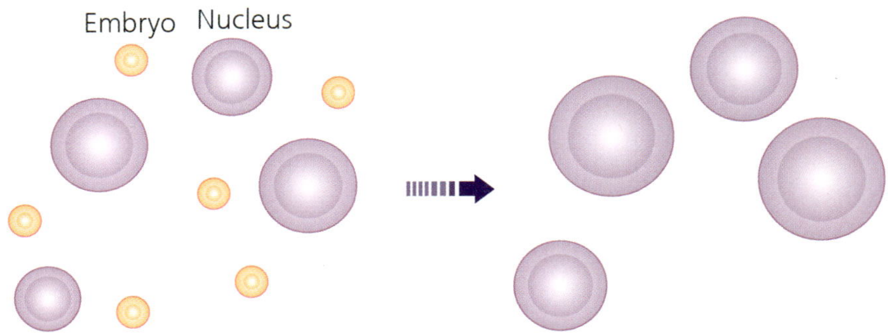

그림 1-18 ▸ 핵 성장 모식도

게 된다[13]. 이 때 임계핵의 사이즈가 작아서 사라지는 핵들을 embryo라고 부르고, 임계핵보다 커서 성장하는 핵들을 nucleus라고 부른다. 이렇게 클러스터가 어느 정도 성장하면서 안정화되면 그것이 핵으로 작용하여 성장하고, 사이즈가 작으면 불안정해서 소멸하게 된다는 이론이 바로 균일핵생성(homogeneous nucleation) 이론의 핵심이다. 이런 과정으로 성장한 핵들이 island가 되는 조건을 갖추게 된다. 하지만 실제로 핵생성 과정은 균일핵생성보다 불균일핵생성이 많이 일어난다. 불균일핵생성은 기판 표면에 불순물이나 결함, 보이드 등이 존재할 때 높은 에너지로, 그곳에서 먼저 핵이 발생하고 성장하게 된다는 이론이다. 기판의 종류, 재료, 평활도, 온도, 기판에 도달한 입자의 에너지 등 많은 요인이 핵 생성에 관여한다. 따라서 이러한 박막의 생성에는 기판 선택에서부터 세척 박막형성까지 모든 단계를 가능한 치밀하게 관리해야 할 필요가 있다. 이제 핵이 형성된 이후의 과정을 살펴보자. 일단 핵들이 안정한 상태로 형성하게 되

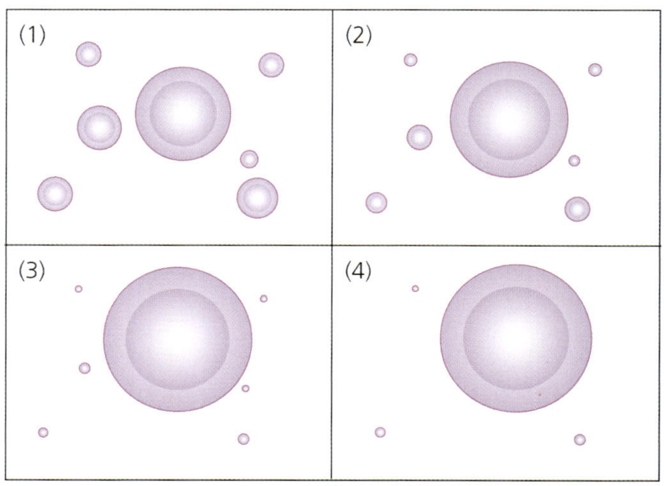

그림 1-19 ▸ 핵 성장 순서

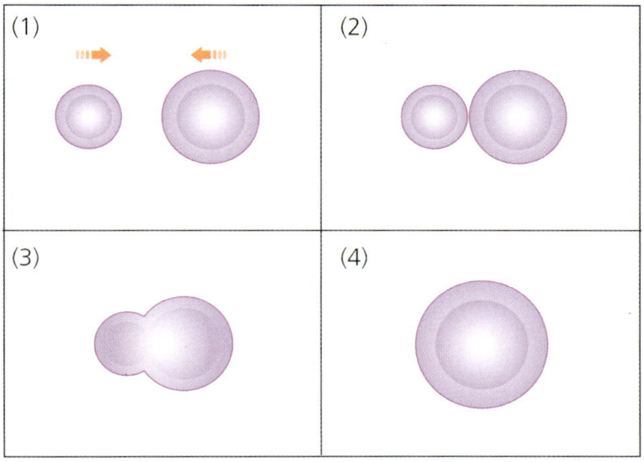

그림 1-20 ▸ Ostwald ripening 현상으로 인한 핵 성장 순서

면, 핵들 위로 다른 입자가 쌓이거나 몇몇 개의 핵들이 서로 합쳐지면서 크기를 키워나가 island를 이루게 된다. 동시에 기판 위에 핵이 없는 위치에서는 다발적으로 핵이 발생하게 되는데, 이런 과정을 연속핵생성(continuous nucleation) 과정이라고 한다.

그런데 island가 형성되는 과정을 살펴보면, 보통 입자가 성장하는 모습처럼 기판 표면 위에 탑처럼 적층구조로 쌓이기 보다는, 기판 표면에 걸쳐 넓게 퍼지면서 커지는 현상을 볼 수 있다. 이건 박막성장이 기판으로 들어오는 입자가 그 자리에 그대로 쌓여 적층구조로 박막을 형성하는 것이 아니라, 우선 기판 표면에 도달해 고착된 후에 입자들끼리 확산이 진행된다는 것을 말해준다. 물론, 온도 등의 여러 조건적으로 기판 표면에서의 확산이 억제되는 환경이 조성되면 확산이 어려워 위로 쌓이는 경우가 있지만, 일반적으로 확산이 이루어지는 기판 표면에서 입자들은 적층구조보다는 넓은 확산방식의 island 형태를 띠게 된다. 이 island를 유리표면 위에 떨어진 물방울이라고 생각해 보면, 물방울들이 서로 만나 뭉쳐 큰 덩어리를 형성하는 과정들이 유리기판에서 계속 일어나면서 물방울들이 차지하는 면적이 증가하게 된다.

이때의 과정을 Coalescence stage라고 부른다. 입자의 성장 중에는 Ostwald ripening이라고 부르는 현상이 있다(그림 1-20). 우선 기판 위에 랜덤한 크기의 초기형태의 island가 형성이 된다. 시간이 지나면 이것들이 모두 커다란 island로 성장할 가능성이 있지만, 문제는 국부적으로 에너지의 차이가 발생한다. 크기가 작은 island는 높은 에너지를 가져 불안정하며, 큰 island는 낮은 에너지 상태로 이미 안정화되어 있는 상태이다. 이때 에너지는 안정화하려는 성질이 있다. 입자가 작으면 작을수록 비표면적이 커진다. 비표면적이 클수록 반응성이 크다는 의미이고, 또한 곡률로 인해 용해도가 증가한다. 따라서 특정 임계크기보다 작은 island는 높은 용해도로 인해 재용해

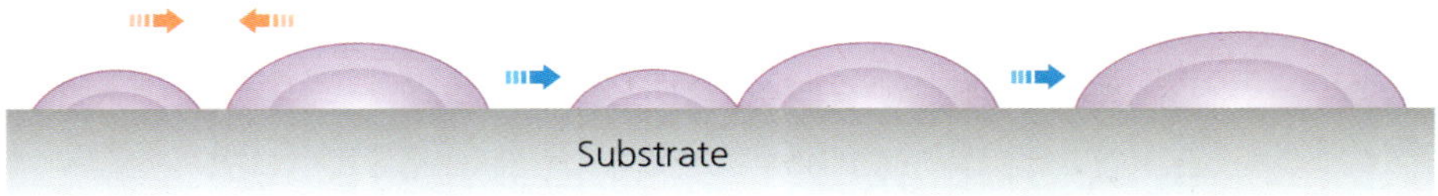

그림 1-21 ▸ 기판 위에서 핵 성장 순서

나 재증발 되어 사라진다. 그리고 그 결과 증발된 것들은 큰 island로 이동하면서 석출되어 큰 것들은 더욱 커지게 된다. 그런데, 여기서 오해하면 안 되는 부분이 처음에 봤던 embryo와 nucleus의 경우가 같다고 생각할 수 있다. 작은 입자는 사라지고 큰 입자는 더 성장한다는 점에서 보면 두 경우가 똑같기 때문이다. 그러나 embryo의 경우에는 에너지를 낮추기 위한 과정 중에 기판 표면 위에서 사라졌다가 다시 나타나거나 또는 확산을 통한 이동을 하여 다른 embryo를 만나 성장하면서 핵이 될 수가 있지만, Ostwald ripening의 경우는 다르다. 입자가 자리 이동을 하지 않고 처음 자리에서 재용해 또는 재증발 되며, 그 입자가 큰 island 표면으로 이동하고 재증착 되면서 크기가 증가한다. 이것은 핵 하나의 에너지를 낮추기 위해서라기보다는 '전체'의 에너지를 낮추기 위한 현상이기 때문이다. 그리고 단지 핵의 크기조건에 따른 에너지 외에 '용해도' 차이라는 조건도 작용하게 된다. 이런 식으로 island가 커다랗게 증가하다 보면 성장한 것들끼리도 서로 만나게 된다. 그런데 이렇게 만난 island는 서로 만나더라도 모양이 다 제각각이기 때문에 기판 표면을 한 번에 완벽하게 채우지 못하고 사이사이에 빈 공간들이 통로처럼 남게 된다. 마치 섬들이 성장하여 바다를 메우며 육지가 되었는데, 그 사이에 아직 채워지지 못한 바다들이 해협처럼 남아있는 형태와 같아서 이

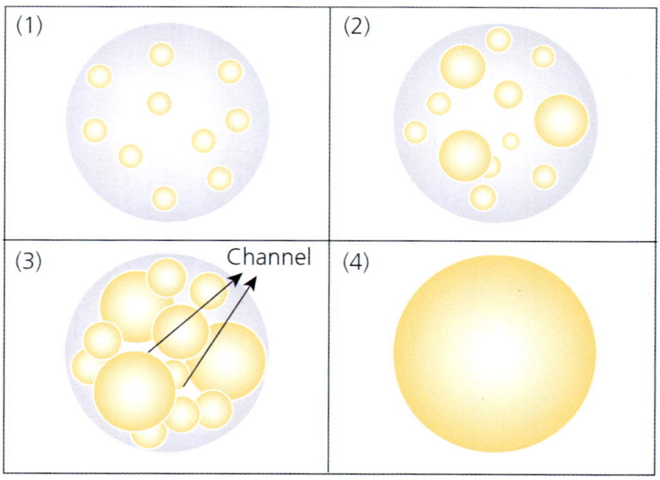

그림 1-22 ▸ 박막 증착 과정 중 island의 성장과 channel 형성

것을 channel이라고 부른다[13]. 하지만 이렇게 생성된 channel은 그 안에서도 지속적으로 발생하는 핵 생성과 주변에서 성장하는 island로 인해 점점 메워지면서 사라져 전체적으로 하나의 막을 형성하게 된다. 그리고 이렇게 완성된 층을 박막(thin film)이라고 부른다[13-14].

여기서 우리가 중요하게 고려해야 할 점은, 과연 어떤 수치의 두께에서부터 박막(thin film)이라고 부를 수 있는가 이다. Island만 있어도 박막이라고 부를 수 있는지, 아니면 마지막 channel까지 다 채워져서 하나의 막으로 모두 이어져 있을 때부터 박막이라고 부를 것인라는 점에서 문제가 발생한다. island들로만 이루어진 것을 박막이라고 부를 수 없다면, 증착이 계속 진행되는 과정에서 어느 순간부터 박막이라고 불러야 할까? 마찬가지로 island라고 칭하기도 어렵다. 이것이 연구자들마다 어디서부터 박막이다라고 말하는 시점이 모두 다른 이유이다. 대부분은 channel이 모두 없어져 막이 연속적으로 모두 이어지는 때부터 박막이라고 보는 사람들이 많지만, 그 전의 단계들도 박막이라고 보는 연구자들도 있다. 그래서 현재까지는 어디서부터를 박막이라고 부른다 라는 명확한 '정의'가 없다.

1.2.4 박막 두께의 결정

이번에는 이렇게 생성된 박막의 두께 결정법에 대해 알아보자. 스퍼터링을 진행하면서 화합물 박막을 입히기 위해서는 반응성 기체의 양을 조절하면서 원하는 박막의 조성으로 조절하는 것이 우선이 되겠지만, 그렇지 않고 Al나 Cu 등의 단일물질의 타겟, 혹은 조성이 이미 결정된 ITO나 BSO 등의 타겟을 사용해서 박막을 입히기 위해서는 보통 두께 제어를 우선시하는 경우가 많다[15]. 특정 전압의 파워, Ar 기체의 양 그리고 어느 정도의 증착시간을 했을 때 어떤 두께가 얼마나 나오는지 알고 있어야 내가 원하는 두께의 박막을 얻을 수가 있다. 특히 박막의 경우에는 조건에 따라 수 nm의 미세한 두께 차이로 전기적, 화학적, 광학적 특성이 크게 변하기 때문에 정확한 박막의 두께를 아는 것이 필수적이라고 할 수 있다. 하지만 여기서 또 다른 문제가 제기된다.

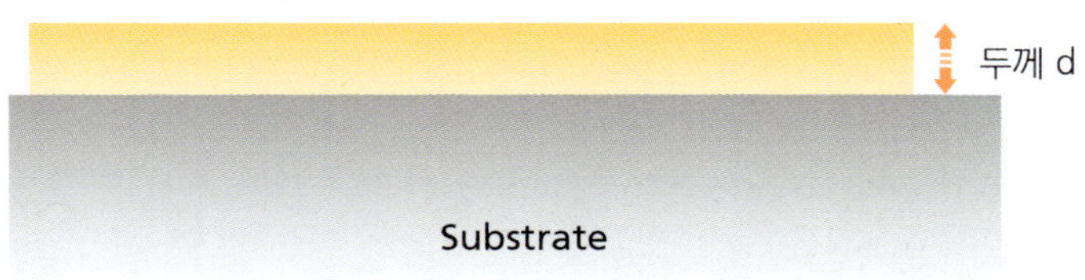

그림 1-23 ▸ 균일한 두께의 박막 성장

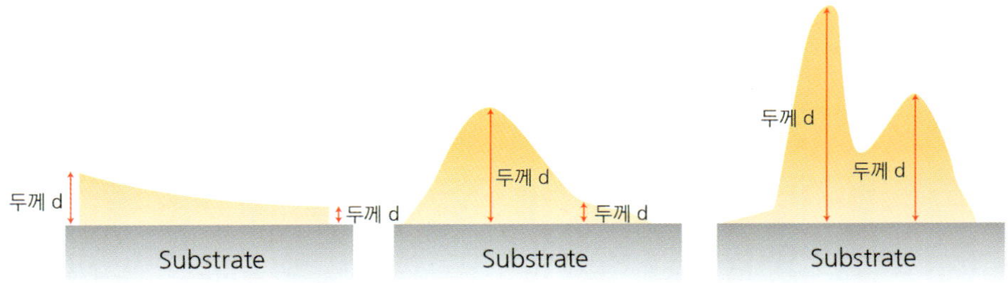

그림 1-24 ▸ 다양한 형태의 박막 성장

우리가 생각하는 '박막의 두께'라는 개념이 과연 무엇을 말하는 것인가이다.

주로 '기판에서 박막 표면까지의 거리'라고 대답할 것이다. 박막에서 '두께'라는 의미를 좀 더 자세히 알아보자면 '서로 평행한 두 면사이의 거리' 또는 '기판 표면 한 부분에서 마주보는 박막표면 한 점까지의 최단거리' 등의 표현을 할 수도 있다. 그런데 이 부분에서 한 가지 의문점이 발생한다. 특정한 부분에서의 두께를 측정하는 것은 간단하지만, 그 부분의 두께를 박막의 두께라고 할 수 있는가 하는 점이다. 전체 박막의 두께가 의미하는 것은 한 부분이 아니라 전체면을 모두 따져봐야 하는데, 기판 표면과 박막표면 사이는 언제나 평행한지, 그리고 그 거리는 모두 같은지에 대한 문제가 발생하기 때문이다. 그림 1-23처럼 기판 표면은 아주 평평하다는 전제조건에 박막을 입혔을 때 가장 이상적인 것은 표면의 모든 부분에서의 박막 두께가 균일한 것이다. 그러면 두께 d를 계산하는 것은 간단하다. 어디에서나 기판 표면과 박막표면과의 거리가 두께가 된다. 하지만 실제로 박막을 입혀보면 모든 면에서 기판과 평행하게 형성되지 않는다.

실제로 박막을 입히면 그림 1-24처럼 다양한 형태의 박막이 생성된다. 그렇다면 위 박막의 두께는 어떻게 측정을 해야 할까? 실제로 증착 시에 표면형상이 일정하지 않고, 제각각인 이유들은 참으로 다양하다. 의도치 않은 잔여물 혹은 불순물에 의해, 잔류가스의 영향, 박막이 형성되는 상황에서 챔버 내의 압력이 높으면 그것이 입자들이 확산하는데 영향을 끼쳐 공공(vacancy)이나 격자결함 등을 발생시키기도 하고 기공(void)을 형성하기도 한다. 또한 금속을 박막으로 증착했을 때, 박막형성 후 대기 중으로 꺼내었을 때 산소 등의 기체와 반응하면서 표면에 산화막을 형성하는 경우가 많은데, 이때 형성된 산화막도 박막 두께에 같이 포함시켜야 하는지에 대한 의문점도 발생한다. 유감스럽게도 아직까지 박막 두께의 정의를 명확하게 '이거다'하면서 단 한 가지로 설명하지는 못한다. 위에서 설명한 것처럼 많은 다양한 변수와 환경적인 요인들이 있기 때문에 이런 변수들을 모두 고려해서 박막의 두께를 측정하기에는 무리가 있다. 그러나 연구자들이 박막의 두께를 측정하기 위해 최소한의 정량적 평가를 내릴 수

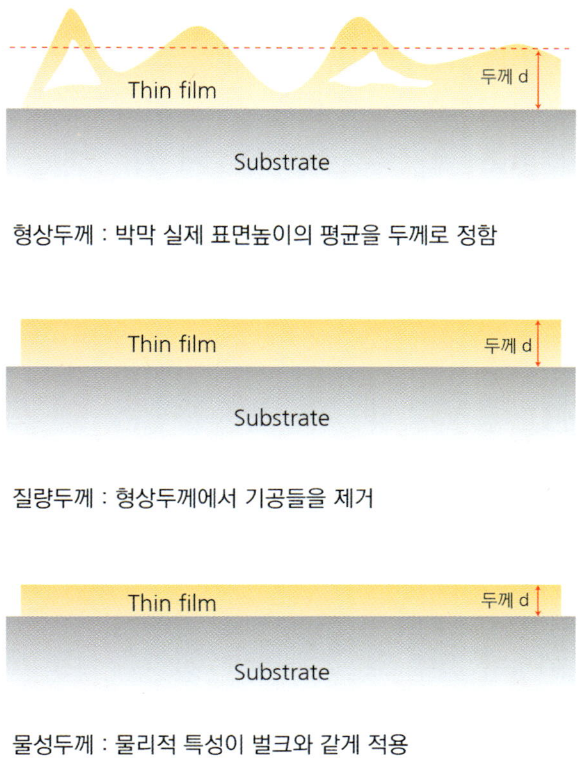

그림 1-25 ▸ 형상두께, 질량두께, 물성두께 비교

있는 기준을 정해 놓았다. 첫 번째는 '형상두께' 또는 '형태두께'라고 부르는 두께가 있다. 이것은 기존의 기판과 박막 표면까지 거리를 모두 더한 뒤 평균을 낸 두께를 말한다. 이러한 방식의 두께측정은 박막 표면의 균일성 및 내부에 기공의 여부는 상관없이 측정이 가능하다. 우리가 알고 있는 알파스텝 등 단차를 이용한 두께 측정법들이 여기에 해당하며, 가장 흔하고 쉽게 사용할 수 있는 방법이다. 두 번째는 '질량두께'가 있다. 질량두께는 박막 표면의 모든 원자를 아래부터 차례로 차곡차곡 채워서 쌓았을 때 최종 두께가 얼마냐를 확인해 측정하는 방법이다. 비록 박막의 내부에 기공들이 존재해도 그 빈 공간을 모두 원자로 채웠다고 가정하고, 불순물이 없는 상태인 이론적 밀도라고 했을 때의 박막 두께를 질량두께라고 말한다. 이러한 이유로 형상두께인 실제의 겉보기 두께보다 질량두께가 적게 나오는 것이 일반적이다. 보통 이런 질량두께 측정방법은 기판 옆에 센서 등을 장착해서 증착과 동시에 박막두께를 측정할 때 주로 사용한다. 마지막은 '물성두께'이다. 이것은 박막의 물리적 특성을 벌크재료와 비교한다. 예를 들면, Ag 박막에서 어떤 광학적, 전기적 특성을 측정했을 때 그 측정값과 동일한 값을 가지는 벌크 Ag의 두께로 환산을 한다. 박막도 두께에 따라 광학적 특성이나 전기적 특성들이 달라지게 되고, 모든 표면에서 모두 균일한 값이 측정되는 것은

생각보다 쉽지 않다. 따라서 가능하다면 처음부터 균일한 두께의 박막을 제조해야 계산이 용이하고, 박막과 벌크는 본래 특성이 다르기 때문에 그에 따른 차이로 제일 얇게 측정되는 경향이 있다. 하지만, 위 3가지의 두께는 서로 일치하지 않는다. 보통 실험하는 환경에서 가장 적당한 장치로 두께를 측정하는데 그 측정값들도 측정 방식과 장비에 따라 차이가 있다. 그리고 앞서 말했듯이 정확한 두께의 박막을 측정하는 방법은 현재까지는 정해진 기준이 없다. 따라서 측정자는 충분한 사전실험과 측정을 통해서 자신의 연구에 맞는 장비로 두께를 측정을 결정해야 한다.

1.2.5 박막의 성장과 미세조직

박막의 특징 중 중요한 요소 중 하나는 미세조직이다. 미세조직에 따라 박막의 특성이 크게 좌우되기 때문이다. 박막의 물리적, 화학적, 전기적 특성을 제어하기 위해서 스퍼터링 공정변수를 제어하지만, 결국 그 변수들은 박막의 미세조직을 바꾸기 위한 작업이다. 이러한 이유로, 박막의 미세조직이 어떤 변수에 의해 어떻게 변하는지를 알 수 있다면, 언제든 우리가 원하는 미세조직 변형을 통한 원하는 특성을 제어할 수가 있다. 스퍼터링이 진행되는 동안 기판 위에서 핵의 성장이 진행되고, 성장한 핵들이 합쳐지면서 조금씩 박막의 두께가 증가한다. 그리고 우리가 '두께'를 확인할 수 있을 정도가 되면 이제 박막의 미세조직도 알 수 있다. 박막 성장과정을 설명하자면 먼저 타겟이 기화되고, 그 기화된 물질이 기판 위에서 고상으로 응축이 진행되는 과정이다[16]. 하지만 이러한 기상이 고상으로 변화하는 현상은 액상에서 고상으로 변하는 '응고(solidification)'의 형태와 매우 유사하다[16]. 스퍼터링된 입자들은 기판 표면에서 핵을

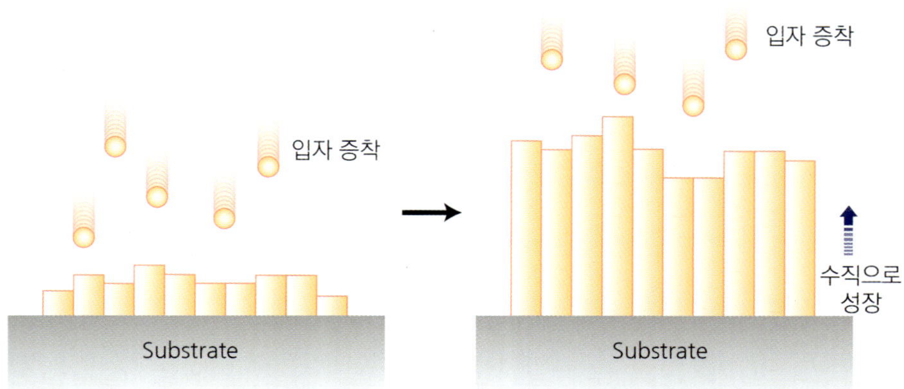

그림 1-26 ▸ 박막 성장 시 나타나는 주상 조직

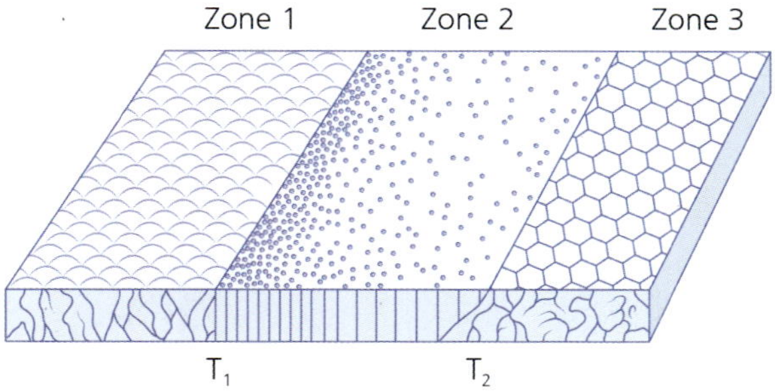

그림 1-27 ▸ Movchan & Demchisin의 Structure Zone Model ($T_1 = 0.3$, $T_2 = 0.5$)[16]

생성하고 기판에서 적층구조로 서서히 성장하면서 주상조직을 형성한다. 그런데 이러한 성장 형태는 증착 변수조건에 따라 크게 변하게 된다. 타겟에서 스퍼터링된 입자들이 기판에 증착되어 박막을 형성하는 과정에서 박막의 표면온도, 불순물의 유입, 내부 응력변화, 박막의 조성변화 등의 여러 가지 현상을 동시에 수반한다[16]. 그리고 증착된 박막의 미세구조는 기판과 타겟 사이의 거리, 반응성 기체의 유무, 작업압력, 기판의 전처리 및 후열처리, 기판의 온도, 기판 바이어스의 크기 등의 다양한 변수에 영향을 받게 된다. 특히 박막의 미세조직에 가장 직접적으로 큰 영향을 미치는 조건은 기판의 온도이다. 이렇게 박막의 미세조직(micro-structure)이 증착과정 변수에 따라 변해 각각의 영역(zone)으로 서로 구분되는데, 이것을 Structure zone model이라고 부른다. 그림 1-27처럼 Movchan과 Demchisin은 박막이 가지는 미세조직을 3가지의 영역으로 구분한다.

Zone 1의 영역은 $T_1(0.3)$의 수치 이하인 부분을 칭하는데, 여기서 0.3이란 숫자는 기판온도(T)와 박막 녹는점(T_m : melting point)의 비를 말한다. 즉, T/T_m의 수치가 0.3 이하라는 뜻이다. Zone 1 영역은 박막의 미세조직이 둥근 형상을 가지고, 불규칙적인 주상조직과 다공성을 이루고 있다. 이 주상조직은 온도가 증가하면서 조금씩 커지고 있다. Zone 2는 T/T_m의 수치가 0.3~0.45에서 나타난다. 다공성 조직은 사라지고 매끈한 기판에 수직으로 발달하는 주상조직은 온도가 증가하면서 점점 커지는 모습을 나타낸다[16]. Zone 3은 T/T_m의 수치가 0.45 이상으로, 보통 금속에서 전형적으로 보이는 등축정 조직의 모습이 나타낸다. 역시 온도가 증가하면 결정의 크기가 증가한다. 그런데 그림을 잘 보면 T_2 위의 Zone 2와 Zone 3 사이가 대각선으로 표현된 것을 알 수 있다. 이런 형태는 온도가 증가하면서 미세조직의 변화가 순간적으로 일어나는 것이 아니라 Zone 2와 Zone 3 두 영역의 미세조직이 모두 관측되는 공존영역이 존재한다는 것을 뜻한다[16-17]. 그런데 여기서 T_1이라는 온도는 박막물질 종류에 따라 달라진다.

이후 Thornton은 기판의 온도 뿐만 아니라 스퍼터링 시에 작업압력을 같이 변화시켜 증착시킨 뒤 미세조직의 변화를 알아낸다. Thornton의 연구결과가 Movchan & Demchisin의 연구결과와 다른 가장 큰 차별점은 새로운 Zone T라는 영역의 존재이다. 그리고 작동 환경의 압력(Ar의 압력)이 변수가 되어 압력이 증가함에 따라 Zone T의 영역이 위쪽으로 이동하는 경향성을 알 수 있다[16]. 작업 압력이 매우 낮은 경우에는 입자들의 평균자유행로가 길어지기 때문에 초기에 스퍼터링된 입자들이 에너지를 보존한 채로 기판까지 도달할 수 있다. 따라서 박막 표면에서 충돌에너지의 크기가 증가하게 되고 Zone 1의 미세조직이 변형되어 미세한 섬유상 구조의 조직이 나타나는데, 이 영역을 Zone T라고 한다. 나머지 Zone 1, 2, 3영역은 Movchan & Demchisin의 모델과의 큰 차이점은 없다. Zone 1은 다공성의 주상정 미세조직을 가지고 있고, Zone 2는 밀도높게 성장한 주상정 미세조직, Zone 3은 결정성장이 일어나거나 재결정된 큰 주상정 조직 또는 등축정 조직이 나타나며, 이들의 생성 과정을 좀 더 자세하게 구분해 놓았다. 이것이 여러 가지 Zone model 중에서 가장 널리 알려진 Thornton의 Structure zone model이다. 후에 Messier는 박막 성장 과정 중에 기판의 바이어스 등의 의해 가해지는 이온충돌이라는 추가 다른 변수를 적용했다[16].

Messier가 제시한 이온충돌 효과로 인해 Thornton의 증착 모델에서 Zone T 영역과 Zone 1의 영역 분포를 변화시킨다. 박막 표면에서 이온들이 강하게 충돌할 때 resputtering이 발생하게 되고, 동시에 박막 표면의 에너지를 상승시켜 표면원자의 확

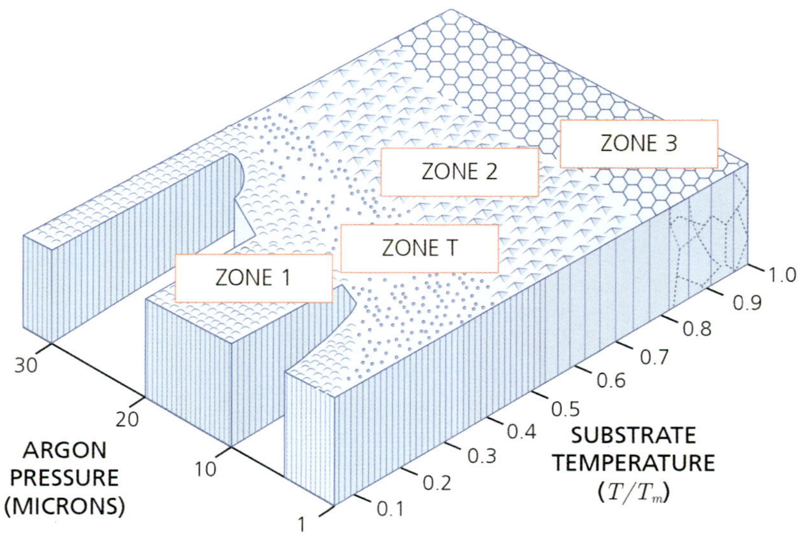

그림 1-28 ▸ Thorton의 Structure zone model

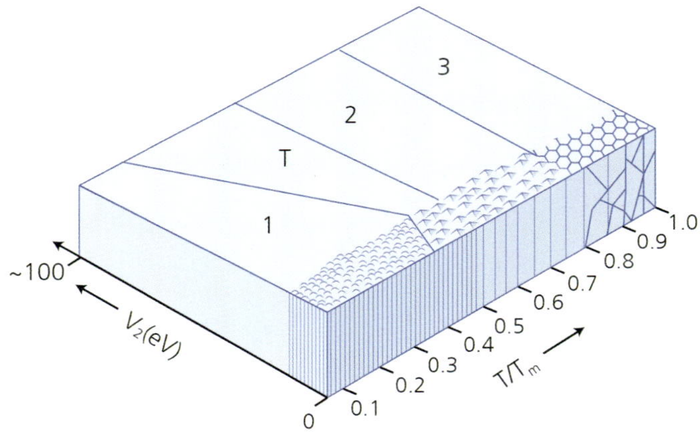

그림 1-29 ▸ Messier의 Zone model 수정안

산이 용이한 환경을 만든다. 그에 따라 박막 성장에도 영향을 미치면서 Zone 1의 영역의 축소가 일어난다는 것을 알아내었다. 그런데 여기서 하나 특이한 점은, 본래 Zone 1 영역에서 온도가 증가할 때 Zone T 영역이 나타나는데 Messier의 실험에서는 Zone 1 영역의 온도 조건은 그대로 두고 기판 바이어스 전압을 높여서 이온충돌을 증가시켰더니 Zone T 영역이 생성됐다는 사실이다. 즉, 이 결과는 이온충돌효과와 온도를 증가시킨 것이 같은 효과를 가져왔다는 의미가 된다. 사실 이온충돌의 효과는 온도를 증가시키는 것 뿐만 아니라 더불어서 꽤나 많은 변화를 가져온다. Thornton의 Zone 모델에 Messier의 이온충돌 효과를 추가한 새로운 Zone model을 만들면서 박막의 미세조직을 좀 더 간편하게 제어가 가능한 변수 하나를 추가했다. Structure Zone Model은 계속해서 다양한 연구자들에 의해 타겟의 종류, 제어 가능한 변수 추가 등을 통해 많은 연구가 진행되었고, 다양한 Zone model들을 만들어 제시했다. 하지만 사실상 위의 Thornton이 제시한 4개의 Zone model이 기본이 되고 추가의 영역 범위가 조금씩 달라지기 때문에, 많은 책과 논문들에서도 Thornton의 model을 기준으로 삼고 있다. Thornton은 처음에 제시했던 Zone model의 Zone 영역들이 나타나는 구체적인 원인과 이유를 설명하고 그 형태들을 명확하게 구분했다. T/T_m의 수치가 0.3 이하인 영역에서 나타나는 Zone 1의 미세조직의 가장 큰 특징은 다공성이고, 주상조직과 주상조직의 사이가 치밀하게 붙어있지 못해 약간의 틈이 있으며, 표면은 식빵의 표면처럼 위로 둥글게 올라온 돔 형태를 하고 있다. Zone 1 영역에서의 기판 온도는 매우 낮기 때문에 기판에 도달한 입자들은 충분한 에너지를 얻지 못해 이동하지 못하고 그 처음자리에서 성장하는 경향이 있다. 그 결과 핵 발생 수가 적고, 때로는 비정질의 조

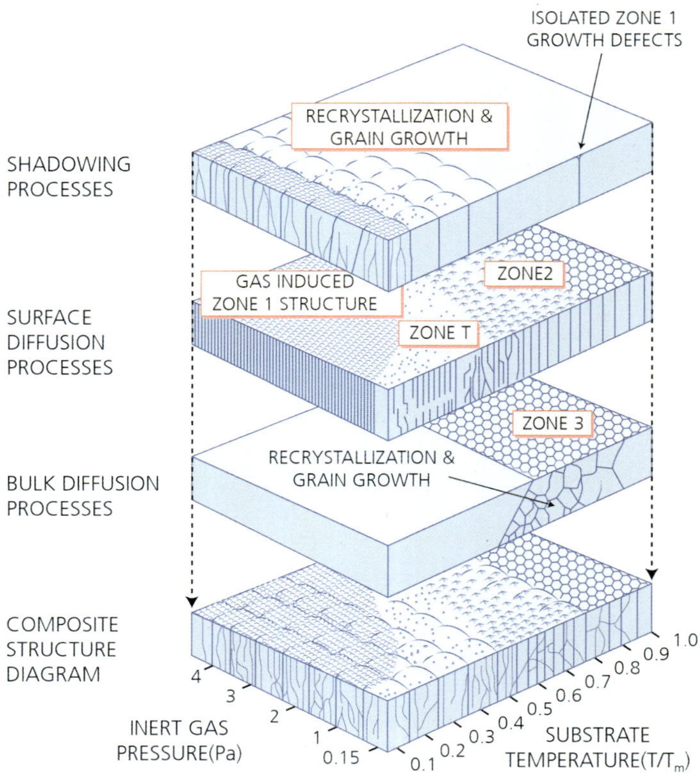

그림 1-30 ▸ Thornton의 Structure zone model 확장판

직이 만들어지기도 한다. 여기에 추가로 Self-shadow 효과가 발생하는데, 이로 인해 주상결정조직들 사이의 경계가 완전히 밀착하지 못하면서 성장이 진행된다. 그래서 open grain boundary라고도 부르고 있다. 뿐만 아니라 수많은 기공 및 내부 결함이 성장 시에 포함되기 때문에 낮은 밀도의 주상조직이 형성된다. Zone T는 '섬유상'이라고도 부르는 미세하고 날카로운 형태의 조직을 나타낸다. 여기서 T는 'Transition'을 의미하는데, 별도로 생성되는 영역이라기보다는 Zone 1에서 Zone 2로 변화할 때 생기는 중간상태로 보고 있다. 그런데, 이때의 기판 온도는 Zone 1보다 높아 표면에 도착한 증착입자들의 운동에너지가 증가하면서 박막 내부의 많은 기공들이 사라지고 밀도가 증가한다. 동시에 박막의 강도도 크게 증가한다. 그러나 Zone 1의 경우와 마찬가지로 Zone T 역시 Shadowing effect의 영향을 받고 있어서 표면에서 보면 여기저기 결함이 생긴 다공성의 표면을 형성한 미세조직을 나타나게 된다. Zone 2는 T/T_m의 수치가 0.3~0.7 사이에서 나타나는 전형적으로 주상조직을 보이고 있다. 기판 온도가 꽤 상승했기 때문에 기판 표면에 도착한 증착입자들이 어느 정도의 운동에너지를 얻어 이동이 가능해 기판의 전면에서 균일한 성장이 이루어지고 Shadowing effect는 거

의 나타나지 않는다. 그래서 전반적으로 박막 밀도가 더욱 상승하고, 기판 표면에서부터 잘 발달된 주상조직이 나타나게 된다. 온도가 점점 증가하면 이 주상조직들의 폭이 커지는 것이 관찰되고, 박막의 표면은 각이 생기고 매끄럽게 형성된다. Zone 3일 때는 T/T_m의 수치가 0.7 이상으로, 박막의 용융점에 거의 근접할 정도의 매우 고온이다. 따라서 박막 내부에서의 원자들은 확산이 아주 활발하게 일어나는데, 이것을 Bulk diffusion (체적확산)이라고 부른다. 또한 동시에 Recrystallization (재결정)도 나타나면서 이전 박막과는 다른 미세조직을 만들어낸다. 결정 한 개의 사이즈가 대단히 커지고, 기판에 수직하게 성장한 주상조직과는 다른 덩어리 형태의 등축조직이 나타난다. 표면의 온도가 높아 맨들맨들 하고, 결정들 사이의 경계에 약간의 틈이 있는 특징이 있다. Thornton은 이렇게 각 Zone들에게서 나타나는 현상과 특징을 충분한 이유와 설명과 더불어 추가된 실험결과를 붙여 최종적으로 확장판 Zone model을 그려냈다.

1.3 ▸ 박막공정 개론 - 박막공정 주요 변수

1.3.1 박막응력(Thin Film stress)

기판 위에 박막을 증착함에 있어서 박막 증착의 안정성을 확보하기 위해서는 박막의 역학적 특성을 잘 파악하여야 한다. 역학적 특성 중 응력은 박막 증착에 있어서 여러 문제를 발생시키는 요인 중 하나로, 사전적 정의로는 특성 물체에 힘을 가했을 때 힘의 크기에 의해 물체 내에 생기는 저항력을 뜻한다. 박막의 두께 특성 상 흔히 물체에 적용되는 응력에 의한 현상과는 달리, 대개 박막에서의 응력은 기판으로부터의 박막이 박리되는 현상을 주로 발생시킨다. 응력에 대한 이해도가 낮은 경우에는 보통 박리 현상은 기판과의 밀착력이 낮은 것으로 판단하여 다른 기판을 선정하는 등에 대한 대안을 생각하게 된다. 그러나 박막의 박리 현상은 보통 잔류응력(Residual Stress)에 의한 것일 경우도 존재한다. 잔류 응력이란 기판에 증착하고자 하는 물질이 맞닿게 되면서 발생되는 여러 힘에 의해 박막 내부에 에너지가 쌓여 형성된 응력을 뜻한다. 다시 말해 잔류응력은 인장응력, 압축응력, 열적응력 등 여러 응력 형태가 쌓여 발생되는 것이며, 이에 대해 좀 더 상세하게 설명하고자 한다.

(1) 응력에 의한 박막 형태의 변화

응력에 있어서 가장 기본적인 응력은 인장응력(Tensile Stress)과 압축응력(Compressive Stress)으로 이 두 응력은 박막의 내부 응력에 해당한다. 박막이 증착된 기판 중심에 힘을 가하였을 때 박막이 안쪽으로 휘어지느냐, 바깥쪽으로 휘어지느냐에 따라 인장응력과 압축응력으로 나뉘게 된다. 박막이 기판에 핵 성장이 시작되자마자 반대 힘이 기판에 발생하게 되는데, 박막의 표면이 기판의 표면보다 작을 경우 박막 형성 과정에서 인장응력이 발생한다. 반면에 박막의 표면이 기판의 표면보다 클 경우 압축응력이 발생하게 된다(그림 1-31).

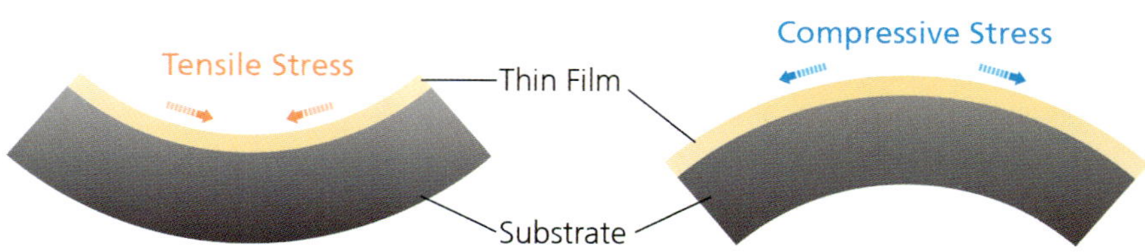

그림 1-31 ▸ 인장응력과 압축응력에 의한 기판 위 박막의 형태 변화

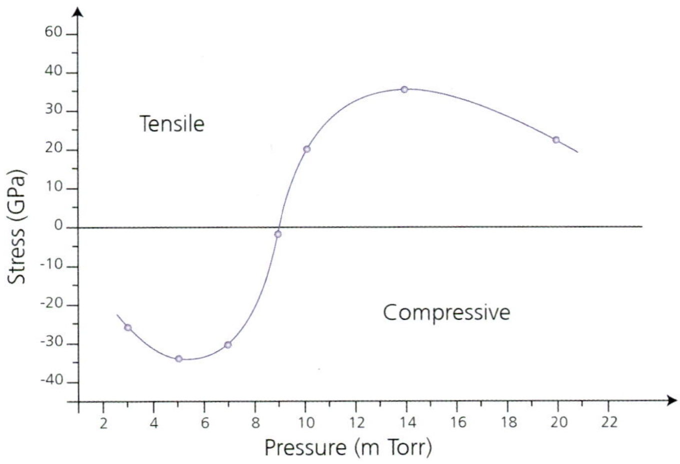

그림 1-32 ▸ 가스 압력에 의한 응력의 변화 거동

박막의 응력이 인장응력인지, 박막응력인지를 확인하기 위해 가장 쉬운 방법은 마이크로 단위의 얇은 기판 위에 단일 물질을 증착하여, 박막이 증착된 기판이 어느 방향으로 휘는지를 육안으로 확인하는 방법이다. 대개 응력이 존재하지 않게 되면 기판은 평평함을 유지한다. 스퍼터링을 활용한 박막 증착 시 박막의 내부응력은 기판의 온도, 스퍼터링 압력, 막 두께, 음극 원과 가스의 질량비 등 다양한 요인에 의해 발생된다. 그 중 가장 중요한 요인은 기판의 온도이며, 온도가 높을수록 필름 응력이 낮아진다. 그러나 스퍼터링 과정에서 활용되는 가스의 압력에 의하여 응력의 방향성이 달라지기도 한다(그림 1-32).

(2) 내부응력의 발생 요인, 열적응력

내부응력은 박막이 응력에 의하여 구부러짐에 대한 형상에 대한 의미를 가지며, 박막 증착과정에서 형성되는 온도 변화에 의하여 나타나는 열적응력(Thermal stress)에 의하여 응력이 발생된다. 박막은 일반적으로 고온에서 기판 위에 증착되며, 증착 공정이 끝난 후 서서히 상온으로 온도가 감소하면서 박막이 냉각된다. 상온에서 박막-박막, 혹은 박막-기판 복합 소재는 열팽창 계수(Thermal Coefficient of Expansion, TCE)에 따라 팽창하거나 수축하고, 이후에 박막이 기판에 밀착되도록 탄성적으로 수축되어 기판이 구부러지게 된다. 박막과 기판과의 온도차에 의하여 발생되는 열적응력은 이론적으로 식(1-1)과 같이 표현할 수 있다.

$$S = (\alpha_f - \alpha_s)\Delta T E_f \qquad \text{식(1-1)}$$

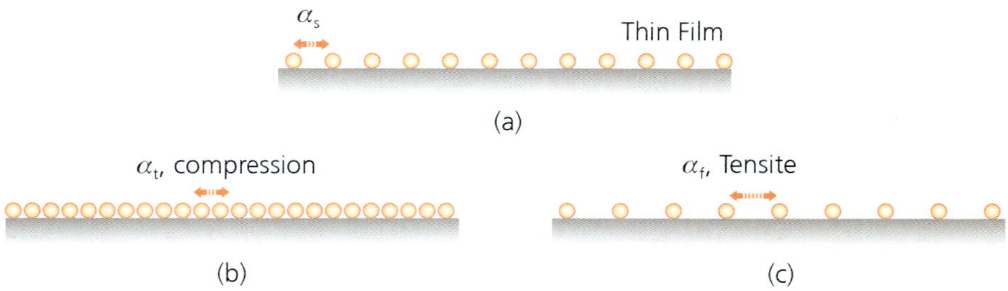

그림 1-33 ▸ (a) 응력이 존재하지 않는 박막 코팅 형태
(b) 압축응력에 의한 박막 코팅 형태
(c) 인장응력에 의한 박막 코팅 형태

열적응력에 관한 식은 박막과 기판의 각 평균 팽창계수(α_f, α_s), 박막 증착 시 기판온도와 챔버 내부 측정 온도 차이(ΔT), 그리고 박막의 Young's modulus (E_f)으로 설명할 수 있다. 실질적인 연구 수행에 있어 내부응력은 온도변화, 박막의 표면에너지를 제외하고 단순 열팽창 계수에 의하여 판단될 수 있는데, 박막의 열팽창 계수가 기판의 열팽창 계수보다 클 경우($\alpha_f > \alpha_s$) 인장응력을 발생시키고, 박막의 열팽창 계수가 기판의 열팽창 계수보다 작을 경우($\alpha_f < \alpha_s$) 압축응력을 발생시키게 된다. 예를 들어, 실리콘 기판 위에 폴리실리콘 박막을 증착한다고 가정하자. 실리콘의 열팽창계수 α_s는 상온에서 2.6×10^{-6}/°C으로 알려져 있고, 폴리실리콘의 열팽창 계수 α_{ps}는 2.8×10^{-6}/°C이다. 그로 인해, 폴리실리콘은 실리콘 기판에 인장응력을 발생시키는 것을 유추할 수

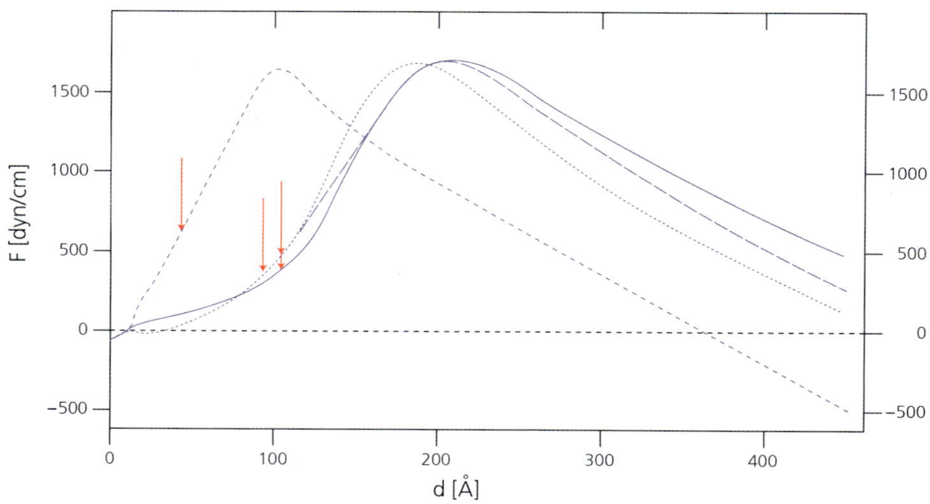

그림 1-34 ▸ 다른 기체가 존재할 때 유리 위에 증착된 Ag/MgF$_2$ 막의 두께에 따른 응력의 의존성[18]

있다.

(3) 잔류응력

박막이 증착되는 과정에서 발생하는 박막의 내부응력과 함께 열적응력은 총 잔류응력을 발생시키며, 잔류응력에 관한 총 응력은 다음 식(1-2)와 같이 설명할 수 있다.

$$\sigma_f = \left[\frac{E_s}{(1-\nu_s)}\right]\frac{t_s^2}{6t_f}\kappa = \left[\frac{E_s}{(1-\nu_s)}\right]\frac{t_s^2}{6t_f R} \qquad \text{식(1-2)}$$

자유물체도(Free body diagram)를 이용한 잔류응력에 관한 수식은 Nix 연구팀에 의하여 제안된 수식으로 기판두께(t_s), 박막두께(t_f), 응력의 곡률 반경($k=\frac{1}{R}$), 기판의 푸아송비(Poisson's ratio, ν_s), 그리고 기판의 Young's modulus (E_s)으로 설명할 수 있다.

1.3.2 박막의 부착성(Thin Film Adherence)

(1) 부착성

박막이 기판 위에 형성된 이상, 기판과 박막 사이에는 어떤 상호작용이 존재한다. 이 상호작용의 일반적인 표현이 부착성(adhesion)이다. 박막은 한 면이 부착에 의해 구속되어 있으므로 박막 내에 변형이 일어나기 쉽다. 여기서, 박막면의 수직인 단면을 가정하면, 단면의 양쪽 부분에는 서로 힘이 작용하고 있다. 이 힘을 내부응력이라 부르며, 부착성과 내부응력은 박막에서 특징적인 현상이다.

경험에 의하면, 기판에 대한 부착성이 약한 막은 그 성능도 좋지 않은 경우가 많다. 부착성은 박막이 어떤 세기로 기판에 부착되어 있는가를 나타내는 것이다. 이것은 기판과 막 사이의 성질과 결합력의 세기에 의존한다. 표 1-4는 여러 가지 결합의 상호

표 1-4 여러 가지 결합의 상호작용 에너지

결합형태		에너지(kcal/mol)
화학 결합	이온 결합	140~250
	공유 결합	15~170
	금속 결합	27~83
분자간 결합	수소 결합	< 12
	쌍극자-쌍극자	< 5
	쌍극자-유기쌍극자	< 0.5

작용 에너지를 나타낸 것이다.

(2) 부착성의 에너지

기판과 박막이 이종 물질이고, 두 물질 사이에 경계 또는 계면이 존재할 때 부착현상을 살펴보기로 한다. 부착 에너지는 기판과 박막의 물질 사이의 상호작용 에너지로, 이것은 계면 에너지의 일종이다. 부착 에너지를 기판과 박막 사이의 거리로 미분한 최대값이 실용적 의미의 부착력이다. 어떤 연구자들은 부착성이 van der Waals의 힘에 의한 것이라고 말한다. 다른 alkali halide 위에 증착된 몇 종류의 금속에 대해 단위 면적당 van der Waals의 에너지와 긁어내기 방법에서 가해진 힘 사이에 직선적인 관계가 얻어졌다. 일반적으로 van der Waals의 힘은 이종 물질의 원자 사이의 상호작용으로, 이것은 영구 쌍극자 및 유도 쌍극자 사이의 힘이나 기타의 분석력의 총칭이다. 두 분자 사이의 이 상호작용 에너지를 U라 하면, 다음 식(1-3)으로 주어진다.

$$U = -\frac{3\alpha_A \alpha_B}{2r^6}\frac{I_A I_B}{I_A + I_B} \qquad \text{식(1-3)}$$

여기서, r은 분자 사이의 거리, α는 분자의 분극률, I는 분자의 이온화에너지이다. 그리고 첨자 A와 B는 각각 두 분자 A와 B를 나타낸다. 많은 부착현상은 van der waals의 힘으로 설명되고 있다. 만약 유리 위에 산화물을 형성시키는 금속이 증착되면, 산화물의 천이 영역은 기판과 부착성을 크게 향상시키는 막 사이에 존재한다. 이 경우 대기로부터 산소의 확산에 의해 시간이 경과하면서 부착성이 증가된다. 이 과정은 막의 구조에 의존하며, 미세 결정막은 산소를 더 잘 통과시키므로 이 과정이 촉진된다. 음극 스퍼터링에 의해 형성된 막은 진공 증착된 막보다 부착성이 우수하다. 이것은 기판 표면에 결함을 만들어 결합 에너지를 증가시키고, 기판과 스퍼터링된 물질 사이에 천이 영역을 형성시키는데 높은 에너지의 충돌 입자가 기여하기 때문이다. 기판상의 불순물은 결합 에너지가 감소되느냐 또는 증가되느냐에 따라 부착성을 약화시키거나 강화시킨다. 부착성을 측정한 여러 가지 결과로부터 다음과 같은 결론을 얻을 수 있다.

① 금속박막 : 유리기판의 계에서는 Au 박막의 부착성이 매우 약하고, 106～107dyn/cm 이다.

② 산화되기 쉬운 원소를 갖는 박막의 부착성은 매우 좋다.

③ 박막의 가열(증착 중 또는 증착 후)은 부착성 및 부착 에너지를 증가시킨다. Au/유리기판의 경우, 부착성은 수 배로 되고, 부착 에너지는 200～300erg/cm^{2}으로 증가

한다.

④ 기판을 이온으로 조사하면 부착성이 증가한다.

산화물의 경우 부착성은 van der waals의 힘 또는 화학적 결합에 의한 것이다. 금속과 알칼리 할라이드(alkali halide) 부착성은 전기적 이중층의 형성과 관련되어 있다고 여겨진다. 박막과 기판이 전도성이고, Fermi 준위의 차가 존재하면, 박막의 형성에 의해 한 쪽으로부터 다른 쪽으로 전하가 이동하여 계면에 전기적 이중층이 생긴다. 이때 박막과 기판 사이의 정전기력 F는 다음 식(1-4)로 주어진다.

$$F = \frac{n^2}{2\epsilon_O} \quad \text{식(1-4)}$$

여기서, n은 계면에서의 전하밀도, ϵ_o는 진공의 유전율이다. 이 힘이 부착의 원인이 되는 것도 충분히 고려할 수 있다.

1.4 ▶ 플라즈마(Plasma)

1.4.1 플라즈마의 정의

얼음에 열을 가하면 0°C에 이른 후 물이 되고, 온도를 올려 100°C에 도달하면 물은 수증기가 된다. 이와 같이 물질에 열에너지를 가하면 고체-액체-기체 상태로 전이를 일으켜 물질의 상태가 변화한다. 이 기본적인 물질의 상태를 물질의 3태라 한다. 가열되는 온도를 더욱 증가시켜 1,000°C 이상이 되면 물질은 기체 상태를 넘어 계 안의 기체 분자들끼리 충돌하여 이온화가 일어나 다수의 양이온과 전자가 발생하고, 이것들이 부분적으로 떠돌아다니는 상태에 이르게 된다. 이 상태를 제4의 상태, 플라즈마(Plasma)라고 정의한다. 기체 분자, 원자 등 이 이온화될 때 양이온과 전자는 반드시 쌍으로 발생하여 플라즈마 내부의 양이온과 전자의 수가 비슷하여 전체적으로 전기적 준 중성(Quasi-neutral) 상태에 도달한다. 다시 말해, 이온과 전자의 밀도가 같게 부분적으로 이온화된 상태를 기체의 플라즈마로 정의할 수 있다. 일반적으로 플라즈마 안에는 전자, 양이온, 중성입자(원자, 분자, 라디칼)와 같이 세 종류의 입자가 존재한다. 각각의 밀도를 n_e, n_i, n_n이라 하면 $n_e \cong n_i$ (준중성)이고, 이온화하기 전의 기체의 밀도는 $n_e + n_n$이다. 따라서 어느 수준의 양이 이온화되어 있는가를 나타내는 기준으로 이온화율을 사용한다. 전리도는 다음과 같은 식으로 표현할 수 있다[19].

$$\beta = n_e/(n_e + n_n)$$

대기압에 가까운 고기압에서 방전이 일어나면 전자와 이온, 중성입자 간의 충돌이 활발해지며 입자 간 운동에너지의 교환이 활발히 이루어져 열 평형상태가 된다. 열 평형상태에서는 T_e, T_i, T_n(전자의 온도, 이온의 온도, 중성입자의 온도), 이 세 종류의 입자 온도가 거의 같아진다($T_e \cong T_i \cong T_n$). 이와 같은 열 평형상태의 플라즈마를 Thermal plasma라 한다[20]. 반대로 낮은 압력에서의 플라즈마는 열적으로 비평형상태가 된다. 낮은 압력에서는 전자와 충돌 하는 기체 분자가 적기 때문에 전자는 충돌에 의한 운동에너지를 잃지 않아 $T_e \gg T_i, T_n$이 되고, 이와 같은 플라즈마를 Cold plasma라 한다[21]. 또한 플라즈마는 이온화된 모든 기체가 아닌, 이온화된 기체 중 Debye sheath를 만족하는 이온화된 기체를 의미한다. 이 Debye sheath를 만족하기 위해서는 기체가 이온화하여 극성 입자와 비극성 입자가 각각 집단적인 움직임을 보여야 한다[22]. 플라즈마에서 전자와 이온은 정전기적으로 상호작용하여 서로 중성화될 가능성이 있지만, 하나의 전자로 볼 때 다른 이온은 각 주변 방향으로 존재하기 때문에 이들 사이의 정전기력(Coulombic force)은 서로 상쇄되어 자유입자(Free particle)와 같은 거동을 보이게 된다. 또한 플라즈마에서는 위에서 설명한 것처럼 전자와 원자 또는 분자의 충돌로 인한 이완과 들뜸으로 인해 광자가 방출되고 빛을 방출한다.

1.4.2 Plasma 안에서의 전자 및 이온의 온도

플라즈마 내의 이온과 전자는 직류나 교류와 같은 에너지원으로부터 전기장에 의해 가속되어 운동에너지를 공급받는다. 예로 E인 전기장(Electric field)이 가해졌을 때 전자는 전기장의 반대 방향으로 끌려가게 되고 이온은 가해진 전기장의 방향으로 끌려가게 된다. 가속되는 값은 전자의 경우는 전기장 E에 전하 e를 곱한 값에 전자의 질량 m_e로 나눈 값인 $\frac{Ee}{m_e}$가 되고 이온의 경우는 Ee에 이온의 질량 m_i로 나눈 $\frac{Ee}{m_i}$가 된다. 따라서 같은 전기장에서 전자와 이온의 질량 차이에 의해서 가해지는 에너지 W의 값은 차이가 발생하게 된다. 따라서 W는 다음의 식에 의해 결정된다[23].

$$W = Fx = Ee \times x = \frac{1}{2} Ee \times at^2$$

가 되며 전자의 가속도 $a_e = Ee/m_e$, 이온의 가속도 $a_i = Ee/m_i$이므로 시간 t동안에 전기장 E에 의해 전자와 이온에 준 에너지 W_e, W_i는 각각

$$W_e = \frac{(Eet)^2}{2m_e}, \quad W_i = \frac{(Eet)^2}{2m_i}$$

이 되는데 $m_e \ll m_i$이므로 $W_e \gg W_i$가 된다. 따라서 시간 t 동안 일정한 전기장 E에 의해 전자가 받은 에너지 W_e는 이온이 받은 에너지 W_i보다 크다. 따라서 외부의 에너지원으로부터 가해지는 에너지는 주로 전자에 작용한다는 것을 확인할 수 있다. 만일 외부의 에너지원으로부터 받은 이온 에너지와 전자 에너지가 같다고 해도 전자의 질량이 작아 충돌 시 챔버 벽이나 중성원자에 충돌 시 가해지는 에너지가 작다. 탄성에너지의 전이에 관한 식은 다음과 같다[24].

$$\frac{4m_i m_t}{(m_i + m_t)^2}$$

이온의 경우에는 전자에 비해 질량이 매우 커 챔버의 벽이나 중성원자와 충돌 시 많은 에너지를 잃게 된다. 앞에서 기체의 특성에 대한 설명에서 중성원자의 에너지를

$1/2m\overline{v^2} = 3/2kT$의 식으로부터 원자가 가진 평균 에너지를 온도로 표기할 수 있다고 하였다. 이와 같은 원자의 평균 에너지를 온도로 표기한다면 이는 원자가 무작위 분포(Random distribution)인 맥스웰-볼츠만 분포에 의해 분포되어 있는 상태를 가정하는 것이다. 이와 같은 가정을 전자와 이온에 대하여서도 적용할 수가 있다. 즉, 전자와 이온이 Maxwell-Boltzmann distribution을 하고 있다고 가정하고 가진 평균 운동에너지를 온도로 표기할 수 있다[25]. 전자온도의 경우 eV의 단위로서 kT_e, 절대온도 K의 단위라면 T_e가 되고, 이온온도의 경우는 eV의 단위로서 kT_i, 절대온도 K의 단위로는 T_i로 표기할 수 있다. 상온에서 중성 원소의 온도는 절대온도로서 290K이고 이를 eV로 표시하면 0.026eV가 된다. 플라즈마 내 이온의 온도는 대체로 약 0.04eV, 절대온도로는 500K의 온도를 지니며 결과적으로 이온의 온도는 중성 원소의 온도와 유사한 값을 지닌다. 즉, 이온의 에너지가 중성 원소의 에너지와 유사해지고, 전자는 2^{-10}eV의 온도를 갖는데 2eV라는 전자온도는 절대온도로서 23,200K이라는 엄청나게 높은 온도로 플라즈마 내 전자의 온도가 이렇게 높은데 챔버의 벽이 녹지 않는 이유는 전자의 양과 비열이 아주 작기 때문이다.

1.4.3 플라즈마 내 입자의 평균속도

전의 기체의 특성에서 입자의 평균속도를 $\overline{v} = (8kT/\pi m)^{1/2}$로 표현하였다. 이온의 평균속도와 전자의 평균속도를 비교해보면 전자의 질량이 이온에 비하여 매우 작고, 전자의 온도는 이온보다 매우 커 전자의 평균속도는 이온보다 매우 크다. 따라서 많이 사용하는 Ar에 대하여 전자, 이온, 중성원자의 온도 및 속도를 비교한다면 각각 2eV, 0.04eV, 0.026eV이고, 전자의 평균속도는 9.5×10^7cm/sec으로 가장 빠른 속도를 지니고, 그 다음으로 이온이 5.2×10^4cm/sec을 보인다[26].

1.4.4 플라즈마 전위(Plasma Potential)

플라즈마 전위(Plasma Potential)는 플라즈마가 지니는 전위를 의미한다. 플라즈마 내에 기판을 놓으면 이 기판으로 전자, 이온, 중성원자가 충돌한다. 전자가 기판에 충돌할 시 음전하(−potential)를 기판에 가하고 이온이 충돌하면 양전하(+potential)를 기판에 가하게 된다. 기판에 도달하는 전자, 이온, 중성원자의 플럭스를 Random flux라 하고, Random flux는

$$F = n\overline{v}/4$$

으로 표현할 수 있다. 또한 기판에 도달하는 단위 시간, 면적 당 전자 수인 전자 플럭스 J_e는 전자의 전하가 e이므로

$$J_e = n_e \overline{v_e}/4$$

가 되고, 이온이 기판에 도달하는 단위 시간, 면적당 이온수인 이온의 플럭스(flux)는 J_i라고 했을 때 이온의 전하를 $+e$라고 하면 다음 식과 같다.

$$J_i = n_i \overline{v_i}/4$$

그런데 플라즈마 안에서의 양이온의 밀도는 전자의 밀도와 유사하지만, 전자의 평균 속도는 이온 비하여 매우 크므로 결과적으로 기판에 도달하게 되는 플럭스는 전자의 플럭스가 이온보다 매우 크다. 즉,

$$n_e \approx n_i, \overline{v_e} \gg \overline{v_i}$$

따라서

$$J_e \gg J_i$$

만약, 기판이 전기적으로 그라운드가 연결이 되지 않는다면, 기판은 지속적으로 전자 플럭스에 의하여 −charge가 쌓이게 되어 플라즈마에 비하여 −potential을 지니게 된다. 이 같은 현상은 모든 물체에 적용되어 플라즈마와 접하고 있는 물체는 플라즈마보다 상대적으로 낮은 전위를 지니게 된다. 따라서 플라즈마는 주변의 어떠한 전극보다 높은 전위를 지니게 되고, 플라즈마가 갖는 양의 전위를 플라즈마 전위라 한다[24].

1.4.5 플로팅 전위(Floating Potential)

전기적으로 고립된 기판이 플라즈마 내부에 놓이면 충돌하는 전자의 플럭스(J_e)가 이온의 플럭스(J_i)보다 크므로 기판이 −charge를 띠게 되면 기판이 전자를 밀어내고 이온을 끌어당긴다. 따라서 기판에 충돌하는 전자의 수는 감소하고 이온의 수는 증가하지만, 전자 플럭스가 이온 플럭스보다 큰 경우는 지속적으로 음전하가 축적되어 더 낮은 전위를 지니게 된다. 이와 같은 낮은 전위로의 전하 축적은 무한대로 발생하지 않는다. 음전하의 축적은 전자의 플럭스가 감소하여 이온의 플럭스와 같은 값이 될 때까지 발생한다. 이렇게 고립된 기판에 유도된 전위를 플로팅 전위(Floating potential)라

하고 V_f라고 표기한다[27]. 이 플로팅 전위 V_f는 플라즈마의 전위 V_p에 비하여 낮은 값을 가지게 된다. 플라즈마에 비하여 낮은 전위를 가지면 이 플로팅 된 전극-플라즈마 사이에는 경계지역을 나타내는 sheath 혹은 어두운 지역이라고 해서 Dark space가 형성된다. 그리고 플라즈마와 기판 사이의 전위차이 $V_p - V_f$가 이 지역에 유지되게 된다. 이 플로팅 전위와 플라즈마 전위의 차이는 주변에 접지전극인 그라운드가 없는 경우는 그 의미가 소실되어 플라즈마 전위 V_p와 플로팅 전위 V_f 간의 차이만 의미를 지니게 되고 참고 전극에 상대적인 값으로서 측정된다. 플라즈마 내 놓여 있는 고립된 전극은 플라즈마 보다 $V_p - V_f$ 만큼 낮은 전위를 지니며, 플라즈마와 플로팅 전극 간의 전위차이인 $V_p - V_f$는 플라즈마와 플로팅 전극 사이의 경계지역인 sheath에 형성된다. 이와 같은 상태에서 플라즈마로부터 기판으로 들어오는 랜덤한 이온은 sheath에 도달하면 절벽과 같은 Downhill을 마주해 $V_p - V_f$만큼 가속이 일어난다. 반면, 플라즈마로부터 기판으로 들어오는 랜덤한 전자는 sheath에 들어오면 담벼락과 같은 Energy uphill을 마주하게 되고, 따라서 랜덤한 에너지 분포를 가진 전자 중 $e(V_p - V_f)$의 차이 이상의 에너지를 가진 전자만이 이 플로팅 전극(Floating electrode)에 들어올 수 있게 된다. 물론 이때 이 전위 장벽을 넘어 전극에 들어오는 단위면적당 단위 시간당 전자의 수, 즉 전자의 플럭스(전자전류밀도) J_e는 전위 절벽에 떨어지며 전극에 들어오는 단위면적당 단위 시간당 이온의 수, 즉 이온의 플럭스(이온전류밀도) J_i와 일치하게 된다.

$$J_e = J_i$$

1.4.6 쉬쓰(Sheath)

앞서 설명한 바와 같이 플라즈마와 접한 기판 주변에는 쉬쓰가 형성된다. 쉬쓰는 플라즈와 기판 간의 경계지역, 즉 플라즈마와 기판을 분리하는 지역이다. 플라즈마는 전기적 중성을 띠나 앞에서 보았듯이 플로팅 전극을 플라즈마에 넣었을 때 (−)로 전하 축적이 되어 존재하게 되고, 이로 인하여 전자는 밀려나게 되고 이온은 끌려오게 되므로 이 지역은 이온이 전자보다 많은 영역이 된다. 전자는 플라즈마와 플로팅 전극 사이의 전위차이, 전극과 플라즈마간의 거리에 따라서 전자의 숫자가 감소하고, 이온은 전극으로 끌려와 점점 속도가 빨라져 이온의 밀도가 감소한다. 쉬쓰에는 순전하가 존재하며, 특히 정상적인 쉬쓰의 경우에는 앞서 설명한 바와 같이 (+)의 순전하가 존재하게 된다. 이 지역에는 전자의 밀도가 플라즈마 경계로부터 기판으로 갈 때 지수적으로 감소하게 되며, 따라서 이온화 및 여기를 일으키는 전자가 감소하여 빛을 적게 방충하게 되어 플라즈마에 비해 어두운 색을 띠게 된다. 따라서 앞서 설명한 바와 같이 이 지역을 어두운 지역, 즉 다크 스페이스라고도 부른다. 플로팅 전극(Floating substrate)과 플라즈마 사이의 쉬쓰 내 생기는 전위는 앞서 설명한 바와 같이 $V_p - V_f$이다. 이 $V_p - V_f$는 Poission's equation을 풀어 $V_p - V_f$를 구하게 된다. 이와 같은 단위 부피당 순전하(Net charge)가 존재할 때는 전기장이 존재하게 되고 이로 인한 전위차(Potential difference)가 존재하게 된다. 이는 전자기학에서 말하는 Maxwell 식으로 설명된다. 역으로 앞서 설명한 바와 같이 플라즈마와 기판 사이의 쉬쓰에 $V_p - V_f$에 해당하는 전위차가 존재하면 이 쉬쓰 지역에는 순전하가 존재하게 된다. 플라즈마와 기판 사이에는 이 둘을 분리하는 경계지역이 존재하고 이 지역이 쉬쓰가 되며, 대체로 (+)로 전하 축적이 일어나 $V_p - V_f$의 전위차를 유지하게 된다[28].

1.4.7 쉬쓰 전위(Sheath Potential)

쉬쓰 내 유지되는 전위인 $V_p - V_f$는 전위의 거리에 따른 변화와 이 내부의 밀도를 관련시키는 식이며, 전자기학의 Maxwell equation의 한 가지인 Poisson's equation로 계산이 가능하고, 다음과 같은 식으로 표현된다.

$$\frac{d^2 V}{dx^2} = -\frac{\rho}{\epsilon_0}$$

여기서, ρ는 공간의 단위 부피당 순전하, ϵ_0는 자유 공간에서의 투자율(Permittivity)이다. 그런데 전기장 E는 거리에 따른 전위의 변화로서

$$E = -\frac{dV}{dx}$$

로 표현된다. 따라서 Poisson's equation은 전기장의 형태로서

$$\frac{dE}{dx} = \frac{\rho}{\epsilon_0}$$

로 표현될 수 있다. 이는 전자기학에서 유명한 기본식인 4가지 맥스웰식 중 한 가지이다. $V_p - V_f$는 앞서 설명한 Poisson's equation을 풀어 계산할 수 있다. 이때 순전하 밀도인 ρ를 앞 절에서 설명한 바와 같이 거리에 따라 지수적으로 변화하는 전자 수와 거리에 따라서 선형으로 감소하는 이온에 관한 내용을 식으로 만들고 Poisson's equation을 풀어 다음과 같이 $V_p - V_f$를 구할 수 있게 된다. $V_p - V_f$는 기판에 도달하는 전자에 대한 전위 장벽(Potential barrier)이므로 $e(V_p - V_f)$ 이상의 운동에너지를 가진 전자만이 기판에 도달하게 된다. 이들의 밀도를 n_e'이라 하면 Maxwell-Boltzman 분포에 의해

$$\frac{n_e}{n_e} = \exp\left[-\frac{e(V_p - V_f)}{kT_e}\right]$$

또한 기판에서는,

$$\frac{n_e'\overline{v_e'}}{4} = \frac{n_i\overline{v_i}}{4}$$

이때 $\overline{v_e'} = \overline{v_e}$가 된다. 즉, 기판에서의 전자의 평균속도는 플라즈마 내에서의 전자의 평균속도와 같다. 이는 플라즈마 내 전자보다 $e(V_p - V_f)$만큼 큰 에너지를 가진 전자들만이 기판에 도달하고, 이들은 쉬쓰에서 $e(V_p - V_f)$ 만큼의 에너지를 잃기 때문이다. 따라서

$$\frac{n_e'\overline{v_e'}}{4} = \frac{n_i\overline{v_i}}{4} = \frac{1}{4}n_e\exp\frac{-e(V_p - V_f)}{kT_c}\times\overline{v_e} = \frac{n_i'\overline{v_i'}}{4}$$

$$n_e\exp\frac{-e(V_p - V_f)}{kT_c}\times\overline{v_e} = n_i'\overline{v_i'}$$

플라즈마 밀도 $n_i = n_e$, $\overline{v} = \sqrt{\frac{8kT}{\pi m}}$ 를 대입하여 정리하면

$$V_p - V_f = \frac{kT_e}{e}\ln\left(\frac{\overline{v_e}}{\overline{v_i}}\right) = \frac{kT_e}{2e}\ln\left(\frac{mT_c}{mT_i}\right)$$

이 식은 쉬쓰 천이지역에 대한 고찰을 거치면 이온의 온도 T_i에 의존하지 않고 전자의 온도 T_e에만 의존하는 식으로 변화한다.

결과적으로 얻어지는 식은 다음과 같게 된다. 즉,

$$V_p - V_f = \frac{kT_e}{e}\ln\left(\frac{m_i}{2.3m_e}\right)$$

이렇듯, $V_p - V_f$ 는 전자의 온도인 $kT_c m$, 그리고 전자와 이온 간의 질량비에 의존함을 알 수 있으며 실제로 보았을 때 약 5～15V를 유지한다[29].

1.4.8 쉬쓰 천이지역(Quasi-Neutural Transition Region)

앞에서 플라즈마와 기판 사이의 경계지역으로 쉬쓰가 존재한다고 했는데, 이 플라즈마와 쉬쓰 사이에 또 하나의 경계지역이 존재하며 이는 쉬쓰 천이지역(Quasi-Neutural Transition Region)이라 불린다. 이는 쉬쓰에 유지되는 전위의 일부가 플라즈마 내로 새어 들어가는 지역으로 Leaking 전위의 값은 $kT_e/2e$ 전위 구배를 지니게 된다. 즉, 이 쉬쓰 천이지역은 플라즈마보다는 작은 이온밀도(혹은 전자밀도)를 지니며, 기판 쪽으로 갈수록 그 이온밀도 혹은 전자밀도가 감소하지만 전자 밀도와 이온의 밀도는 플라즈마와 같은 밀도상태로 유지하는 지역을 말한다. 물론 이 지역을 벗어나서 쉬쓰로 들어서면 이온밀도가 전자밀도에 비해 많은 순 양 전하량(Net positive charge)이 유지되는 상태로 변화하게 된다. 이 쉬쓰 천이지역의 역할은 쉬쓰로 들어오는 이온의 속도를 플라즈마 내의 랜덤 이온의 평균속도보다 크게 하는 것에 있다. 즉, 랜덤 이온의 평균속도는 Maxwell-boltzman equation에서 얻는 바와 같은

$$\bar{v} = \sqrt{\frac{8kT}{\pi m}}$$

임에 비해 쉬쓰에 들어오는 이온의 평균속도가 $x = 0$지점에서 $+x$방향으로 $U(0) = \sqrt{\frac{8kT}{\pi m}}$ 로 증가하는 경향을 지닌다.

달리 표현하면, $x = 0$에서 $U(0) = \sqrt{\frac{8kT}{\pi m}}$ 의 속도를 갖는 경우,

$$\frac{1}{2} m_i U(0)^2 = \frac{m_i K T_e}{2e m_i} = \frac{kT_e}{2e}$$

따라서 쉬쓰 천이지역에서의 새는 전위는 $kT_e/2e$ 임을 알 수 있다. 이 전위차로 인한 쉬쓰 경계지역인 $x = 0$에서의 전자밀도는 플라즈마 밀도 $n_e(0) \approx n_i(0)$는

$$n_e(0) = n_e \exp\left(\frac{-V(0)}{kT_e}\right)$$

$$n_e \exp\left(\frac{1}{2}\right) = 0.6 n_e$$

따라서 플라즈마 밀도에 비해 0.6배 감소한다. 또한 이 쉬쓰 경계지역에서의 기판으로 입사하는 이온 플럭스는 랜덤 플럭스인 $(n_i\overline{V_i})/4$가 아니라 $n_i(0)\,U_i(0)$가 되며 다음과 같은 값을 가진다.

$$\text{즉, } n_i(0)\,U_i(0) = 0.6n_e\left(\frac{kT_c}{m_i}\right)^{\frac{1}{2}}$$

따라서 Maxwell-boltzman equation과는 달리 속도가 이온 온도에 의존함을 알 수 있다. 그러나 쉬쓰 내 이온의 속도는 전자의 온도에 의존하여 빨라지게 된다. 앞의 $V_p - V_f$의 계산식에도 이 효과를 고려하여 계산할 경우 이온의 온도 항이 없는 이유도 이온의 속도가 전자 온도로 표기되기 때문이다.

$$\frac{n_e\overline{v}'_e}{4} = \frac{n_i\overline{v}'_i}{4}\left[n_i(0)\,U_i(0) = 0.6n_e\left(\frac{kT_c}{m_i}\right)^{\frac{1}{2}}\right]$$

여기서 $\dfrac{\overline{v}}{4} = \dfrac{\overline{v}(x)}{4}$, $n(0) = 0.6n_e$이다.

$$\frac{n_e\overline{v}'_e}{4} = \frac{1}{4}n_e\exp\frac{-e(V_p - V_f)}{kT_c}\times\overline{v_e}$$

$$\therefore V_p - V_f = -\frac{kT_c}{e}\ln\left[(2.4)\left(\frac{kT_e}{m_i}\right)^{\frac{1}{2}}\left(\frac{\pi m_e}{8kT_e}\right)^{\frac{1}{2}}\right] = -\frac{kT_c}{2e}\ln\left(\frac{2.3m_e}{m_i}\right)^{\frac{1}{2}}$$

$$\therefore V_p - V_f = \frac{kT_c}{2e}\ln\left(\frac{m_i}{2.3m_e}\right)^{\frac{1}{2}}$$

결과적으로 플라즈마로부터 들어오는 이온이 $V_p - V_f$로 기판에 충격을 가하게 되며, 이 $V_p - V_f$는 약 5~15V로 고체 내 원자 간의 결합력인 1~10eV보다 크므로 이 전위로 물질이 충격을 받으면 표면 특성에 영향을 미친다[30].

1.4.9 디바이 쉴딩(Debye shielding)

플라즈마가 갖는 또 하나의 특성 중 한 가지로 디바이 쉴딩(Debye shielding)이 있다. 플라즈마 내에는 많은 이온과 전자가 중성원자와 함께 흩어져 존재한다. 이 중 1개의 전하, 즉 이온이나 전자에 가해지는 정전기적 힘을 생각해 보면 주변에 존재하는 전하로부터는 척력이 작용하고 다른 전하로부터는 인력이 작용하지만, 사방에서 가해지는 힘들이 서로 상쇄되어 실제 전자 혹은 이온에 가해지는 순 정전기력은 0이 된다. 이와 같은 상황에서 만약 한 곳에 음의 전하를 넣어 순간적으로 전위의 변화를 발생시킨다면 다음과 같은 일이 발생한다. 해당 전하로 인해 발생된 전위가 플라즈마 전위에 대한 상대적인 음의 값으로 V_0의 값을 갖고, 해당 변화로 인해 주변의 전자는 질량이 작으므로 전하 주변으로부터 재빨리 멀어지게 되며 이온은 질량이 크므로 그 위치에 남아 있게 된다. 결과적으로 이 전하 주변에는 전위 구배가 생기고 이 또한 Poisson's equation을 이용하여 풀 수 있게 된다. 이 V_0라는 −전위로 인하여 주변의 전자가 밀려나고 위치에 따른 전자밀도의 변화를 Maxwell-Boltzman equation을 이용하여 확인할 수 있다.

$$n_e(x) = n_e \exp\left(\frac{eV_{(x)}}{kT_e}\right),\ V(x) < 0$$

이온은 위치에 따른 변화 없이 그대로 있다고 가정하여 다음의 Poisson's equation에 넣으면 거리에 따른 전위 변화 값에 대한 다음 식을 얻을 수 있다.

$$\frac{d^2V}{dx^2} = \frac{\rho}{\epsilon_0} = \frac{e\left[n_i - n_e(x)\right]}{\epsilon_0}$$

$n_e(x)$를 대입하면,

$$\frac{d^2V}{dx^2} = \frac{en_e}{\epsilon_0}\left[1 - \exp\left(\frac{eV(x)}{kT_e}\right)\right]$$

만일 $V(x) \ll kT_c$라면 Taylor series에 의해 $\exp(x) = 1 + x,\ n_i = n_e$이다.

따라서,

$$\frac{d^2V}{dx^2} = \frac{e^2n_e}{kT_e}V(x)\ \text{또한}\ \sqrt{\frac{kT_e\epsilon_0}{n_ee^2}} = \lambda_D\ \text{로 놓으면}\ \frac{d^2V}{dx^2} - \frac{V(x)}{\lambda_D^2} = 0$$

이 미분 방정식의 해는 경계조건 $x = 0;\ V(0) = V_0,\ x = \infty;\ V(\infty) = V_p$로부터

$$V_{(x)} = V_0\exp\left(\frac{-|x|}{\lambda_D}\right),\ \lambda_D : \text{상수} : = \sqrt{\frac{kT_e\epsilon_0}{n_ee^2}}$$

플라즈마 내의 전하로 인한 전위 $V_{(x)}$는 전하의 위치로부터 멀어짐에 따라서 그 전

위가 감소하며, 어느 지역을 넘어서면 전하의 전위를 확인할 수 없게 된다. 이처럼 플라즈마 내 전위 변화가 발생했을 때 이 전위 변화를 감소시켜 차단하는 현상을 디바이 쉴딩(Debye shielding)이라 한다[31].

1.4.10 디바이 길이(Debye length)

플라즈마 내에서 전위의 변화가 발생했을 때 이 전위는 거리에 따라 지수적으로 변화하여, 그 전위의 변화를 차단한다고 했을 때 이 차단 거리를 디바이 길이(Debye length)라 한다. 이는 앞의 지수적으로 변화하는 전위의 변화에 대한 식에서 얻어지는데 이 거리는 초기의 $1/e$, 즉 초기 값의 약 0.37배로 감소하는 위치에 해당한다.

따라서, $V_{(x)} = V_0 \exp\left(\frac{-|x|}{\lambda_D}\right) = \frac{1}{e} V_0 \rightarrow x = \lambda_D$

이를 수식적으로 구하면

$$\lambda_D = \sqrt{\frac{kT_e \epsilon_0}{n_e e^2}}$$

의 수식을 확인할 수 있다.

대체로 이 Debye length를 λ_D로 표현하며 이는 앞서 평균자유행로가 λ혹은 λ_{mfp}로 표기하는 것과 구별이 된다. 여기서 보는 바와 같이 λ_D는 전자온도 및 전자밀도에 따라서 그 거리가 변화함을 알 수 있다. 따라서 Debye shielding은 이 특정 거리인 λ_D에 의해 정해지는 값으로 감소하여 플라즈마는 어느 거리 이상에서는 이 전위의 변화를 느끼지 못하고 V_0주변에는 이 특정 거리인 λ_D에 의해 정해지는 쉬쓰로 둘러싸이게 된다. 이 쉬쓰 밖으로는 쉬쓰 천이지역에 해당하는 전위의 leak 값인 $kT_e/2e$는 플라즈마 내 변화가 가능하다. 이 디바이 쉬쓰에 대한 다른 개념은 플라즈마 내 한 전하가 다른 전하들로부터 영향을 받는 거리는 $1 \sim 2\lambda_D$에 해당하는 거리를 반지름으로 구하는 것이다. 즉, 플라즈마 내의 이온과 전자들은 전하끼리 작용하는 정전기력이 서로 상쇄되어 자유입자와 같이 거동했다고 했는데 이 전하 간에 정전기력이 영향을 미칠 수 있는 거리가 $1 \sim 2\lambda_D$라는 것이다. 결과적으로 Debye length 내에서만 정전기력이 작용하고 정전기적 힘이 서로 상쇄가 되며, 밖에서는 각 전하로 인한 전위 변화가 차단되어 전자나 이온은 서로 간에 발생하는 정전기력에 영향이 없이 자유로운 입자로서 움직일 수 있게 된다[31].

1.4.11 플라즈마 진동(Plasma Oscillation)

플라즈마에서 한 부분이 외부의 에너지와 같은 효과로 인해 중성에서 탈출할 때 중성을 회복하기 위한 복원력이 발생한다. 복원력에 의해 한 곳의 순전하가 0이 되어 중성이 회복될 때 이 복원력을 머물게 할 수 없어 지나침 현상(Overshooting)이 일어나고 다시 반대복원력이 생기게 된다. 이 반대복원력에 의해 다시 중성이 회복되나 또다시 overshooting이 반대방향으로 일어나 결과적으로 플라즈마 진동 현상이 발생하게 된다. 우선 전자의 진동현상을 살펴보면, 전자밀도 n을 가진 두께 L의 플라즈마 내 전자가 거리 Δ만큼 전체적으로 왼쪽으로 이동한 경우 Δ지역에는 이온은 없는 전자만 존재하여 순전하가 발생하게 된다. 이는 전에 설명한 바와 같이 Poisson's equation에 의해 식을 세울 수 있으며 이 Δ안의 순전하인 전자농도로 Poisson's equation에 넣어 이 전하로 인해 발생하는 전기장을 구할 수 있게 된다. 즉,

$$\frac{dE}{dx} = \frac{\rho}{\epsilon_0} = \frac{n_e e}{\epsilon_0} \quad \rightarrow \quad E = \frac{n_e e}{\epsilon_0}\Delta$$

이 전기장으로 인해 전자에 복원력을 주게 되고 이 복원력은 $F = m_e a$라는 뉴턴의 식과 전기장에 의한 복원력 값 $F = -eE$를 같다고 놓음으로써 결과적으로 이 전자가 좌우로 진동하는 진동에 대한 식을 구하게 된다.

즉, $\frac{dE}{dx} = \frac{\rho}{\epsilon_0} = \frac{n_e e}{\epsilon_0} \quad \rightarrow \quad E = \frac{n_e e}{\epsilon_0}\Delta$의 해를 구하면 다음과 같다.

$$\Delta = A\cos w_e t + B\sin w_e t$$

이때, 이 전자가 좌우로 진동하는 진동의 주파수를 w_e라 하면

$$w_e = \sqrt{\frac{n_e e^2}{m_e \epsilon_0}} = 9 \times 10^3 n^{1/2} Hz$$

로 표현되고, 이 w_e를 플라즈마 진동수라 한다. 앞의 식에서 알 수 있듯 이 플라즈마 진동수는 전자밀도 및 전자의 질량이 질량에 의존하게 되고 전자의 질량은 상수이므로 이를 넣으면 $9000n_e^{1/2}Hz$로 표기할 수 있다. 이 식은 외부전기장의 변화가 시간에 의해 종속되어 있을 때, 이 전기장의 변화를 볼 수 있는 최대 주파수에 해당한다. 전기장 변화의 진동수가 이 진동수보다 작으면 전자는 이 전기장의 변화에 따라 쫓아 움직일 수 있게 되고, 이 진동수 보다 전기장의 변화가 더 크면 전자는 이 전기장의 변

화를 보지 못하게 되는 것이다. 만일 전자의 밀도를 $10^{10}/cm^3$이라고 하면 플라즈마 진동수는 900MHz에 해당되고, 플라즈마 식각에 사용하는 RF가 13.56MHz이므로 이와 같은 고주파 주파수에서는 전자의 전기장 변화에 따라 쫓아 움직일 수 있음을 알 수 있다. 물론 이 값은 전자의 밀도에 따라 변화하게 된다. 전자의 밀도가 크면 더욱 그 쫓아 움직일 수 있는 진동수가 증가한다. 앞서는 전자가 진동하는 경우에 대하여 설명하였는데 이온 역시 전하로서 앞서와 같은 설명을 할 수 있으며 이온 역시 진동을 하게 된다. 이온에 대한 식도 같은 식을 얻게 되나 다른점은 전자의 질량 대신 특정 이온의 질량으로 대치하면 된다. 전에 설명한 바와 같이 이온의 질량은 전자의 질량에 비해 아주 크므로 고유주파수(oscillation frequency)가 전자의 진동수에 비해 작게 된다. 이온의 고유 진동수를 식으로 표기한다면 다음과 같다. 즉,

$$w_i = \sqrt{\frac{n_i e^2}{m_i \epsilon_0}}$$

결과적으로, 앞서 전자의 고유 진동수와 비교 시 전자의 질량을 이온의 질량으로 대치한 것과 같다. 물론 이온밀도 n_i를 넣었으나 플라즈마 내에서는 이온의 밀도 n_i와 전자의 밀도 n_e가 거의 유사하므로 같은 값이다. 만일 이온의 밀도를 $10^{10}/cm^3$이라고 했을 때 Ar의 경우 약 3.3MHz가 얻어지며, 이는 플라즈마 에칭에 많이 사용되는 고주파 주파수인 13.56mHz에 비해 작아서 이온이 이 고주파의 전기장 변화를 느끼지 못하고 평균값의 변화를 느끼게 되어 Ar이온은 13.56mHz의 주파수에 의해 움직일 수 없게 된다[32].

1.4.12 이극성 확산(Ambipolar Diffusion)

이극성 확산(Ambipolar diffusion)은 전자와 이온의 농도 구배가 있을 때 전자의 평균속도가 이온의 평균속도보다 빠르기 때문에 다음의 아인슈타인 관계(Einstein relation)로부터 다음 식을 알 수 있다.

$$\frac{D}{\mu} = \frac{kT}{e}$$

전자의 확산계수와 이온의 확산계수를 비교하면 전자의 확산계수가 이온의 확산계수에 비해 아주 크게 되고($D_i \ll D_e$), 플라즈마 내부의 전자와 이온들이 벽 쪽으로 확산해 나아갈 때 전자의 확신이 이온보다 다음의 수식에 따라서 전자의 확산 플럭스가 이온의 확산플럭스에 비해 크게 될 것으로 예상된다.

$$\left| j_e = eD_e \frac{dn_e}{dx} \right| : \text{전자의 확산} \gg \left| j_i = eD_i \frac{dn_i}{dx} \right| : \text{ 이온의 확산}$$

반면, 초기에 전자가 벽 쪽으로 이온에 비해 더 많이 빨리 확산에 의한 이동을 하면 플라즈마 내부는 전자가 빠져나가 이온이 주를 이루므로 (+)로 순전하가 발생하게 되고, 벽쪽의 전자가 이동한 지역은 전자가 이온보다 많아져 (−)로 순전하가 형성되게 된다.

이 전기장은 이온은 확산하는 방향으로 밀어내고 전자는 더 빨리 가지 못하게 당기는 역할을 하여, 결과적으로는 벽 쪽으로 확산해 나가는 전자와 이온은 같은 확산계수인 이극성 확산계수(Ambipolar diffusion coefficient) D_A는

$$D_A = \frac{(\mu_i D_e + \mu_e D_i)}{(\mu_i + \mu_e)}$$

로 확산하게 된다. 또한 전자나 이온이나 확산에 의한 전류밀도는 같은 값으로 다음과 같은 값을 가지게 된다.

$$j_i = j_e = -eD_A \frac{dn_e}{dx}$$

위의 결과는 다음과 같은 계산으로 얻어진다. 즉, 앞선 전자와 뒤에 남은 이온 사이의 전기장 E에 의해 후자의 플럭스 변화가 발생하며, 이로 인한 전자와 이온의 플럭스(혹은 전류밀도)는

$$j_i = en_i u_i E - dD_i \frac{dn_i}{dx}$$

$$j_e = en_e u_e E - dD_e \frac{dn_e}{dx}$$

Steady state에서 $j_i + j_e = 0$, 즉 이온과 전자는 같은 양으로 벽으로 확산하며 $n_e = n_i = n$이므로

$$\therefore Ene(\mu_i + \mu_e) = -(D_e - D_i)\frac{dn_i}{dx}$$

$$\therefore E = \frac{-1}{ne}\left(\frac{D_e - D_i}{\mu_i + \mu_e}\right)\frac{dn_e}{dx}$$

이를 위해 J_i에 관한 식에 대입하면

$$J_i = -e\left(\frac{u_i D_e - u_i D_e}{\mu_i + \mu_e}\right)\frac{dn_e}{dx} - eD_i\frac{dn_e}{dx}$$
$$= e\left(\frac{-u_i D_e + u_i D_i - u_i D_i - u_e D_i}{\mu_i + \mu_e}\right)\frac{dn_e}{dx}$$

$$\therefore j_i = e\left(\frac{u_i D_e + u_i D_e}{\mu_i + \mu_e}\right)\frac{dn_e}{dx}$$

여기서, $D_A = \left(\frac{u_i D_e + u_e D_i}{\mu_i + \mu_e}\right)$ 이다[33].

CHAPTER 02

박막 증착 종류

학습목표

2.1 ▸ 증착이란

증착(Deposition)이란 기체 상태 금속 입자를 원하는 물체의 표면에 얇은 막으로 코팅하는 방법이다. 기판의 표면에 금속 막을 코팅하는 점에서 도금에 포함된다고 볼 수도 있으나, 일반적으로 말하는 도금과의 차이점은 기판으로 이동하는 코팅되는 물질의 상태이다. 일반적인 도금은 타겟 물질이 녹아 있는 용액에 코팅되기 원하는 물체를 담가 막을 형성하는 방법과 달리 증착은 기체화된 타겟 물질로 박막을 형성한다. 따라서 도금 방법으로 코팅하는 것과 다르게 유해 화학물질의 사용, 폐유기물의 처리가 없다는 장점이 있다. 그렇다면 왜 금속이 아닌 물질에 금속 막을 형성하려고 하는 것일까? 그 이유로는 금속만이 가지는 뛰어난 특성을 비전도성 물질에 구현하기 위해서일 것이다. 금속은 우수한 전기전도성, 광택의 장점을 지니지만 비싼 가격, 무거운 무게의 단점들 때문에 비전도성 물질이 금속의 특성을 가지게 하려고 노력 중이다. 자동차 램프를 예로 들면, 가벼운 플라스틱에 알루미늄 막을 형성하여 높은 반사율과 경량성을 만족시켜 두 가지의 장점을 이용할 수 있다. 증착은 금속 증기를 만드는 원리에 따라 화학적 기상 증착(Chemical Vapor Deposition, CVD)과 물리적 기상 증착(Physical Vapor Deposition, PVD)으로 나뉜다. CVD는 공정압력, 주입원의 상태, 에너지원 등의 조건에 따라 종류가 나뉘고 PVD는 금속을 증기의 형태로 형성하는 방법에 따라 구분된다. CVD는 기체 상태의 금속원, 반응하는 가스에 열을 가해주거나 플라즈마화를 이용하여 반응성이 높은 라디칼을 형성하고, 기판은 높은 온도로 만들어 화학반응을 일으켜 금속 코팅층을 형성하는 방법이다. CVD는 반도체 생산 공정 같이 고순도

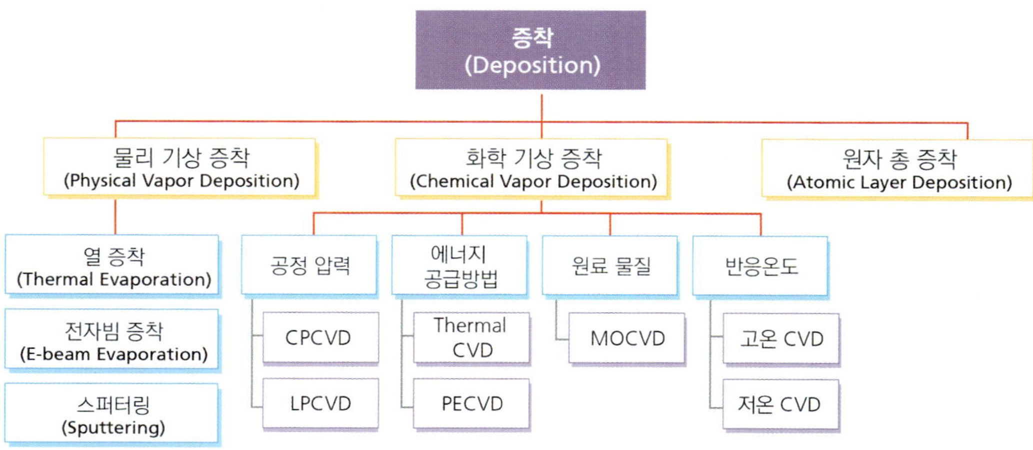

그림 2-1 ▸ 증착 공정 분류

박막 형성에 주로 사용된다. PVD는 원하는 타겟 물질에 가해진 에너지가 운동에너지로 변하여 기체 상태로 물질이 이동, 기판에 쌓여 코팅층을 형성하는 방법이다. PVD는 원하는 두께의 막을 형성할 수 있으며, 기판크기 및 종류에 크게 구애받지 않고 증착 가능하다. PVD는 기체 생성방법에 따라 열 증착법(Thermal evaporation), 전자빔 증착법(E-beam evaporation) 및 스퍼터링(Sputtering)으로 나뉜다.

2.1.1 물리 기상 증착, PVD (Physical Vapor Deposition)

PVD (Physical Vapor Deposition) 란 '물리 기상 증착'이라고 불리는 공정으로, 디스플레이에서 박막 트랜지스터를 만들 때 금속층을 형성할 수 있는 방법 중 하나이다. PVD는 Deposition이라는 용어가 사용된 것처럼 눈이 내려 고르게 쌓이듯 타겟 물질로 막을 형성하는 방법이며, 열 및 물리적 충격을 이용하므로 화학적인 방법을 이용하는 CVD (Chemical Vapor Deposition) 방법과 대비되는 기술이다. PVD는 TFT (Thin Film Transistor) 내부에 전자가 이동하는 금속 배선을 만들 때, 배선의 재료인 금속물질을 TFT 기판 위에 증착시켜 얇은 코팅층을 형성하는 공정이다. 형성된 막은 이후 포토 공정을 통해 원하는 형태로 막을 깎아 만드는 과정으로 이어진다. PVD 공정의 대표적 방식으로는 Evaporation, Sputtering이 있다. Evaporation은 열(thermal) 또는 전자빔(E-baem)을 이용해 TFT 기판에 원하는 물질을 증착하는 방식이다. 진공 챔버 안에 증착할 타겟 물질을 도가니 안에 담은 후, 열을 이용해 물질을 Vaporization 시

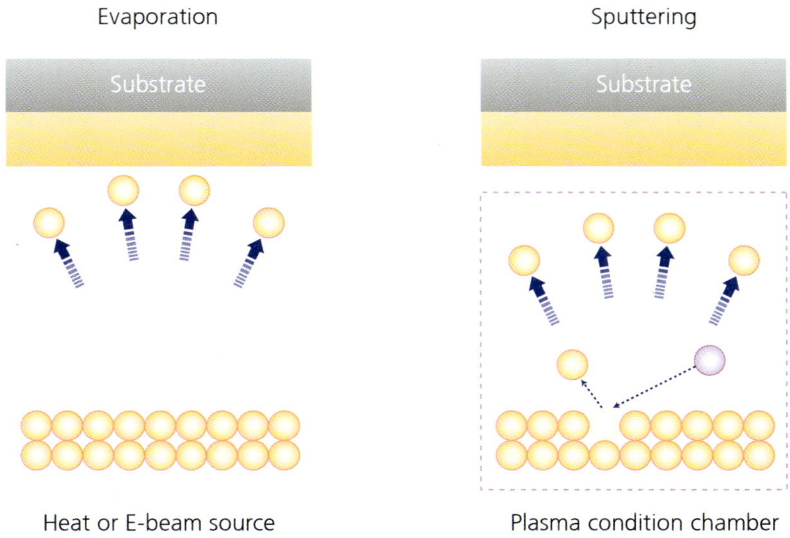

그림 2-2 ▸ 물리 기상 증착, PVD (Physical Vapor Deposition)

켜 기판에 증착하거나, 열 대신 전자빔으로 물질을 가열해 증발시켜 증착한다. 스퍼터링 방식은 증착할 물질에 비활성 가스를 충돌시켜 떨어져 나온 입자가 증착하고자 하는 기판에 증착되도록 하는 방식이다. 챔버 안에 Ar, N_2, O_2 등의 가스를 주입 후 전압을 가해 플라스마를 발생시키면 가스 이온이 생성되어 증착할 물질에 부딪힌다. 이때, 충돌하는 가스 이온의 운동에너지가 타겟 물질의 결합 에너지보다 크므로 타겟 물질 간 결합이 끊어져 나온 물질들이 기판에 증착되도록 하는 방식이다[34].

2.1.2 열 증착법(Thermal Evaporation)

열 증착법(Thermal Evaporation)은 증착시키고자 하는 타겟 물질을 고진공 챔버에 넣고 열을 가하여 타겟 물질을 증발시켜 기판에 증착하는 방법이다. 고진공에서 진행하는 이유는 분자가 다른 분자와 충돌하지 않으며 이동 가능한 평균거리(Mean Free Path)를 높이기 위함이다. 하지만 물질이 등방성(Isotropic) 하게 퍼져나가기 때문에 낮은 Step Coverage (증착된 막의 Uniformity)를 가진다.

Evaporation은 고체 혹은 액체 상태의 물질이 충분한 에너지를 얻어 기체 상으로 바뀌는 현상이다. 이를 이용하여 열 증착법에 활용하며, 이 과정 중 증기를 발생시키는 방법, 증기 입자를 기판으로 향하게 하는 방법, 기판에 박막을 응축시킬 방법에 대

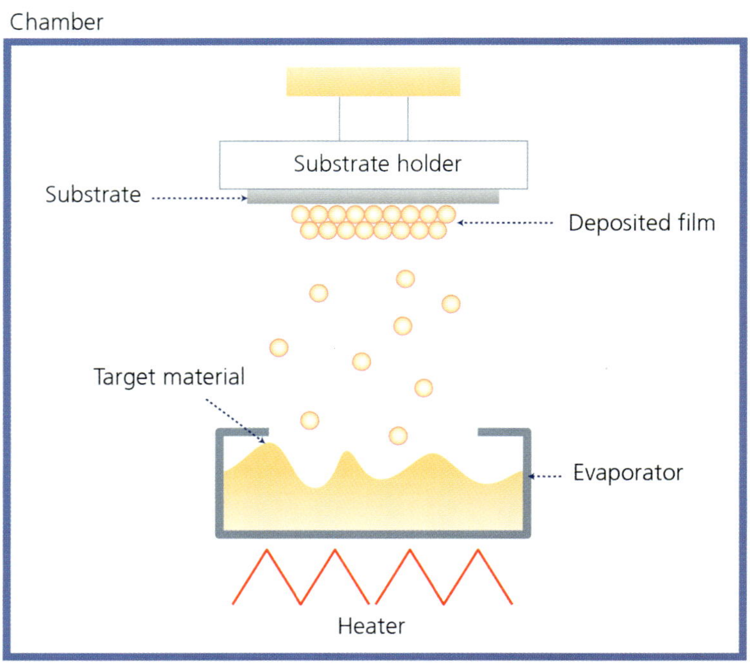

그림 2-3 ▸ 열 증착법(Thermal evaporation) 모식도

해 적절히 고려해야 한다. 기체 상태로의 상변화는 다음과 같은 식을 통해 유도된다. 증기의 수(Phi)는 P_V와 P의 차이에 비례하며, P_V는 온도 T에서 증기압이고 P는 반응기의 압력이다. 따라서 P가 0이 될 때, Phi 최대값이 유도될 수 있는데, 고진공 챔버에서 가장 높은 효율을 보여준다고 볼 수 있다. 고진공으로 갈수록 챔버 내에 불순물이 포함되지 않는 장점도 있다. 또한, 온도 T와 Phi는 공식을 통해 반비례함을 알 수 있다. 하지만 T가 증가하면 P_V도 증가하기 때문에 무조건 반비례 관계라고 할 수 없다. 더하여 단순한 가열이 무조건적으로 효율이 증가된다고 말할 수는 없다[55].

$$\Phi_e = \frac{1}{A_e} \cdot \frac{dN}{dt} = \frac{\alpha \cdot N_A \cdot (P_V - P)}{\sqrt{2\pi \cdot M \cdot R \cdot T}}$$

이런 증발을 발생시키는 방법은 여러 가지가 있는데, 대표적으로 가장 단순한 방법은 heater를 사용하는 것이다. 도가니에 둘러있는 코일을 통해 전류를 이용하여 가열시키는 방법이다. 단순하다는 장점이 있지만, 필요하지 않은 다른 금속, 오염 물질 등 공간 전체에 포함된 모든 물질을 가열시키는 단점도 있다. 증발을 통해서 방출된 원자는 챔버에서 직선형으로 날아가게 되고 기판, 다른 가스 분자, 챔버의 벽 등에 충돌하여 그 위치에서 응축되어 박막을 형성하게 된다. 이러한 입자의 이동을 평균자유행로로 표현이 가능하다. 이에 따른 공식은 다음의 람다식이다. 챔버 안 압력에 반비례하고 온도에 비례하는 것을 알 수 있다. 표는 압력에 따른 평균자유행로의 길이이며, 따라서 유도되지 않은 충돌 없이 기판에 정상적으로 증착시키기 위해서는 평균적으로 0.5～1m 정도의 챔버가 필요하게 된다.

$$\lambda = \sqrt{\frac{\pi \cdot R \cdot R}{2M}} \cdot \frac{\eta}{P}$$

λ = mean free path [m]
R = gas constant [J/(mol·K)]
T = temperature [K]
M = molar mass [kg/mol]
η = gas viscosity [Pl]
P = reactor pressure [Pa]

	Torr	MFP (Mean Free Path)
atm	760	65nm
LV	～1	50μm
MV	$\sim 10^{-3}$	5cm
HV	$\sim 10^{-7}$	500m
UHV	$\sim 10^{-9}$	50km

그림 2-4 ▸ Mean free path 식 및 압력에 따른 mean free path[6]

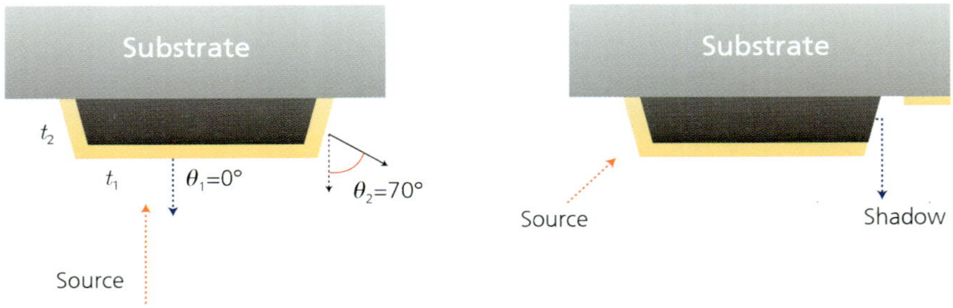

그림 2-5 ▸ 3D 공간에서의 증착 과정 모식도

다음으로 공간에서 직선으로 이동하는 flux를 사용하여 표면에 증착시키는 방법에 대해 알아보자. 먼저 일반적인 상황에서 flux의 직진하려는 특정 때문에 기판에 완벽하게 균일한 상태로 증착되지는 않는다. 그림 2-5는 초록색 박막을 증착시키기는 과정이다. 평평한 면의 두께(t_1) 외 경사진 면의 두께(t_2)가 서로 다른 것을 확인 할 수 있다. 두 면의 두께는 간단한 식으로 유도가 가능하다. 그리고 다른 중요한 요소에는 shadow effect가 있다. 이는 입자가 날아오는 방향이 수직이 아닐 때 발생하는 현상으로 비스듬한 방향으로 직진성을 가진 flux가 날아오는 상황에 의해 증착되지 않는 부분이 존재할 수 있다. 반대로 소스를 맞닥뜨리는 부분은 훨씬 두꺼운 막이 증착된다.

$$\frac{t_1}{t_2} = \frac{\cos(\theta_1)}{\cos(\theta_2)} \approx 3$$

여기서 $\Phi = 0°$, $\theta_1 = 0°$, $\theta_2 = 70°$

이런 단점을 해결하기 위해서 기판을 잡고 있는 기판 홀더를 회전시키는 시스템을 이용한다. 이는 증착이 진행되는 동안 지속적으로 회전하여 위치를 변경하는 시스템이다. 따라서 입자가 날아오는 각도를 계속해서 변경하여 줌으로써 박막의 두께가 일정하게 증착될 수 있게 해준다. 이 외에도 열 증착법에는 다른 기능을 하는 부분들이 있다. 이러한 열 증착법은 단일 금속[35] 뿐 아니라, 페로브스카이드[36], 금속 산화물[37] 등의 박막을 증착하는데 사용되고 있다. 먼저 shutter로 도가니로부터 방출되는 flux를 물리적으로 차단해주는 역할로 사용된다. Shutter를 통해 아주 정확하게 기판이 flux에 노출되는 시간을 조절할 수 있고, 이는 heater를 조절하는 것보다 뛰어난 성능을 보인다. 다른 요소로는 기판에 증착된 막의 두께를 측정하는 monitor로 quartz crystal microbalance (QCM)로 쿼츠 크리스탈 공진기의 주파수 변화를 측정하고, 단위 면적당 질량의 변화를 측정한다. 그리고 기판의 온도를 조절하며 박막의 증착 속도를 조절하는 컨트롤 장치와 챔버의 압력을 조절하는 장치 등이 있다. 이와 같은 장비들을 통

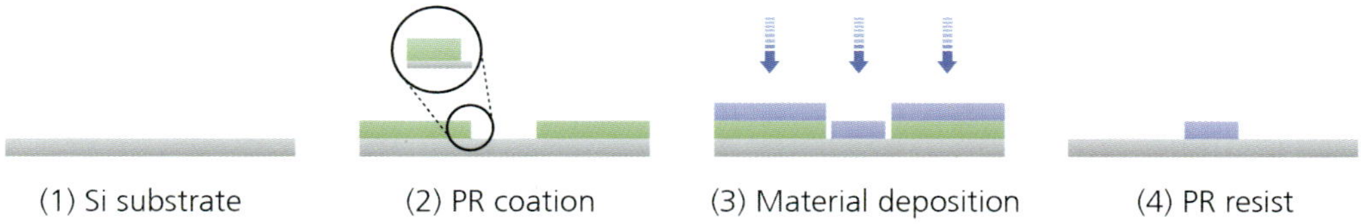

그림 2-6 ▸ Lift off 공정 모식도

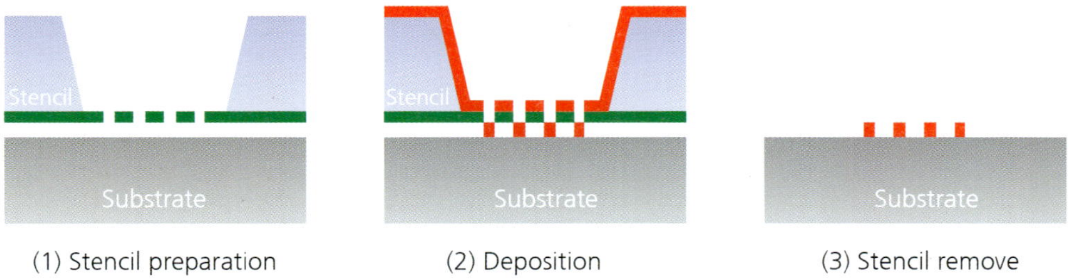

그림 2-7 ▸ Stencil Lithography 공정 모식도

해 열 증착법의 과정을 조절할 수 있다. 이제 열 증착법을 이용한 몇 가지의 예시를 살펴보자. 첫 번째 예시는 Lift-off 기술이다. Bimorph 구조의 Cr을 증착할 때 사용할 수 있는 방법으로서 순서는 그림 2-6에 나타내었다. 회색 부분은 기판, 빨간색 부분은 포토 레지스트, 파란색 부분이 Cr이다. 살펴볼 부분은 두 번째 과정에서 PR 층이 경사져 있는 곳인데, 이는 이후 열 증착법 공정으로 Cr층이 증착될 때 경사진 부분에 증착되어 제거해야 할 부분과 층으로 남겨둘 부분이 연결되지 않도록 하기 위해서이다. 다음 PR resist가 (증착된 Cr을 포함한 필요 없는 부분) 제거되며, 이러한 공정은 식각(etching)이 어려운 물질을 이용할 때 굉장히 효과적이다. Lift-off 공정은 물질의 종류 및 크기의 변화에 따라 수 초에 해당하는 시간이 걸리며, 모든 공정이 끝난 뒤에는 남아있는 물질의 제거를 위해 증류수(DI water)로 표면을 세척한다. 예시로, MoS_2를 열 증착과 life-off 방법으로 증착한 연구도 있다[38].

두 번째 예시는 Stencil Lithography이다. Flux의 직진성을 활용한 방법으로 판화를 찍어내는 것과 비슷한 공정으로서 원하는 패턴이 그려진 막을 기판 위에 가까이 위치시킨 뒤, 열 증착법 공정을 이용해 원하는 형태로 증착시키는 방법이다. Stencil은 다시 사용하여 동일한 패턴의 박막을 반복하여 생산한다. 열증착법과 Stencil Lithography을 이용한 연구가 Nature와 같은 유명 저널에 개제되기도 하였다[39].

지금까지 살펴본 열 증착법 공정의 장점은 기판 표면에 열이나 화학 반응이 전혀 없다는 것으로, 이는 기판 표면에 damage를 가하지 않기 때문에 깨지기 쉬운 기판 표면에 patterning 공정을 진행할 때 유용하게 활용할 수 있다. 또한 진공 챔버에서 진행하여 순수한 박막을 얻을 수 있고, 빠른 박막 형성 기법에 속한다. 단점은 앞에서 설명

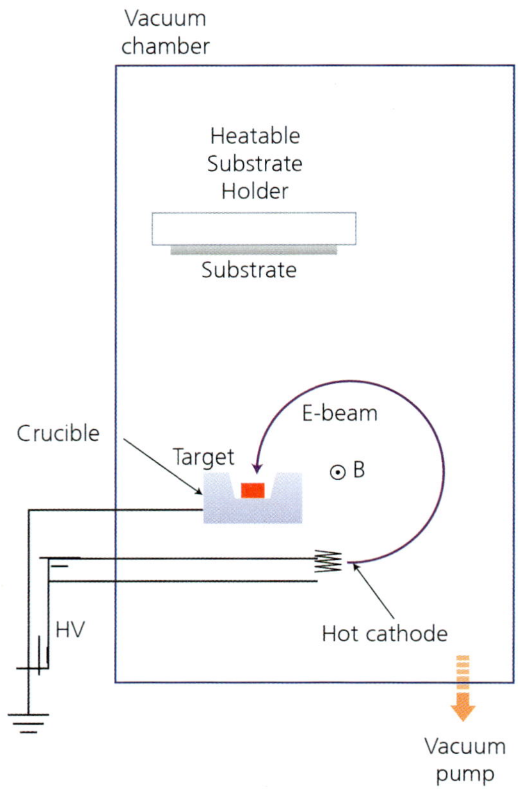

그림 2-8 ▸ 전자 빔 증착법(E-beam evaporation) 모식도

한 기판 홀더의 회전 시스템을 통해 보완했지만 shadow effect를 완벽하게 보완할 수 없으며, 종횡비가 크고, 크기가 큰 영역을 증착할 때는 사용에 어려움이 있다는 것이다. 또한 순수 물질이 아닌 혼합물은 높은 온도에서 분해 혹은 상변화의 문제가 있어 다루기 어렵다는 점 역시 단점이다[6, 56].

2.1.3 전자 빔 증착법(E-beam Evaporation)

시료에 저항열을 가하여 증발시켜 증착하므로 부분적인 증발이 어렵고 작동 온도 범위에 한계가 있는 열 증착법에 비해, 이온 빔 증착법은 발열원인 필라멘트에서 발생한 전자 빔을 이용한다. 전자빔은 정밀하게 조절하기 위해 전자석과 영구자석을 이용하여 조절한다. 또한, 물을 이용하여 냉각하는 수냉로 시스템을 이용하지 않기 때문에 용기로부터 불순물이 섞이지 않는다. 따라서 저항열을 이용하는 열 증착법보다 높은 균일성을 가지는 박막을 증착할 수 있고, 증착률 역시 열 증착법보다 높은 장점을 가

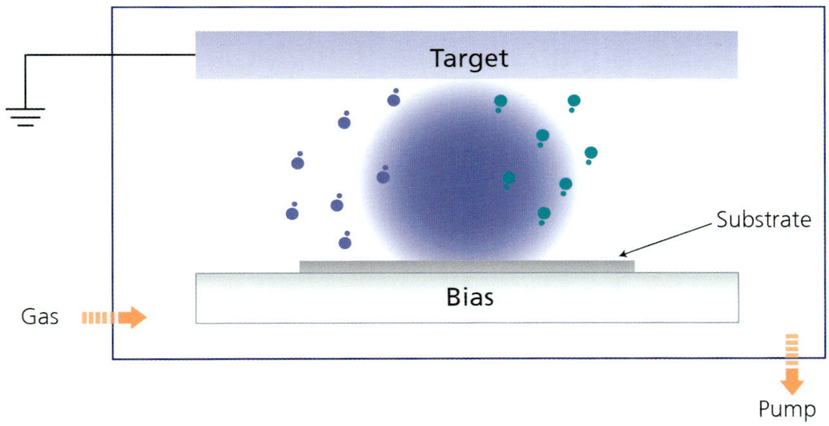

그림 2-9 ▸ 스퍼터링(Sputtering) 모식도

지고 있다. 하지만 열 증착법과 마찬가지로 높은 진공을 필요로 하고, 필라멘트의 성능이 낮아지면 증발률이 고르지 못하다. 또한 X-ray의 발생과 source 위 원자의 농도가 높아 eddy 현상과 discharge가 심하다는 단점을 가지고 있다[57]. 전자 빔 증착법 또한 열 증착법과 같이 단일 금속[40] 뿐만 아니라 금속 산화물[41], 질화물[42], 황화물[43], 무기 페로브스카이트[44] 물질까지 증착이 가능한 증착 방법 중 하나이다.

2.1.4 Sputtering

Sputtering은 거의 모든 물질의 증착이 가능하므로 다양한 재료를 사용하여 증착이 가능하다. 또한 플라즈마를 사용하는 공정으로 물리적으로 타겟 물질을 떨어트려 기판으로 이동시키는 것이다. 이는 이온 충격(Ion bombardment) 과정을 통해 유도되며, 이온이 타겟을 충분한 에너지로 때려 원자가 방출되고, 방출된 원자들이 박막으로서 기판에 증착되는 것이다. 이러한 과정을 위해 우선 진공 챔버에 비 반응성 기체 중 하나인 Ar을 일정 압력까지 주입한다. 이후 높은 전압에 의해 플라즈마가 발생하고 Ar 양이온이 Cathode 쪽으로 가속되면서 Cathode 쪽에 부착되어 있는 타겟과 충돌한다. 이후 원자가 타겟에서 떨어지고 반대 기판으로 날아가 증착이 이루어진다.

플라즈마는 부분적으로 이온화된 가스로 정의되며, 같은 수의 양전하와 음전하로 이루어져 있어 전기적으로 중성을 띠게 된다. 그 중 DC 플라즈마는 가장 간단한 플라즈마이다. 작동 원리는 챔버가 $10 \sim 10^2$mTorr까지 가스로 채워진 후 DC전압이 두 전극에 걸리게 된다. 이 사이에 background ionization의 이해가 필요하다. 이는 photon이 주입된 가스 원자를 때리면 가스가 이온화 되며 발생한다. 이로 인해 약간의 전류가 흐르는데, 무시할 수 있는 정도의 크기이지만 전압이 걸리면서 이 background ionization이 다른 원자를 이온화 시킬 수 있는 충분한 에너지를 얻는다. 따라서 물질에 따라 일정 이상의 전압부터는 급격하게 전류가 흐르게 된다. 이 구간을 'dark discharge'라고 부르며, 빛을 방출하지 않는 이유 때문이다. 이 구간은 마이크로 제작에 안정적이지 않고, 에너지가 충분하지 않아 플라즈마로 활용되지 않는다. 하지만 electric field가 더욱 증가된 후에는 전자와 이온 사이의 비 탄성 충돌(Inelastic collisions)이 급격히 많아져 background ionization이 아닌 강한 electric field에 의해서 이온화될 수 있고, 낮은 전압에서 강한 전류를 얻을 수 있다. 또한 전압이 떨어지는 것이 큰 역할을 하는데, 주입된 기체가 음극에 부딪히면서 방출되는 전자가 플라즈마에 남아있게 된다. 이런 전자가 없다면 플라즈마는 빠른 속도로 사라질 것이다. 마지막으로 전자의 loss와 gain이 평형을 이루게 되면, 플라즈마가 안정적인 상태에 들어서게 되는데, 이 구역을 글로우 방전이라고 부른다. 앞에 설명한 내용과 다르게 안정적이며, 에너지가 충분하여 sputtering이나 etching과 같은 공정에 활용된다. 물리적으로 약 15cm 거리에 떨어진 두 전극에 1.5kV의 전압이 걸리며 100V/cm의 electric field를 유발한다. 전자, 이온은 각각 다른 질량을 가지고 있다. 전자는 가볍고 이동성이 좋으며 electric field 내에서 더욱 가속되기가 쉽다. 따라서 플라즈마 상태인 구역에서 전자와 이온은 각기 다른 속도로 이동한다. 또한 electric field도 일정하지 않기 때문에, 전자와 이온에 의해 밝은 부분과 어두운 부분이 나뉘어 발생하게 되는데, 이러한 부분을 각각 glow와 dark space로 표현한다. 양극에서는 negative glow가 발생, 음극에서는 dark space가 존재하게 된다. 이렇게 플라즈마를 얻기 위한 전압을 유도하려면 크게 세 개의 parameter가 존재한다. 각각 압력, 전극과 전극 사이의 간격, 주입되는 가스 특성이다. 이에 대한 식은 아래와 같고, 그래프의 x축은 압력×거리, y축은 Breakdown voltage이다. 최소값의 왼쪽은 전자와 반응할 수 있는 분자가 적기 때문에 breakdown을 위해서는 높은 전압을 필요로 하게 된다. 이는 자유 전자가 아무 충돌없이 양극에 도달한 후 사라지게 된다. 따라서 많은 자유전자를 발생시킬 필요성이 있다. 오른쪽은 상대적으로 기울기가 가파르지 않은데, 많은 양의 분자가 있기에 평균 자유 행로가 줄어들어 상대적으로 적은 전압을 필요로 한다. 이를 통해 알 수 있는 사실은 작은 압력에서 보다 큰 breakdown 전압이 필요할 수 있다는 것이다[58].

- Breakdown voltage

$$V_B = \frac{BPd}{\ln(APd) - \ln\left[\ln\left(1 + \frac{1}{\gamma_{SE}}\right)\right]}$$

DC sputtering은 음극에 target, 양극에 substrate를 둔다. 그리고 높은 DC 전합을 걸어 플라즈마를 형성하기 때문에 'DC sputtering'이라고 불린다. 일반적으로 양극은 접지되며, 음극에는 전압이 걸린다. 이런 시스템은 매우 간단한 시스템에 속한다는 장점을 가진다. 하지만 이에 따른 단점으로는 전체 시스템에 플라즈마가 발생하기 때문에 기판의 가열이 지속되어 안정적인 sputtering을 위해서는 쿨링이 필수적이다. 또한 오직 전도성 물질만이 증착 가능하다. 절연물질이 타겟으로 사용되면 주입 가스의 양이온이 타겟에 축적되어 몇 ms 안에 충전이 되기 때문에 플라즈마 상태가 유지되지 못할 것이다. RF와 DC의 다른 점은 플라즈마를 형성하는 방법에서 차이를 가진다는 것이다. RF sputterig은 고주파의 RF 전압을 전극에 걸어서 플라즈마를 형성하며, AC 전압을 이용하고 타겟이 charging 되는 것을 막아주고, 절연물질의 증착을 가능하게 해준다. 가장 큰 특징으로는 Self-bias capacitor를 이용하는 것이다. RF sputtering 방식을 이용하기 위해서는 3가지 조건을 필요로 한다. 주파수가 낮으면 타겟의 표면에 이온이 축적될 충분한 시간을 가지게 되고, 따라서 플라즈마 상태가 유지되지 않을 것이다. 따라서 50kHz 이상의 주파수를 이용해야 타겟 표면에 이온이 축적될 시간을 만족하지 못하여 플라즈마가 유지될 것이다. 두 번째로는 충분한 에너지의 이온이 타겟에 충돌해야 한다. 에너지가 너무 적다면 원자를 방출하지 않는다. 이를 해결하기 위해 5MHz 이상의 주파수를 사용하고 양극에 DC self-bias를 활용해야 한다. 이렇게 고주파를 사용하게 되면 이온은 질량에 의해 RF field를 따라 움직이지 못하게 되며, 반대로 전자는 여전히 움직일 수 있다. 따라서 전자들은 양쪽의 전극에 충돌하게 될 것이다. 하지만 capacitor 때문에 전자들은 축적될 것이고 결국에는 capacitor가 음성을 띠게 될 것

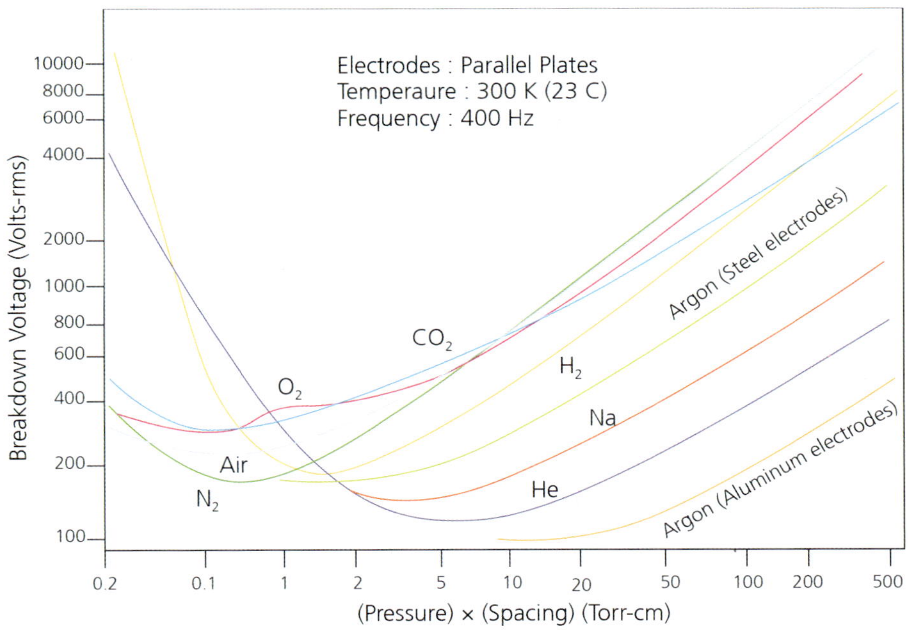

그림 2-10 ▸ 기체 종류에 따른 breakdown 정압 그래프[59]

• Lorenz force

$$F = q(E + v \times B)$$

q = electric charge
v = instantaneous velocity
E = external electric field
B = magnetic field

그림 2-11 ▸ Lorenz force 계산 식 및 사용된 타겟의 사진[6]

이다. 이러한 negative DC 전압은 이후 양전하를 가속시켜 sputtering을 가능하게 한다. 세 번째로는 다른 표면이 sputtering 되지 않게 해야 한다. 따라서 양극이 음극보다 더 큰 크기로 이루어져 있어야 한다. 그 이유로는 작은 크기의 음극은 더 큰 전압 강하를 유도하고, 더욱 많은 bombardment를 일으키기 때문이다. 위에서 설명한 조건을 만족시키기 위해서는 양극과 챔버 전체를 접지해야 한다. RF sputtering은 charging 문제를 극복하고 절연 물체의 증착이 가능하다는 장점을 가진다. 또한 RF field에 couple된 에너지에 의해 플라즈마를 더욱 효율적으로 이용할 수 있게 해주며, 더 빠른 증착속도를 더 적은 에너지로 가능하게 한다. 하지만 DC sputtering과 마찬가지로 기판이 가열되고, 일반적으로 RF sputtering에 사용되는 절연 물질은 열에 취약하기 때문에 쿨링 시스템이 필수적이라는 단점도 가지고 있다. Magnetron sputtering은 RF Sputtering 시스템에 자석이 추가된 방법이다. 이런 자기장의 역할은 전자를 음극에 가까이 두어 주입 가스 원자에 충돌을 더 많이 발생시키며 이온화를 일으킨다. 모여있는 전자들은 타겟 근처에서 자기장을 따라 이동한다. 따라서 전자는 속도(v)를 가지게 되며, 자기장의 세기를 B라고 할 때, 그림 2-11에 표현된 F에 대한 식을 유도할 수 있다. 반대로 양이온은 질량에 의해 위와 같은 움직임은 보이지 않는다. 따라서 타겟 근처에 전자들이 모이게 되며, 이온화를 효율적으로 가능하게 한다. 결과적으로 낮은 압력과 낮은 전압이 가능하게 되며, 따라서 훨씬 높은 순도를 얻게 해준다. 더하여 플라즈마의 위치가 한정적인 공간으로 정해지며, 보다 많은 이온이 타겟을 때릴 수 있게 되어 증착 속도가 향상되는 결과를 얻게 된다. 그리고 기판에서 멀어져 발열도 낮추게 된다. 그러나 이러한 방식은 훨씬 복잡하고 타겟을 불균형하게 사용한다. 한 번 활용된 타겟의 이미지를 보면 알 수 있다.

이온이 타겟과 어떠한 반응을 하는지 알아보자. 10eV 이하의 낮은 에너지를 가질 경우, 이온의 대부분은 표면에서 반사, 흡수, migration된다. 그리고 충돌하는 동안 표면에 화학적 변화를 일으키거나, 표면에 point defects같은 데미지를 가하게 된다. 반대로 10KeV 이상의 높은 에너지를 가질 경우, 타겟에 깊게 통과되면서 혼합물을 형성할 수 있다. 결과적으로 10eV ~ 10keV 범위의 에너지를 가진 이온이 타겟의 원자를 방출할 수 있게 된다. 또한 2차 전자, X-ray와 photon도 방출하게 된다. 또한 충돌 시 95%의 에너지는 타겟을 가열시키는데 사용되며, 이로 인해 타겟에 쿨링 시스템이 요구된다. 마지막으로 물리적인 에너지를 이용하여 원자가 방출되기 때문에 주입하는 가스의 종류에 따라 질화물이나 산화물 같은 물질도 증착이 가능하다. 이것이 열 증착법(thermal evaporation)과 큰 차이점이다. Sputtering은 방출되는 타겟 원자의 양과 증기압이 관계가 없다. 이것은 방출 속도(W)의 공식을 통해 알 수 있다. 이 식을 보면 압력이 반비례관계인 것을 알 수 있다. 그 이유로는 압력이 증가함에 따라 주입가스의 평균 자유 행로가 증가하면서 주입가스와 주입가스의 충돌이 줄어들기 때문이다. 그리고 스퍼터링 율[sputtering yield (S)]은 타겟 물질과 이온에 따른 지표이다. 스퍼터링 율은 압력, 전압, 가스의 종류, 거리, 타겟의 종류 등의 영향을 받는다. 관련된 예시를 그림 2-12의 표를 통해 확인할 수 있다.

또한 타겟 만이 이온에 의해 bombarded 되어야 한다. Substrate 이외의 다른 부분이 sputtering 되는 것을 막기 위해서는 양극과 챔버의 다른 부분들은 방전이 잘 되어 있어야 한다. 하지만 이런 방법은 음극의 뒷면까지 커버할 수 있는 완벽한 방법은 아니다. 이는 타겟 이외의 전극을 때려 원치 않는 충돌을 발생하게 할 것이다. 따라서 방전된 shield를 설치하여 타겟만을 때리도록 유도할 수 있다. 평균적으로 $10^{-6} \sim 10^{-7}$ Torr의 압력이 evaporation에 사용되며, $10^{-1} \sim 10^{-3}$ Torr의 압력이 sputtering에 사용된다. 그 결과 평균 자유 행로가 sputtering에서는 몇 mm단위이며, m단위인 evaporation과 차이를 보인다. 하지만 이런 짧은 평균 자유 행로는 방출된 원자가 기판에 도달하기 전에 가스 입자나 원자에 부딪혀 기판까지 도달하지 못하는 결과를 가져오기도 한다. 이러한 충돌에 의해 기판에 일정하지 않은 각도를 가지며 증착되게 되

$$W = \frac{k \times V \times i \times S}{P \times d}$$

W = ejection rate in [molecule/$m^2 \cdot s$]
V = working voltage in [V]
i = discharge current in [A]
S = sputtering yield in [atom/ions]
P = gas pressure in the chamber in [Pa]
d = anode-cathode distance in [m]
k = proportionality constant in [m^{-4}]

Metal	Sputtering yield S*
Al	1.05
Cr	1.18
Au	2.4
Ni	1.33
Pt	1.4
Ti	0.52

그림 2-12 ▸ 원자의 방출 속도 식 및 원소별 sputtering yield [6]

고, 이러한 결과는 훨씬 뛰어난 step coverage를 보여주게 된다. 또한 챔버에 산소와 같은 반응성 기체를 주입하면서 sputtering 진행 시, 반응성 sputtering이 가능한데, 이러한 sputtering을 'co-sputtering'이라고 한다. Sputtering은 다양한 물질을 증착할 수 있다는 장점이 있다. 또한 좋은 접착성, step coverage, 박막 균일도 등을 보이며, 한 번에 증착하고자 하는 양을 조절할 수 있어, 얇은 박막이나 두꺼운 막을 원하는 공정에 얻을 수 있다. 따라서 산업적으로 이용할 때, 많은 양의 재료를 균일하게 증착시킬 때, 활용할 수 있다. 추가적으로 'sputter etching'과 같은 공정을 통해 표면의 세척과 활성화도 가능하다. 전극의 극성을 반대로 바꾸어 작은 에너지의 플라즈마를 만듦으로써 기판에 이온의 충돌을 유발할 것이다. 그 결과 이온이 오염 layer나 particle을 표면에서 제거하고 산화막을 제거할 것이다. 이런 방법은 표면에 인장 응력을 발생시키지 않고, drying step을 발생시키지 않으며, 증착이 이루어지는 곳에서 바로 활용할 수 있다는 장점을 가진다. 하지만 플라즈마를 이용한 방식의 건식 cleaning은 습식 cleaning보다 효율성이 떨어진다는 단점이 있다. Sputtering은 원자나 bombardment로 발생한 전자에 의해 기판이 발열되며, 기판에 증착된 층과 화학 반응이 유발될 수도 있다는 단점이 있다. 따라서 쿨링 시스템이 필수적으로 요구된다. 또한열 증착법보다 복잡하고 비싼 시스템이고, 완전히 순수한 필름을 얻기 힘들다는 단점이 있다. 현재 산학에서 Sputtering을 이용하여 연구에 적용한 사례들도 있다. 최근 3년 내 학술논문을 확인해본 결과 Ni, NiCr, 그리고 NiV 촉매를 증착하여 특성을 증가한 방법[50], 환경공학용 전이금속 질화물을 제작하기 위한 Sputtering 증착법[51], 부식방지를 위한 옥시나이트라이트 표면처리 후 CrN 증착법[52], 트랜지스터 및 반도체 필름 어닐링을 통해 광투과도 증가를 위한 Sputtering 방법[53-54], 열적-표면 안정성 증가를 위한 BN, TiN 코팅 방법[55-56], 산화물 증착을 통한 센서의 상안정성과 센서 감도를 증가시키기 위한 WO_3 및 CuO 증착법[57-59] 등이 있으며 활발한 학술보고를 통해 잘 알려져 있다. 이처럼 다양한 분야에 활용되는 Sputtering 방식은 증착물질의 구조와 조성을 원하는 대로 제어하여 물질에 활용가능한 장점이 있어 PVD 방식 중 가장 많이 활용되는 증착법이다.

2.2 ▸ 화학 기상 증착(Chemical Vapor Deposition)

CVD법은 화학 반응을 수반하는 증착 기술로 도체, 부도체, 반도체 박막을 증착하는데 있어 모두 사용할 수 있는 기술이다. CVD법은 화학 반응을 일으킬 수 있는 주된 에너지원으로 열 에너지를 많이 이용하는데, 에너지원으로 열을 사용하는 CVD의 종류를 열 CVD라고 한다. 또한 열 에너지 외에 플라즈마 혹은 빛 에너지도 사용하며, 각각의 경우를 플라즈마 CVD (Plasma Enhanced CVD, PECVD) 또는 광 CVD라고 한다. CVD는 기체상태 혼합물을 가열된 기판 표면에서 반응을 일으켜 생성물을 기판 표면에 증착시키는 기술이다. CVD는 현재 상업적으로 가장 많이 이용되는 박막제조 기술로, 특히 집적 회로의 생산공정에 있어서 매우 중요한 단위공정이다. 그 이유는 CVD의 높은 반응온도와 복잡한 반응경로, 사용기체 대부분의 매우 유독성 물질이라는 단점에도 불구하고 특별한 몇 가지 장점을 가지기 때문이다. CVD의 장점으로는 첫째, 융점이 높아 제조에 어려운 물질을 보다 낮은 온도에서 형성할 수 있다. 둘째, 증착된 박막은 높은 순도를 가진다. 셋째, 대량 생산이 가능하여 PVD보다 적은 비용으로 증착이 가능하다. 넷째, 많은 종류의 원소 및 화합물의 증착이 가능하고, 공정 조

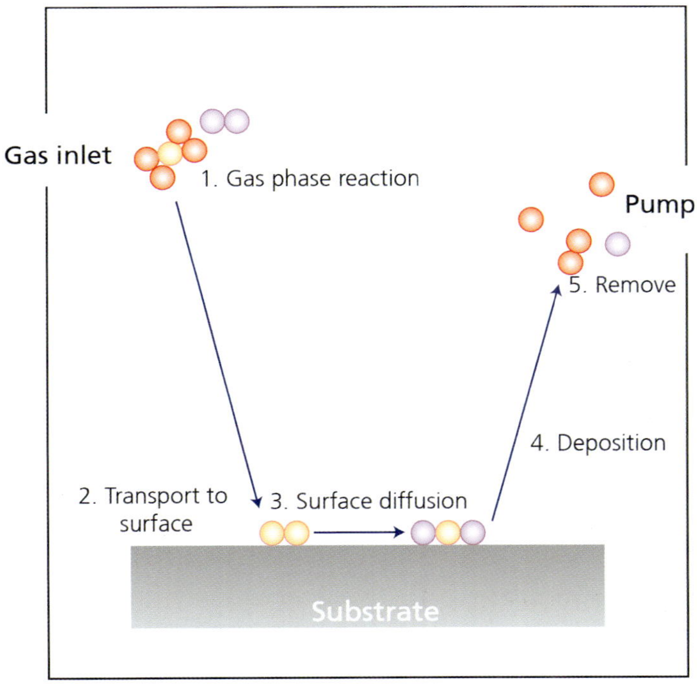

그림 2-13 ▸ CVD 공정 모식도

건의 제어 범위가 넓어 다양한 특성의 증착막을 쉽게 얻을 수 있으며, PVD보다 좋은 step coverage를 가진다는 점 등이 있다. 실리콘 집적회로 제조에 주로 사용되는 CVD 공정들의 예를 보면, 부도체 박막의 경우 소자 내부의 층간 절연막으로서 주로 사용되는 PSG (PhosphoSilicate Glass), BPSG (Boro-Phospho Silicate Glass) 등이 대기압 하에서 사용하는 APCVD (Atmospheric CVD)를 이용하여 증착되며, 반도체 박막의 경우 집적회로 내 트랜지스터(transistor)의 게이트(gate) 층으로 사용되는 다결정 실리콘이 LPCVD (Low-PressureCVD)를 이용하여 주로 증착된다. 최상층 금속 배선 상부를 덮는 보호막인 Si_3N_4, 금속 배선 층 간 절연막인 SiO_2 등이 PECVD (plasma Enhanced CVD)를 이용하여 증착되고, 최근에는 주로 PVD를 이용하여 증착되었던 금속층들도 CVD를 이용하여 증착하는 연구가 활발히 진행되고 있다[60].

2.2.1 CVD의 사용 목적

CVD의 사용 목적 신소재 개발의 새로운 명제로서 재료에 한 물리량을 다른 물리량으로 하는 기능을 부여할 수 있는 기능성 재료의 개발은 고도의 첨단기술과 밀접한 관련이 있다. 신소재 개발의 한 종류로 각종 소재가 박막의 형태로 여러 목적에 응용되었고, 기능으로서 열 전도성, 경도, 내부식성이 요구되거나 전기적, 광학적 특성을 중요하게 여기는 경우가 첨단산업의 기술적인 부분에 크게 부각되고 있다. 박막형성 기술의 대표적 방법으로 화학 기상 증착과 물리 기상 증착이 있으며, CVD에 의해 형성된 박막은 PVD에 비하여 고속입자의 기여가 적어 기판 표면의 손상이 적은 것이 장점으로 주목되어 국제적으로 기술 개발을 위한 연구가 활발히 진행되고 있는 분야이다. 앞서 말했듯이 CVD는 기체상태의 화합물을 기판 표면에서 반응시켜 생성물을 증착시키는 방법으로 생산공정에서 중요한 단위공정 중 하나이다. 표 2-1에 해당 분야의 박막재료, 기능, 반응가스의 조합을 정리하였다.

표 2-1 CVD 기술별 재료, 기능 반응가스 (1)

용도, 박막재료	상압 CVD	감압 CVD	플라즈마 CVD
• 바이폴라 IC • 에피택셜 • 분리층 : 에피택셜-Si	• $SiCl_4+H_2$(1100°C) • $SiHCl_4+H_2$ • $SiH_2Cl_2+H_2$ • SiH_4+H_2(800°C)	• $SiCl_4+H_2$ • $SiHCl_3+H_2$ • $SiH_2Cl_2+H_2$ • SiH_4+H_2	• SiH_4+H_2 • Ts=750～775°C • p=15mTorr • Rate=340～450Å/min
• 필드 산화막 형성용 마스크 : AiN_4, SiN_x	• SiH_4+NH_3 • $SiH_2Cl_2+NH_3$ • Ts=750～900°C	• SiH_4+NH_2 • $SiH_2Cl_2+NH_3$ • Ts=750～900°C	• $SiH_4+NH_3+N_2$(Ar, He) • SiH_4+N_2 • Ts=300°C • p=200～300mTorr
• 폴리실리케이트 또는 폴리사이드게이트 전극 배선 : poly-Si		• SiH_4+N_2 • Ts=600～650°C	• SiH_4+Ar+(D) • Ar : 희석(He, H) • Ts=200～400°C
• 폴리 사이드 게이트 전극 배선 • 고 융점 금속 • 실리사이드 • WSi_2 • $MoSi_2$ • $TaSi_2$ • $TiSi_2$		• $WF_6+SiH_4+H_2$ • Ts=330～450°C • p=50～300mTorr • Rate=100～600Å/min • 어닐링 후 : 900～1100°C	• WF_6+SiH_4+He • Ts=230°C • p=500～700mTorr • Rate=500～600Å/min • 어닐링 후 : 1000°C · 100$\mu\Omega$cm
		• $MoCl_5+SiH_4+H_2+N_2$ • Ts=670°C • p=600mTorr～2Torr • 온도 : 1000°C • MoF_6+SiH_4 • Ts=150°C • p=250mTorr • 어닐링 후 : 1100°C	• $MoCl_5+SiH_4+H_2$ • Ts=170～430°C • p=1Torr • 어닐링 후 : 900～1000°C · 800$\mu\Omega$cm
		• $TaCl_5+SiH_4+H_2$ • Ts=600～750°C • p=80～400mTorr • Rate=120～600Å/min	• $TaCl_5+SiH_2Cl_2+H_2$ • Ts=580～800°C • p=1～2Torr • Rate=40Å/min • 어닐링 후 : 900°C · 50$\mu\Omega$cm
			• $TiCl_4+SiH_4+Ar$ • Ts=600～650°C • Rate=60～80/min • 어닐링 후 : 600°C

표 2-2 CVD 기술별 재료, 기능 반응가스 (2)

용도, 박막재료	상압 CVD	감압 CVD	플라즈마 CVD
• 고 융점 금속 게이트 전극, 배선 C : 고 융점 금속 W, Mo	• WF_6+H_2(700°C) • Rate=100Å/min • P~6μΩcm • WCl_6+H_2(600°C) • WF_6+SiH_4 • $W(CO)_6$: (C, O 오염)	• WF_6+H_2 • Ts=520°C • P=300~800mTorr	• WF_6+H_6 • Ts=250~400°C • P=500~700mTorr • Ratt=25~45Å/min • P(as depo.)=100~50μΩcm • 열처리 : 1000°C~5μΩcm • $MoCl_5+H_2$ • Ts=170~430°C • P=1Torr • 열처리 : 1000°C~20μΩcm • MoF_6+H_2 • 다공질막 F합성 15% • P>1000μΩcm
• Contact Hole : W 선택 depo.	• WF_6+(Si) • WF_6+SiH_4	• WF+(Si) • WF_6+SiH_4	
• 알루미늄배선 및 Contact Hole : blanket 및 선택 depo.		• TIBA+Ar • Ts=220~300°C • P=200~500mTorr • Rate=200~800Å/min • DMAH+Ar • TMAA+Ar	• $AlCl_3$+Ar+(H_2) • $Al(CH_3)_3$+Ar+(H_2) • Rate=250Å/min
• 층간 절연막 : • SiO_2 • SiO_x • $SiO_xN_yH_z$ • PSG • BSG • BPSG • ASG	• $SiH_4+O_2+N_2$+D • N_2 : 희석(Ar, CO_2, He) • D : PH_3, B_2H_6 • Ts=400~450°C • Rate=2000Å/min • PSG, BSG, BPSG : 1000°C N_2 분위기 하에서, 30min	• $SiH_2CH_2+N_2O$(990°C) • SiH_4+N_2O(840~860°C) • SiH_4+O_2(450°C) • Rate=120Å/min	• SiH_4+N_2O+(D) • N_2O 이외 O, CO_2 • D : PH_3 +Ar • B_2H_6+Ar • Ts=300°C • p=400mTorr
	• TEOS+$O_2+O_3+N_2$+D • D : TMP-ate, TMP-ite • TMB • Ts=400~450°C • Rate=1000~2000Å/min	• TEOS+O_2+N_2+D • D : TMP-ate, TMP-ite • TMB • Ts=620~680°C • Rate=20Å/min • O_2+O_3 : Ts=400~450°C • Rate up • DaDBs+O_2+N_2+D • D : TMP-ate, TMP-ite · TMB • Ts=450~600°C	• TEOS+O_2+N_2+D • Ts=400°C • Rate=800Å/min
		• DaDBS+O_2+N_2+D • D : TMP-ate, TMP-ite • TMP • Ts=450~600°C	
• 메모리 개패시터 고 유전율 산화막 : Ta_2O_5, TiO_2	• $TaCl_5+N_2O+H_2$ • $TaCl_5+CO_2+H_2$ • $Ta(OC_2H_5)+O_2$ • E=20~28		

2.2.2 CVD의 기초적 이론

CVD 프로세스는 다음 4가지의 개념에 근거를 갖고 개발되었다.

① 화학평형론 : 열역학을 근거로 하여 CVD 화학 반응의 평형상태에 있는 반응생성물의 비율을 계산에 의해 구한다.
② 기상 반응론 : 반응 가스의 해리, 분해, 이종 화합물 반응 등 고체가 형성되는 부분에서 일어나는 반응 과정을 말한다.
③ 기상 내 이동현상론 : CVD 장치 내부에 있는 열의 이동, 가스분자의 흐름과 공간에 존재하는 가스의 온도분포, 다른 가스분자의 확산 및 농도 분포에 의한 이동을 말한다.
④ 표면흡착 및 계면 반응론 : 가스분자가 기판 표면에 입사되어 박막으로 성장하기까지 흡착, 이탈, 표면이동 및 반응, 핵 및 박막 성장을 말한다.

아래에서 ① 화학평형론과 ④ 흡착, 표면반응, 박막성장 속도의 대표적인 방법에 대하여 간단히 정리하였다[61].

2.2.3 기상에서의 화학평형

CVD 화학반응은 반응가스 및 생성가스로 구성된 기체와 고체인 박막의 2가지 상으로 구성된 불균일계의 화학평형을 의미한다. 화학 반응속도와 화학평형의 기본적인 개념에 대하여는 이미 알려져 있다. 여기서는 화학양론적 방법에 의한 열 CVD 프로세스만을 간단히 설명해두자. n개의 가스분자 A와 m개의 가스분자 B가 반응하여 N개의 고체분자 C(박막을 형성한다)와 M개의 가스분자 D가 생기면 다음 식으로 화학반응을 표현할 수 있다.

$$nA + mB \rightarrow NC(S) + MD \qquad \text{식(2-1)}$$

1) 평형상수

식(2-1)에서 오른쪽으로 진행하는 반응을 정반응, 왼쪽으로 진행하는 반응을 역반응이라 부른다. 지금 기체 중의 가스분자의 밀도(분압)를 각각 Pa, Pb, Pc, Pd라고 하면, 정반응의 속도는 $k_1 Pa^n Pb^m$(k_1은 비례상수), 역반응의 속도는 $k_2 Pc^n Pd^m$(k_2는 비례 상수)라 쓸 수가 있다. 평형상태에서 양쪽의 속도는 같게 된다. 따라서, 분자 A,

B, C, D의 평형상태에서의 분압은 식(2-2)를 만족하게 된다.

$$\frac{Pc^n Pd^m}{Pa^n Pb^m} = \frac{k_1}{k_2} = K \qquad \text{식(2-2)}$$

정반응과 역반응의 속도 비례 상수 k_1, k_2의 비 K를 이 반응의 평형상수라고 부르고, 화학반응식이 오른쪽으로 진행하는 경향이 강할수록 K값은 크다. 또한 그 값은 온도에 따라 변한다.

2) 가스분압의 합계는 동작압력

식(2-1)이 상압 CVD에서 일어나 분압의 단위를 기압으로 표시하면 식(2-3)이 만족되어야 한다.

$$Pa + Pb + Pc + Pd = 1 \qquad \text{식(2-3)}$$

3) 원자수 보존의 법칙

다음에는 반응에 의한 원소의 증감을 조사해보자. 반응가스 A, B가 함유한 원소 X, Y, Z의 총량은 화학반응이 진행하여 평형상태에 도달한 후 가스 A, B, D와 고체 C가 함유한 원소 X, Y, Z의 총량과 같다.

설명을 간단히 하기 위하여 원소 X는 가스분자 A, B, D에 각각 a_x, b_x, d_x개 함유되어 있고, 고체 C에는 함유되지 않는다고 하자. 마찬가지로 원소 Y도 가스분자 A, B, D에 각각 a_x, b_x, d_x개 함유되어 있고, 고체 C에는 함유되지 않는다고 하자. 반응 진행을 위해 반응 가스분자 A, B를 각각 Q_a, Q_b의 유량만큼 공급한다고 하자.

반응이 일어나기 전, 원소 X의 공간에서 밀도는 $a_x Q_A + b_x Q_B$에 비례하지만, Y의 공간에서 밀도는 $a_Y Q_A + b_Y Q_B$에 비례한다. 한편, 평형상태에서의 X의 밀도는 $a_x P_A + b_x P_B + d_x P_D$이며, Y의 밀도는 $a_Y P_A + b_Y P_B + d_Y P_D$이다. 결과적으로 반응이 일어나기 전 원자 X, Y의 비가 반응 평형에서도 같다면 식(2-4)가 성립한다.

$$\frac{(a_x Q_A + b_x Q_B)}{(a_y Q_A + b_x Q_B)} = \frac{(a_x P_A + b_x P_B + d_x P_D)}{(a_y P_A + b_y P_B + d_y P_D)} \qquad \text{식(2-4)}$$

4) 평형상수와 자유에너지

그런데 식(2-2)에는 평형상수 K의 구체적인 값이 필요하다. 이것을 실험적으로 구하는 것은 대단히 어려운 일이기 때문에 평형상수 K, 기체상수 R, 온도 T, 반응식

(2-1)의 양변 에너지 변화 ΔG에 대한 다음 식과의 관계를 이용하여 계산에 의해 구한다.

$$K = \exp\left[-\frac{\Delta G}{RT}\right] \quad \text{식(2-5)}$$

$$\Delta G = [NG_C + MG_D] - [nG_A + mG_B] \quad \text{식(2-6)}$$

여기서 G_A, G_B, G_C, G_D는 분자 A, B, C, D의 자유에너지이고, 여러 화학물질에 대한 값이 알려져 있다. 이러한 병법으로 비교적 간단하게 CVD의 박막형성 반응이 충분히 진행하고 있다. 또 각 분자 A, B, C, D의 존재비율은 어느정도 인지, 온도 의 존성까지 포함하여 정성적인 추정을 할 수 있다.

실제의 CVD에서 이상적인 평형조건은 달성되지 않는다. 특히, 앞에서 말한 기상 안에서의 이동현상은 모두 비평형이다. 그럼에도 불구하고 지금까지 기술한 논의는 CVD의 기본조건 설정에 대단히 유용하다[61].

2.2.4 표면반응

1) 표면흡작, 이탈

다음에는 계면흡착, 계면반응의 관점에서 성막 속도에 대하여 알아보자. CVD 챔버 내 온도 T의 가스분자는 1몰당 $3RT/2$의 운동에너지를 갖고 있고, 이것이 기판에 입사하면서 흡착열 ΔE_{ad}를 방출한 후 기판에 얼마간 체류한다. 평균체류 시간 T_{ad}는 다음식과 같이 표현된다.

$$T_{ad} = T_0 \exp\left[\frac{\Delta E_{ad}}{RT}\right] \quad \text{식(2-7)}$$

여기서, T_0는 고체표면 분자의 진동주기(약 10^{-13}초)이다. 흡착열이 큰 경우를 화학증착이라 하며, 그 평균 체류시간은 길다. 흡착열이 작은 경우를 물리흡착이라 하며, 그 평균체류 시간은 짧다. 체류시간 중 흡착분자는 흡착열보다도 훨씬 작은 표면 확산 에너지를 확보 또는 방출하면서 표면에서 이동한다. 그리고 표면상의 스텝이나 킹크라고 부르는 원자 레벨의 요철이 생긴 부분에 도달하면 그 부분에서 긴 시간 머물며 표면 화학 반응을 거쳐 고체가 되고, 새로운 표면을 형성할 확률이 높게 된다. 반응이 진행되면 박막의 성장에 기여하거나, 전에 흡착열 이상의 에너지를 얻어 다시 표면으로부터 이탈하는 경우도 있다.

2) 흡착 사이트 점유율

기판에 흡착된 분자수는 랭뮤어 단원자 흡착모델(Langmuir model)에 따라 다음과 같이 설명된다. 가스분자가 기판의 표면에 흡착될 수 있는 장소를 흡착 사이트라 부르며, 그 수는 흡착 가스와 고체의 종류에 따라 다르지만 대략 기판 표면의 결정 격자점의 수와 같다. 가스분자 A 흡착 사이트를 흡착분자가 실제 점유하고 있을 확률이 θ이면, 단위면적당의 흡착속도는 미흡착 사이트 비율$(1-\theta)$과 공간에서 기판까지 가스분자가 입사하는 빈도에 비례하므로 $k_{ad}p_a(1-\theta)$라고 말할 수 있다.

k_{ad}는 흡착속도 상수이다. 단위 면적당 이탈속도는 실제로 흡착하고 있는 분자수에 비례하므로 $k_{ds}\theta$라고 말할 수 있다. k_{ds}는 이탈속도 상수이다. 평형상태에서는 흡착 및 이탈의 속도가 같기 때문에 다음과 같은 관계식이 얻어진다.

$$\theta = \frac{k_{adP_A}}{(k_{ds} + k_{adP_A})} = \frac{K^*_{P_A}}{(1 + K^*_{P_A})}$$ 식(2-8)

K^*는 흡착열과 온도의 관계로 다음 식과 같이 주어진다.

$$K^* = \frac{k_{ad}}{k_{ds}} = K_0^* \exp\left[\frac{\Delta E_{ad}}{RT}\right]$$ 식(2-9)

식(2-8), 식(2-9)로부터 저온에서는 K^*의 값이 크며, 고온에서는 K^*가 작은 것으로 알려져 있다. 일반적으로는 저온에서는 $K^*p_A \gg 1$, $\theta = 1$이며, 고온에서는 $K^*p_A \ll 1$, $\theta = K^*P_A$이다. 즉, 흡착 사이트에 복수의 가스가 경쟁적으로 흡착하는 경우와 가스 분자가 흡착할 때에 해리하여 복수의 사이트로 흡착하는 경우에 해당하는 식(2-8)의 변형에 대한 설명은 생략한다.

3) 표면반응

고체 표면반응에서는 흡착분자의 상호 반응에 관한 것과 흡착분자가 기상에서 고체표면으로 입사되는 가스분자와의 상호반응에 의한 것이 있다.

$$r = k_A\theta_A = \frac{k_A K^*_{P_A}}{(1 + K^*_{P_A})}$$ 식(2-10)

비례상수 k_A는 온도의 함수이며 다음 식과 같이 주어진다.

$$k_A = k_{A0}\exp\left[-\frac{\Delta E_{SR}}{RT}\right]$$ 식(2-11)

여기서, k_{A0}는 상수, ΔE_{SR}은 표면 반응에너지이다. 먼저 기술한 바와 같이 저온에서는 $\theta_A = 1$, 고온에서는 $\theta_A = K^* p_A$이므로 다음 식과 같이 바꿔 표현할 수 있다.

$$\text{저온} : r = k_{A0}\exp\left[-\frac{\Delta E_{SR}}{RT}\right]$$ 식(2-12)

$$\text{고온} : r = k_{A0}K^*\left[-\frac{\Delta E_{SR} - \Delta E_{ad}}{RT}\right]_{P_A}$$ 식(2-13)

식(2-12)는 저온에서의 박막 형성속도의 대수와 성막온도의 역수가 직선 관계가 있고, 가스 분압 p_A는 영향을 주지 않는 것을 의미한다. 또한 식(2-13)은 고온에서의 성막 속도는 가스분압에 비례하는 항과 온도의 함수의 곱으로 표시되는 것을 의미한다. 다음항의 성막속도 r과 온도의 역수 $1/T$의 실험 데이터를 플로트한 것을 성막속도의 아레니우스 플롯이라 부르고, 그 경사 각도는 반응식의 활성화 에너지라 부른다. 표면반응 활성화 에너지는 저온 영역에서는 ΔE_{SR}이며, 고온 영역에서는 $(\Delta E_{SR} - \Delta E_{ad})$가 된다. 따라서 ΔE_{ad}의 값이 큰 화학 반응의 경우에는 온도 상승과 더불어 반응속도가 낮아지는 현상을 확인할 수 있다. 랭뮤어 기구의 반응에 대하여는 이상의 간단한 모델 이외에도 반응속도가 2종류의 흡착가스 분자의 흡착량의 곱 θ_A, θ_B에 비례하는 경우, 가스분자가 해리 흡착하며 반응하는 경우, 가스분자 A, B의 흡착 사이트가 다른 경우 등이 있다[61].

2.2.5 CVD 종류

CVD는 가스상의 화합물을 기판 위에 들여와서, 기상인 채로 기판 표면 위에 분해 산화 등의 화학반응에 의해서 박막을 형성하는 기술이다. 이러한 화학반응을 일으키기 위해서 에너지가 필요하고, 그 에너지에 따라 다음과 같이 분류한다.

1) 열 CVD

기판을 가열함으로써 박막을 형성한다. 대기압 하에서 반응을 시키는 상압 CVD와 양산성 및 단차 피복성을 향상시키기 위하여 감압 하(0.1～1 torr)에서 박막을 만드는 감압 CVD로 구분된다.

2) 플라즈마 CVD

RF 글로우 방전하에서 전기 에너지에 의해서 반응을 촉진시켜서 박막형성을 한다. 열을 그다지 필요로 하지 않기 때문에 저온화도 가능하게 되었다.

3) 광 CVD

광을 쪼여서 광화학 반응에 의하여 박막을 만든다. 플라즈마 법과는 달리 반응 과정 중에 고에너지의 하전입자 또는 전계가 관여하지 않기 때문에 기판이나 퇴적막의 손상을 고려하지 않아도 된다.

4) MOCVD

유기 금속 화합물(Metal organic)의 열분해를 이용한 박막의 형성법으로 성장층의 조성, 특성의 정밀제어가 가능하다. 요즘 CVD연구에서 Thermal CVD로는 기존 공구 코팅재료로 사용되는 TiN의 박막 특성화[62, 63], 흑연전극으로 새로운 3D 그래핀 소재인 3DGP를 생성[64], Plasma CVD로는 주로 특성이 향상된 그래핀의 핵 생성 및 입자 성장[65-67], 특히 MOCVD로는 고전력 전력소자 재료 중 GaN 증착[68, 69], Ga_2O_3 증착[70, 71] 등에 활발히 응용되고 있다. 이상의 각 프로세스에 대하여 현재 만들어지는 박막의 종류와 반응가스를 표 2-3에 정리하였다. 다음으로 각각의 기술에 대하여 현재 상황과 앞으로의 방향을 알아보자[72].

2.2.6 열 CVD

열 CVD법의 반도체 분야에서의 실질적인 응용을 에피택셜법에서 시작된다. 요소를 이용한 실리콘의 수송 반응에 의하여 단결정 박막을 형성한 후에 $SiCl_4$, $SiHCl_3$ 수소 환원법이 트랜지스터에 응용되었다. 열 CVD의 본격적인 도입은 Si 게이트 MOS 디바이스의 출현이 자극이 되었다. LOCOS에 사용되는 질화 박막, 게이트가 되는 다결정 Si막, 층간절연막, pasivation으로 사용되는 산화막, PSG막의 실용화는 그 후 1970년대 후반의 IC 양산화 시대에는 감압 CVD의 실용화와 연결되었다. 표 2-4에 현재 생산가능한 박막의 종류와 그 생성법, 생성온도를 나타내었다. 그 이외의 반응방법과 열분해 수소 환원, 금속 환원, 기판 환원, 산화로 구분할 수 있다[73].

표 2-3 CVD 방법에 의해 형성된 박막

용도, 박막재료	상압 CVD	감압 CVD	플라즈마 CVD
• 절연막	• SiO_2	• 열 CVD	• SiH_4, O_2 • SiH_4, N_2O • SiH_4, CO_2 • SiH_2Cl_2, N_2O • $Si(OC_2H_5)_5$
		• 플라즈마 CVD	• SiH_4, N_2O
		• 광 CVD	• SiH_4, N_2O • SiH_4, O_2
	• PSG • (BPSG*)	• 열 CVD	• SiH_4, O_2, PH_3 • (상압 B_2H_6* 감압 BCl_3)
		• 플라즈마 CVD	• SiH_4, N_2O, PH_3(B_2H_6*)
		• 광 CVD	• SiH_4, N_2O, PH_3
	• Si_3N_4	• 열 CVD	• SiH_4, NH_3 • SiH_2Cl_2, NH_3
		• 플라즈마 CVD	• SiH_4, NH_3(or N_2)
		• 광 CVD	• SiH_4, NH_3
• 반도체 박막	• 단결정	• 열 CVD	• SiH_4, H_2 • SiH_2Cl_2, H_2 • $SiHCl_3$, H_2 • $SiCl_4$, H_2
	• 다결정 Si	• 열 CVD	• SiH_4, H_2
	• 비결정	• 플라즈마 CVD	• SiH_4 • SiH_4, CH_4
	• 화합물 반도체 • (GaAs, GaAIAs, InP)	• MOCVD	• $(CH_3)_3Ga$, AsH_3 • $(CH_3)_3Al$, AsH_3 • $(C_2H_5)_3In$, PH_3
• 반도체	• Al	• 열 CVD	• $Al(CH_3)_3$
		• 플라즈마 CVD	• $Al(CH_3)_3$ • $AlCl_3$
	• W • (Wsix*)	• 열 CVD	• WF_6, H_2(or Si) • WCl_6, H_2(SiH_4*) • $W(CO)_6$
		• 플라즈마 CVD	• WF_6
	• Mo • (MoSix*)	• 열 CVD	• $MoCl_5$, H_2(SiH_4*) • MoF_6, H_2(or Si)

표 2-4 열 CVD에 의해 생성된 박막의 제작 온도 및 반응식

제작방법	제작반응식	제작 온도(℃)
단결정 Si	$SiCl_4+H_2 \rightarrow Si+HCl$	1150~1200
	$SiHCl_3+H_2 \rightarrow Si+HCl$	
	$SiH_2Cl_2+H_2 \rightarrow Si+HCl$	950~1100
	$SiH_4 \rightarrow Si+H_2$	
다결정 Si	$SiH_4 \rightarrow Si+H_2$ (PH_3, B_2H_6 함유)	560~750
SiO_2	$SiH_4+O_2 \rightarrow SiO_2+H_2$	350~450
	$SiH_4+O_2+PH_3 \rightarrow SiO_2/P_2O_5+H_2O$	
	$SiH_4+O_2+PH_3+B_2H_6 \rightarrow SiO_2/P_2O_5/B_2O_3$	
	$SiH_4+O_2+PH_3+BCl_3 \rightarrow SiO_2/P_2O_5/B_2O_3$	
	$SiH_4+N_2O \rightarrow SiO_2+N_2+H_2O$	700~900
	$SiH_2Cl_2+N_2O \rightarrow SiO_2+N_2+HCl$	
	$SiH_4+CO_2+H_2 \rightarrow SiO_2+CO+H_2O$	
	$Si(OC_2H_5)_4 \rightarrow SiO_2+C_2H_4+H_2O$	
Si_3N_4	$SiH_4+NH_3 \rightarrow Si_3N_4+H_2$	750~950
	$SiH_2Cl_2+NH_3 \rightarrow Si_3N_4+HCl+H_2$	
	$SiCl_4+NH_3 \rightarrow Si_3N_4+HCl$	
	$SiH_4+NH_3 \rightarrow Si_3N_4+H_2$	
	$SiH_2Cl_2+NH_3 \rightarrow Si_3N_4+HCl+H_2$	
	$SiCl_4+NH_3 \rightarrow Si_3N_4+HCl$	
W	$WF_6+H_2 \rightarrow W+HF$	>700
	$WF_6+Si \rightarrow W+SiF$	>500
WSi_2	$WF_6+SiH_4 \rightarrow WSi_2+HF$	350~550
Mo	$MoCl_5+H_2 \rightarrow Mo+HCl$	>600
	$MoF_6+Si \rightarrow Mo+SiF$	300~550
$MoSi_2$	$MoCl_5+SiH_4 \rightarrow MoSi_2+HCl$	>600
Al	$Al(C_4H_9)_3 \rightarrow Al+H_2+C_4H_8$	>260

2.2.7 상압CVD

CVD에서 박막의 성장속도를 지배하는 요인은 기판 표면으로의 반응가스의 질량수송속도와 기판 표면에서의 반응가스의 표면반응속도이다. 일반적으로 양호한 균일성을 가진 박막과 농도조성을 얻고자 한다면 반응가스 농도와 기판온도에 균일화가 필요하다. 상압 CVD에서는 질량수송속도와 표면반응속도가 대체로 비슷하다고 생각되기 때문에, 기체 중의 반응을 제어하기 위한 기판 가열방법과 가스흐름 방향의 길이를 짧게

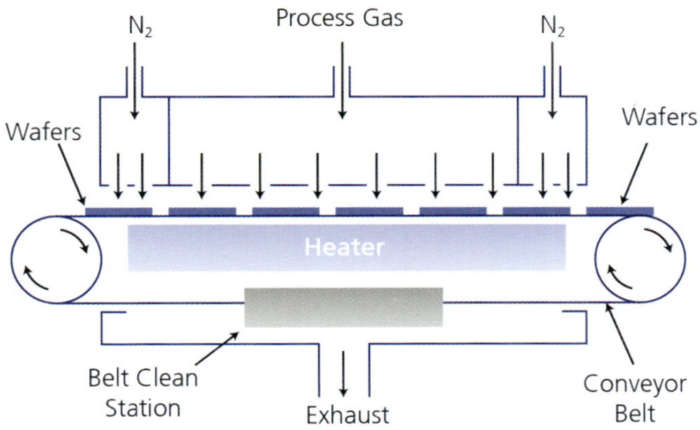

그림 2-14 ▸ 상압 CVD (APCVD) 모식도

하기 위하여 다량의 캐리어 가스가 필요하게 된다. 그러나 이러한 방법에 의하면 균일한 반응가스 농도영역을 넓히는 데에 한계가 있으므로, 기판이 susceptor를 통해서 가열되기 때문에 susceptor의 온도를 균일화 하고자 기판과 susceptor의 밀착을 좋게 하는 것이 단점이다. 그림 2-14에 대표적인 반응로의 구조를 나타내었다. 현재는 C타입의 연속식 박막 제작장치가 양산 라인의 주류를 이루고 있다.

2.2.8 감압 CVD

상압 CVD에 비교하여 감압 CVD에서는 생성압력이 1기압으로부터 1/1000기압까지 감압이 되기 때문에 가스 확산값이 상압의 1000배가 된다. 표 2-5에 상압, 감압의 가스 정류값의 비교를 나타냈다. 이를 위하여 가상 안에서 분해가 제어된 핫월(hot-wall) 구조의 반응로가 사용되었다.

표 2-5 상압 CVD 및 감압 CVD 방법에 따른 가스 정수 비교

가스 정수	감압 CVD	상압 CVD
압력(P)	1	10^3
확산 정수(D)	10^3	1
속도(V)	$10 \sim 10^2$	1
밀도(ρ)	1	10^3
레이놀드 수(Re)	1	$10 \sim 10^2$
경계층 두께(σ)	$3 \sim 10$	1

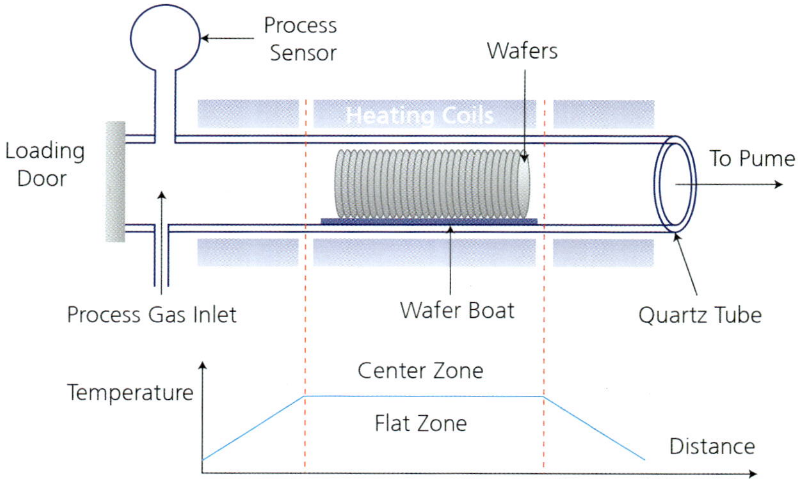

그림 2-15 ▸ 감압 CVD (LPCVD) 모식도

핫월 구조의 감압 CVD에서는 웨이퍼를 가스흐름 방향에 대하여 수직으로 하고, 좁은 간격으로 늘어 놓아도 충분한 양의 반응 가스가 빠른 속도로 공급된다. 이러한 기판 가열 방식의 상압 CVD는 받침대 영역의 면적으로 처리능력이 제한되는데 비하여, 기판 가열 방식보다 온도제어가 쉽고 동시에 온도 균일성, 단차피복성이 좋은 감압 CVD가 요즘에는 LSI 제조의 주류가 되고 있다. 감압 CVD의 시작은 1962년의 Sander에 의한 TEOS의 열분해를 시작으로 그 후에 SiH_4를 이용한 산화막, 다결정 Si 막, 질화막의 개발을 걸쳐 1970년 후반에 실리콘 게이트 MOS 디바이스에 이르고, 웨이퍼 대형화와 그에 따른 감압 CVD장치로 진보되고 상압 CVD를 거쳐 감압 CVD가 양산라인의 주류가 되었다. 현재는 노의 온도경사를 정밀하게 하기 위하여 3존(zone)의 균열로가 필수적이다. 또한 노의 내벽, 석영코트에 부착된 미립자의 휘날림에 의한 결함 발생을 방지하기 위해 저속펌핑(slow pumping), 저속 배기, cantilever, soft-landing 방법에 의한 보트 로딩 방법이 이용된다.

2.2.9 플라즈마 CVD

플라즈마 CVD는 플라즈마에 의해서 에너지가 높은 상태를 만들고, 그 상태에서 반응 가스의 화학결합을 저온에서 진행하여 활성화된 입자 간의 반응으로 CVD막을 형성하는 기술이다. 이러한 RF 글로우 방전을 이용한 CVD법은 1965년경으로부터 시도되었으며, 1974년에 평행 평탄형 전극의 장치가 발표되었고, 1976년에 미국 AMT사로부터 대형장치로서 상품화가 되었다. 플라즈마 CVD의 생성장치로는 평행 평탄전극

식, 유전코일로서 구분되며, 또한 배치식, 연속식으로도 분류된다. 또 플라즈마 반응은 열 CVD에 비교하여 반응이 제법 복잡하다. 생성 파라미터로서는 가스유량, 고주파 파워, 압력, 성장온도, 전극 구조, 반응로 구성과 요인은 다양하다. 생성막으로서는 현재 질화막이 플라스틱 패키지의 고 신뢰성을 위하여 주로 사용된다. 그 외에 산화막, PSG막, 고융점금속막, BPSG막, Al막 등의 실용화가 검토되기 시작하였고, 앞으로의 가능성으로 플라즈마 에피택셜 성장, Si의 직접산화 직접질화 기술 등의 개발이 진행되고 있다.

2.2.10 광 CVD

디바이스의 고밀도, 고집적화의 중심에는 LSI제조 프로세스의 저온화 및 손상을 줄이는 것이 매우 중요하게 여겨져 왔다. 제조 프로세스의 저온화는 생성되는 결함의 감소, 불순물 프로파일의 유지에 관련된 한편, 저 손상화는 게이트 막을 시작으로 하여 디바이스의 신뢰성 향상에 크게 기여한다. 보통의 고온에서의 열에너지를 이용하거나 플라즈마 촉진을 이용한 CVD 방식에 대하여 광 에너지를 이용한 CVD 방법에 의하여 저온에서 손상을 일으키지 않는 박막형성이 가능하게 된 것이다. 반도체 프로세스에서 광을 이용하기 시작한 것은 이미 1960년대 후반 자외선 실리콘 에피택셜의 예가 보고되어 있다. 그 이후, 1980년 플라스틱 패키지의 고 신뢰성을 위하여 와이어 본딩(wire-bonding) 후의 디바이스 위에 저온에서 질화막을 만든 예가 보고된 이후에 산화막, PSG막, 실리콘막 등이 연구되고 있다. 특히 저온에서 또 다른 손상이 없는 박막형성이 필요한 화합물 반도체, a-Si 박막 트랜지스터에 응용되고 있으며, 광 디바이스의 분야에서는 대체로 실용 단계에 와 있으며, 향후 Si 반도체로의 응용이 진행되고 있다.

2.2.11 MOCVD

유기 금속 화학 기상 증착(Metal Organic CVD)은 실온에서 비교적 높은 증기압을 가지며, 유기 금속을 이용한 박막 형성법이다. 성장층의 조성 및 특성의 정밀제어가 가능하기 때문에 GaAs를 중심으로한 화합물 반도체의 분야에서 주목받고 있다. 대표적인 생성막으로서는 GaAs, $Al_xGa_{1-x}As$, InP 등이 있으며, 다음의 식과 같은 반응으로 만들어진다.

$$(CH_3)_3Ga + AsH_3 \rightarrow GaAs$$
$$(CH_3)_3Al + AsH_3 \rightarrow AlAs$$

$(C_2H_5)_3In + PH_3 \rightarrow InP$

MOCVD 막의 특징은 다음과 같다.

① 결정의 모든 성장원조는 기체로 유입되므로 에피택셜 층의 제어를 밸브조작 및 유량으로 제어할 수 있다. 그렇기 때문에 조성이 다른 결정성장이 가능하다.
② 성장 노안에 가스 유속이 크면 조성이나 도펀트(dopant)의 변화가 급격하여 헤테로 계면을 만들 수 있다.
③ 기판 가열방식을 위하여 실리콘 에피택셜 반응로가 응용되고 양산이 쉽다.
④ 성장속도의 제어가 쉽고 초박막으로부터 후막까지 생성이 가능하다.
⑤ 성장된 에피택셜 층의 균일성은 우수하다,

MOCVD는 생산용으로서는 막두께 균일성 1.5%, 도핑 균일성 2.5～3% 정도가 달성되고 있다. 또한, 최근에는 방사상의 연결관으로 가스를 고속으로 바꿔서 0.5nm의 천이 영역이 가능한 MOCVD 장치도 보고되고 있다. 화합물 반도체의 다층구조를 정밀도가 좋고, 균일하게 성장시킬 수 있기 때문에 MOCVD는 MBE와 동일한 응용 분야로 나아가고 있다.

2.3 ▸ 박막 증착 공정 종류 - ALD

2.3.1 ALD (Atomic Layer Deposition)

(1) ALD이란?

ALD (Atomic Layer Deposition, 원자층 증착 기술)은 기상에서 다양한 박막 물질을 증착할 수 있는 기술이다. 실리콘 반도체 기술이 활발하게 개발됨으로써 공정의 세밀함이 계속해서 요구되어 왔고, 실질적으로 현재 원자단위의 공정이 진행되고 있는 추세이다. ALD는 1977년 Suntola와 Antson에 의해 ALE (Atomic Later Epitaxy)로 널리 소개되어 평판 디스플레이용 ZnS 증착에 성공했다. 이후 ALE에 관한 연구는 III~V족 반도체, II~VI족 반도체, IV족 반도체 및 산화물 초전도체 등 다양한 금속 및 금속 산화물 증착을 위해 부가적인 ALE 공정이 개발됨에 따라, Epitaxy 증착이 아닌 non-Epitaxy 증착이 시도되었고 이에 맞춰 ALE을 ALD로 불리게 되었다. 최근 2년간은 원자층 증착을 통해 In_2O_3[74], polycrystalline transition metal[75], HfO_2[76] 등의 코팅을 진행하며, 파우더 혹은 나노로드 구조에 원자층 코팅을 도입함으로써 core-shell 구조를 형성하는 연구가 활발히 이루어지고 있다[77-83]. ALD 공정은 진공상태에서 기판 표면에 전구체와 반응물을 교차하여 반응시켜 증착하는 공정으로, 일반적인 ALD 프로세스는 그림 2-16과 같다.

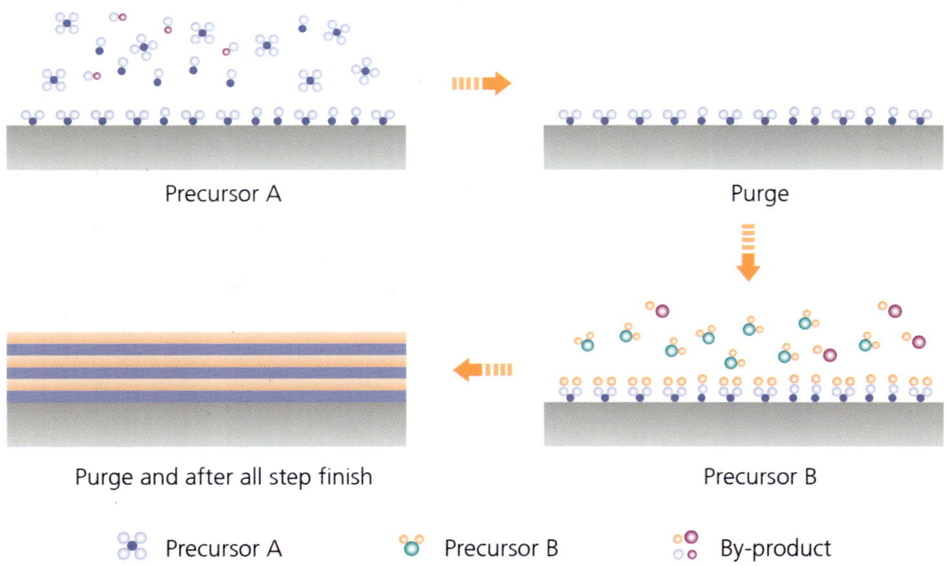

그림 2-16 ▸ ALD 공정 모식도

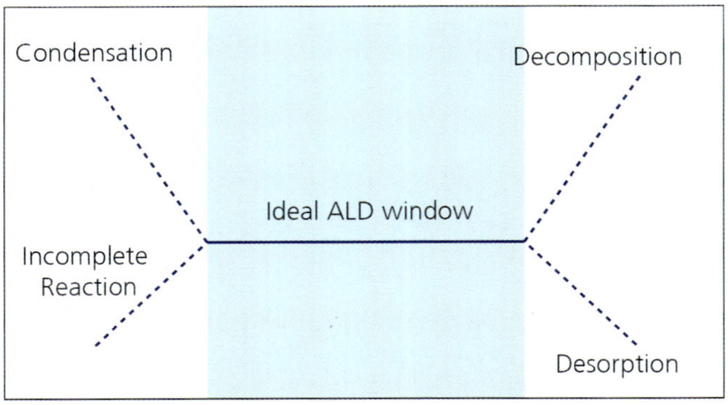

그림 2-17 ▸ ALD temperature window

표면과의 각 전구체와 단일 반응에 관한 것을 'Half-reaction'이라고 하며, 적절하게 재료 합성의 일부만을 구성한다. 표면에 증착하고자 하는 반응물의 일부인 전구체 A는 일정 시간동안 진공(< 1Torr) 챔버 내에 주입(Pulsing)되어 기판 위에 하나의 단층만 증착된다. 이후 N_2, Ar과 같은 불활성 기체를 챔버 내에 주입(Purging)함으로써 남은 잉여 전구체, 증착과정에서 발생된 부산물 등을 제거한다. 그 다음에는 또 다른 전구체 B를 주입하여 전구체 A가 증착된 기판 위에 단층만을 증착한다. 이러한 과정은 목적하고자 하는 박막의 두께에 도달할 때까지 반복하게 된다. 일반적으로 ALD 공정은 대개 350°C 이하에서 수행되는데, 박막 성장이 포화되는 온도 범위는 ALD 공정 방식에 따라 달라지며, 이를 'ALD temperature window, ALD window'라고 말한다(그림 2-17).

ALD window보다 낮은 온도에서는 느린 반응 속도 혹은 전구체 응축이 발생되며, ALD window보다 높은 온도에서는 전구체의 열분해 또는 빠른 탈착과 같은 현상이 발생되어 낮은 성장률 및 non-ALD 형태의 박막 증착이 발생된다. 그렇기 때문에 ALD의 장점을 활용하기 위해서는 각 증착 공정에 대해 지정된 ALD temperature window 내에서 작동하는 것이 바람직하다.

(2) ALD 장점

ALD의 주된 장점은 모두 증착 공정에 있어서 자가 포화(Self-saturating), 전구체 표면 반응 과정을 순차적으로 제어할 수 있다는 것이다. 첫 번째로, ALD 증착 적합성은 종종 CVD 또는 Sputtering과 같은 박막 기술보다 중요한 요소이다. 높은 종횡비(aspect ratio)와 3차원적으로 구조화된 재료의 적합성은 표면에서의 반응을 전구체의 한층 이하로 제한하는 Self-saturating 특성에 의해 가능하다. 전구체 주입 시간이 충분하면 전구체가 전체적으로 깊게 분산되어 기판의 전체 표면과 완전한 반응이 가능하다. 연속적인 사이클은 높은 aspect ratio 구조에서 균일한 성장을 허용하는 반면, CVD와 PVD는 각각 더 빠른 표면 반응 및 shadowing effect로 인해 불균일하게 증착된 박막을 생성할 수 있다. 두 번째로는 증착된 박막의 두께 제어가 가능하다는 것이다. 층별 증착을 활용하여 ALD 사이클 수에 따라 박막의 두께를 조절할 수 있다. 각 공정별로 증착되는 단층의 두께는 사이클당 1Å 미만이다. 세 번째로는 구성 제어가 가능하다는 것인데 ZTO, $SrTiO_3$와 같은 이종 이상의 물질을 증착이 가능하다는 것이다. $SrTiO_3$를 증착한다고 가정하였을 때, TiO를 증착하기 위한 첫 번째 공정을 진행한 후 $SrCO_3$를 교대로 증착하여 annealing 공정을 거치게 되면 화학 양론적으로 $SrTiO_3$ 막을 생성할 수 있다. 그러나 사이클 비율과 박막의 원자 비율 사이의 비선형 관계는 3원 산화 공정에서 일반적이기 때문에 원하는 특정 조성으로 박막을 증착하는 것이 덜 간단하다.

(3) ALD 단점

3차 및 4차 금속 산화물 ALD에 대한 조성 제어의 다른 문제점은 개별 ALD 공정의 성장 window가 열적으로 호환되어야 하고 ALD가 'δ-doping' 스파이크로서 박막에 dopant를 도입하여 일반적으로 Annealing을 하는 방식으로 불균일한 박막을 생성하는 방식으로 인하여 발생한다. ALD는 많은 유망한 기능을 가지고 있지만 증착 속도가 느리다는 단점을 가지고 있다. Pulsing & Purge 전구체와 관련된 긴 사이클 시간과 증착의 층별 특성으로 인해 대부분의 ALD 속도는 100～300 nm/h 정도이다. 그러나 이 속도는 반응기 설계와 기판의 종횡비에 크게 의존한다. ALD 반응기의 표면적과 부피가 증가함에 따라 Pulsing & Purge에 필요한 시간도 증가한다. 또한 높은 종횡비의 기판은 전구체 가스가 트렌티 및 기타 3차원 형상으로 분산되도록 하기 위해 더 긴 Pulsing & Purge 시간을 필요로 한다. 이러한 단점을 극복하기 위해 ALD 공간의 처리량을 크게 향상시킬 수 있는 유망한 기술로 부상했다.

(4) Spatial ALD

Spatial Atomic Layer Deposition은 지난 몇 년 동안 등장한 ALD 방법으로 다양한 어플리케이션과 프로세스를 통해 다량의 ALD 증착이 가능하다. Spatial ALD은 기존 ALD에서 시간적인 분리 대신에 전구체 노출의 공간적 분리를 통하여 증착이 진행된다(그림 2-18). 다시 말해 기존 ALD 공정이 진행되는 전구체 Pulsing & Purging 챔버를 제거하고 위치에 따라 기판을 특정 전구체 가스에 노출시키는 공간을 분해한 헤드로 교체하여 작동하는 것을 뜻한다. 한 설계에서 헤드가 기판 주위로 이동함에 따라 노출된 전구체를 변경하여 박막 성장을 유도한다. 대안적으로 Spatial ALD는 기판 자

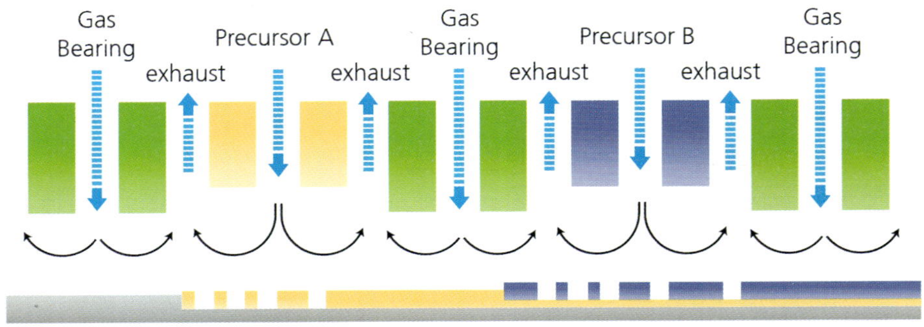

그림 2-18 ▸ Spatial ALD 모식도

체가 고정된 전구체 노즐을 지나 이동하는 것을 확인하였으며, 이 노즐을 통과함으로써 사이클 순환이 달성되고 박막이 성장하도록 배열된다. 대개 이 기술은 증착속도 3600nm/h까지 향상될 수 있다.

(5) ALD 증착 요건

표 2-6에 나열된 소재들이 다양하지만 아직까지 ALD로 모든 물질을 성장시키는 것이 아직까지는 가능하지 않다.

ALD에 의한 증착 가능 물질의 주요 한계는 효과적인 반응 경로의 제한된 선택이다. 전구체 선택에 있어 적절한 반응을 촉진할 수 있는 반응물의 적용 가능성에 의해서도 제한된다. 앞으로 언급을 하겠지만, ALD 프로세스를 자기 제한적 성장 체제(Self-saturating, 그림 2-19)에서 진행하는 것이 바람직하며, 이를 위해서는 반응물이 가져야 하는 요건들이 존재한다.

표 2-6 ALD에 의해 성장된 소재 정리 [84]

구분	증착 물질
Elemental	C, Al, Si, Ti, Fe, Co, Ni, Cu, Zn, Ga, Ge, Mo, Ru, Rh, Pd, Ag, Ta, W, Os, Ir, Pt
Oxides	Li, Be, B, Mg, Al, Si, P, Ca, Sc, Ti, V, Cr, Mn, Fe, Co, Ni, Cu, Zn, Ga, Ge, Sr, Y, Zr, Nb, Ru, Rh, Pd, In, Sn, Sb, Ba, La, Ce, Pr, Nd, Sm, Eu, Gd, Tb, Dy, Ho, Er, Tm, Yb, Lu, Hf, W, Ir, Pt, Pb, Bi
Nitrides	B, Al, Si, Ti, Cu, Ga, Zr, Nb, Mo, In, Hf, Ta, W
Sulfides	Ca, Ti, Mn, Cu, Zn, Sr, Y, Cd, In, Sn, Sb, Ba, La, W
Other compounds	Li, B, Mg, Al, Si, P, Ca, Ti, Cr, Mn, Co, Cu, Zn, Ga, Ge, As, Sr, Y, Cd, In, Sb, Te, Ba, La, Pr, Nd, Lu, Hf, Ta, W, Bi

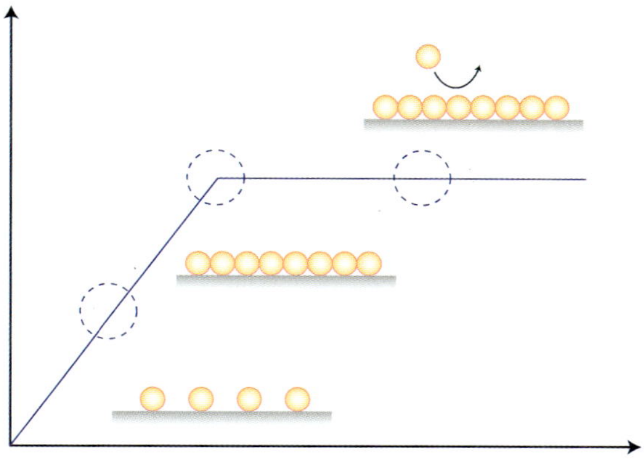

그림 2-19 ▸ Self-saturated 반응 모식도

① 증착하고자 하는 물질에 대하여 전구체 A와 B가 합성이 가능해야 한다. 때로는 주어진 원소에 대해 이용 가능한 반응물의 선택이 매우 제한적이거나 존재하지 않는 경우가 있다.

② 반응물은 상온 또는 일정 온도에서 가열하였을 때, 기체 상태가 될 만큼 휘발성이 있어야 한다. 뿐만 아니라 기체 상태에서는 시료 표면에 도달하여 반응할 때까지 분해되지 않아야 한다.

③ 표면 반응은 빠른 성장 포화를 유도하기 위해 빠르고 비가역적이어야 한다. 반응물이나 그 부산물은 표면과 반응한 후 용해되거나, 에칭되거나, 다른 방식으로 기판, 박막 또는 ALD 반응기 자체를 손상시키지 않아야 한다.

④ 입체 장애로 인한 표면 피복률 감소를 피하기 위해 반응물의 크기가 작은 것이 바람직하다.

금속 반응물은 무기물과 금속 유기물로 두 그룹으로 나눌 수 있다(표 2-7).

무기물에 속하는 원소 반응물은 오염이 없는 물질을 성장시키고 그 성장이 입체 장애에 의해 감소되지 않지만, 원소 반응물로는 적합할 만큼 충분히 높은 증기압을 갖는 금속은 거의 없다. 할로겐화물은 반응성이 매우 높고 입체 장애가 낮고 넓은 온도 범위에서 사용할 수 있으나, 부산물이 반응성이 있고 할로겐화물 원자가 성장 물질에 의도치 않게 혼입되는 문제가 있다. 금속 유기물에 속하는 Alkyls은 직접 금속 탄소 결합으로 인해 매우 반응성이 높고, 더 높은 온도에서 분해에 의해 제한되며 소수의 원소에만 적용 가능하다. 이와 유사하게 Cyclopentadienyls은 금속 탄소 결합으로 인해 반응성이 있고 H_2O를 반대 반응물로 사용할 수 있으나 고온에서 분해되어 소수의 원소에만 적용 가능하다. 이와 대조적으로 β-diketonates는 다양한 원소에 존재하지만

표 2-7 ALD에 의해 성장된 소재 정리[85]

구분		증착 물질
Inorganic	Elemental	Mg, Mn, Zn, Ga, Cd, In, Sn
	Halogen	B, C, Ti, V, Cr, Mn, Cu, Zn, Ga, Ge, Zr, Nb, Mo, Cd, In, Sn, Sb, Hf, Ta, W, Pb
Organic	Alkyls	Be, Al, Si, Zn, Ga, Ge, Cd, In, Sn, Hg
	Cyclopentadienyls	Mg, Sc, Ni, Sr, Y, Zr, Ru, Lu, Os, Pt
	β-diketonates	Mg, Ca, Sc, V, Cr, Mn, Fe, Co, Ni, Cu, Ga, Sr, Y, Zr, Ru, Pd, In, Ba, La, Ce, Nd, Sm, Eu, Gd, Tb, Dy, Ho, Er, Tm, Ir, Pt, Pb
	Other reactants	Li, P, Ti, Fe, Co, Ni, Cu, Zn, Ge, As, Zr, Rh, Ag, Sb, Te, La, Pr, Yb, Hf, Ta, W, Ir, Pt, Pb, Bi

부피가 크고 반응성이 낮아 성장 속도가 매우 낮다. 그들은 또한 O_3와 같은 더 많은 반응성을 가진 반응물을 필요로 하지만 가장 높은 산화물 증착률을 가진다.

2.3.2 ALD의 응용

(1) 고유전율 게이트 유전체

Microelectronics 산업은 ALD를 가장 크게 채택한 산업 중 하나이다. 1990년대 후반에도 삼성은 DRAM 메모리의 저장 커패시터를 개선하기 위해 ALD에 대한 연구를 진행하고 있었다. 현재 트랜지스터 제조에 관한 연구 개발은 잘 제어된 두께와 높은 유전 상수를 가진 핀홀이 없는 등각 박막을 증착하기 위해 ALD를 적용한다. 산업이 마이크로일렉트로닉스 장치의 트랜지스터 게이트 스택에 고유전율 유전체 사용으로 전환됨에 따라 ALD는 점점 더 중요해지고 있다. 고유전율 게이트 산화물은 게이트 산화물을 통한 누설 전류를 방지하기 위해 Si에서 매우 균일하고 핀홀이 없어야 한다. 산화물 두께 감소 문제를 해결하기 위해 Intel은 2007년에 대량 생산 라인에 ALD를 도입했다. 이는 높은 소비 전력 트랜지스터를 생성하지 않고 65nm에서 45nm node 기술로 나아갈 수 있었던 핵심 이유이다. 그들이 사용한 산화물 층은 스택으로 구성되어 있다. Si 표면을 전기적으로 보호하기 위한 SiON 계면 층, k가 있는 고유 전율 HfO_2기반 산화물-값이 약 20이고 게이트 금속의 일함수와 일치하도록 캡핑층이 존재한다. 이후 반도체 산업의 다른 주요 업체들이 이를 따랐고, 고유전율 유전체를 증착하기 위해 ALD를 사용하여 자체 생산을 시작했다. 소자가 계속 축소됨에 따라 부분적으로는 등가 게이트 산화물 두께를 감소시킨 ALD 게이트 산화물에 의해 가능해졌고, 벌크 Si 결정에 대한 새로운 제한으로 인해 업계는 기존 트랜지스터 개념에 대한

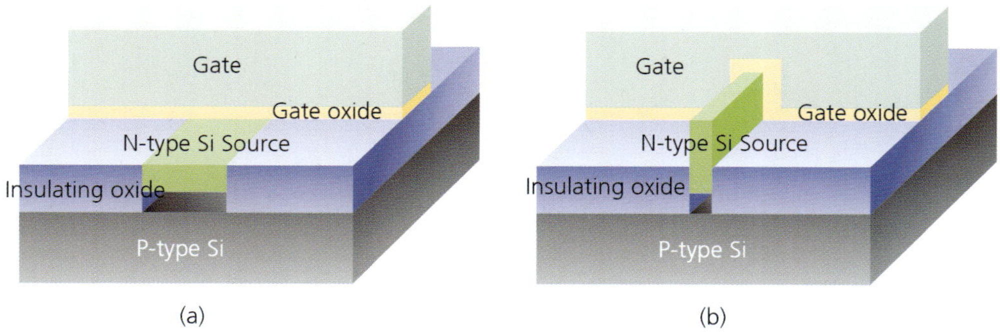

그림 2-20 ▸ (a) 기존 게이트 설계 (b) FinFET 설계 모식도

보다 근본적인 대안을 찾아야 했다. Intel은 가장 최신 기술인 22nm 노드에 FinFET (전계 효과 트랜지스터) 구조의 변형이 tri-gate라는 구조를 생산에 도입하였다. 대신에 그림 2-20에서 도시한 바와 같이 전통적인 평면 채널을 사용하는 Si bulk 결정이 상단에 반전되어 위치하고, 새로운 구조는 Si 슬랩 같은 핀을 갖는다.

이 3중 게이트 설계에서 표면에서 돌출된 높은 종횡비의 핀은 ALD에 맞게 조정된 작업인 핀홀 없이 우수한 조성 및 두께 균일성을 갖는 게이트 산화물로 덮여야 한다. 그러한 비평면 구조가 이미 기존 생산 라인의 일부가 된 등각 ALD 게이트 산화물이 아니었다면 제조에 그렇게 쉽게 구현되었을 것인지 추측할 수 있다. 차세대 기술에서 칩 제조업체가 구현할 내용에 대한 정보는 공개되지 않았지만, 현재 대학이나 연구소에서 등각 ALD 게이트 산화물을 사용하고 FinFET 트랙을 따라 계속 하며 게이트를 추가로 둘러싸 오메가 게이트를 생성하는 것과 같이 나노 튜브와 같은 형상을 가진 둘러싸인 게이트를 형성하는 것을 목적으로 한다.

(2) Cu (In, Ga) Se_2 박막 태양 전지의 버퍼층

광전지 장치에서 ALD에 대한 수많은 응용 프로그램이 있다. ALD에 의해 증착된 물질은 후면 접촉 보호층, 유기 태양 전지에서는 전극 일 함수를 조정하는 수단으로, 염료 감응 태양 전지에서는 재결합을 방지하기 위한 장벽으로 사용된다. 또한 ALD는 위에 나열된 태양 전지 기술을 위한 투명 전도성 산화물을 만드는 데 사용할 수 있다. ALD를 이용하여 박막 형태와 양자 구속 특성을 갖는 나노 입자 형태 모두에서 광흡수층을 만드는 연구도 있다. 박막 태양 전지에서 태양 전지 다이오드의 전기적 접합 특성을 엔지니어링하는 데 사용할 수 있다. ALD에 의해 3개 이상의 원소로 구성된 화합물의 조성을 정밀하게 제어하는 능력은 밴드 갭, 밀도, 전도도, 에너지 밴드 수준 및 형태와 같은 특성을 제어 가능하게 변화시키는 수단을 가능하게 하기 때문에 광전

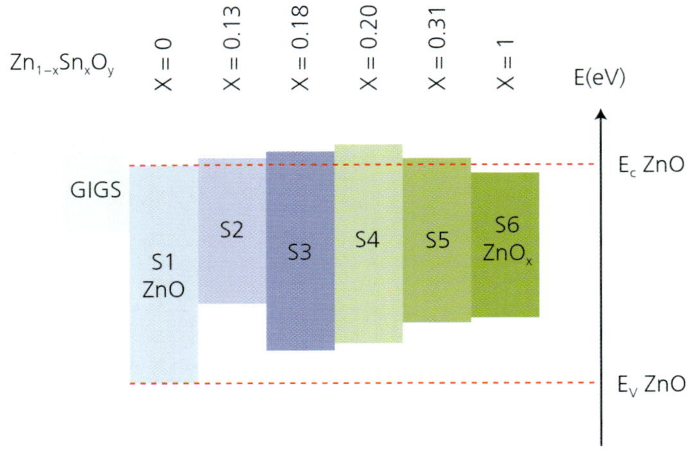

그림 2-21 ▸ ZnO의 ALD 성장 에너지 밴드 레벨 [Kapilashrami et al]

지와 같은 광전자 재료에서 매우 유용하다. 이것의 예는 ALD 성장 $Zn_{1-x}Sn_xO_y$ 화합물이며, 전도대 수준과 가전자대 수준이 연구되었다. 조성이 ZnO에서 SnO_y로 변화함에 따라 그림 2-21에 보이는 것과 같이 변화한다.

구성을 미세하게 조정할 수 있는 능력과 전도대 및 가전자대의 위치가 요구되는 한 응용 분야는 $Cu(In,Ga)Se_2$ (CIGS) 박막 태양 전지에 있다[86]. 그림 2-22와 같이 CIGS은 p형 반도체 바로 위에 n형 반도체가 상이한 층으로 증착되기 때문에 CIGS 바로 위에 증착된 n형 레이어는 버퍼 레이어로 정의된다. pn접합을 형성하기 때문에 이 버퍼층의 전기적 특성은 매우 중요하다. 이 완충층의 표준 물질은 CdS이지만 CdS는 독성이 있고 청색광을 기생적으로 흡수하기 때문에 좋은 대안을 찾기 위해 많은 연구 노력을 기울여왔다. 최적의 버퍼 층을 위해서는 CIGS를 향한 작은 양의 전도대 오프셋(CBO)이 필요하다고 보인다. 이러한 CBO를 찾는 것은 본질적으로 재료 구성을 제어할 수 있는 ALD 공정에 매우 적합한 작업이며, CIGS 태양 전지에는 다른 ALD 이점도 중요하다. CIGS 표면은 일반적으로 10~100 범위의 표면 거칠기값으로 매우 고르지 않다. 역사적으로 CIGS 버퍼층에 대한 광범위한 연구가 있었지만, 바이너리 시스템 ZnO는 ALD에 의해 증착된 최초의 CIGS 버퍼층이다. ZnO의 성능은 주로 불리한 CBO로 인한 높은 재결합으로 인해 부족한 것으로 나타났다. 이것은 Zn(O,S) 및 (Zn,Mg)O와 같은 삼원 ALD 화합물 시스템의 개발로 이어져 있다. 여기서 ZnO의 특성은 보다 유리한 CBO를 달성할 수 있도록 수정될 수 있다. 이러한 ALD 성장 삼원 화합물은 나중에 CIGS 태양 전지에 대한 우수한 버퍼층 후보로 나타났으며, 각각은 CdS를 사용하는 해당 기준 장치와 비슷하거나 더 나은 18% 이상의 전력 변환 효율을 가진 장치를 생성한다. 한편, ALD로 성장된 이원 화합물 In_2S_3는 16% 이상의 변환

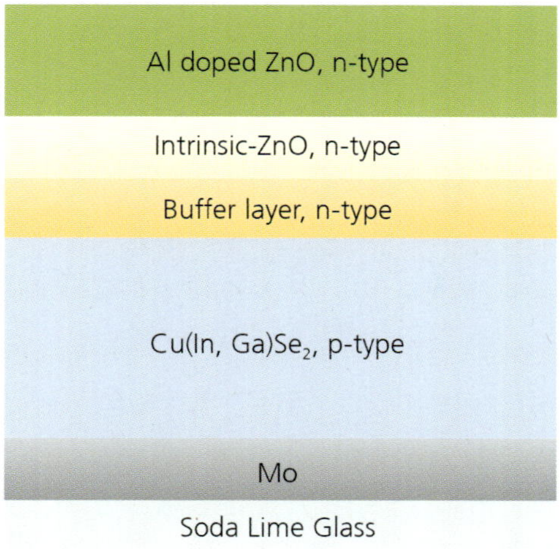

그림 2-22 ▸ CIGS 스택 형태

효율을 갖는 CIGS 태양 전지를 생성하는 우수한 성능을 보였다. 최근에는 CIGS 버퍼층에 ALD를 사용하는 것에 대한 관심이 증가하고 있으며 위에서 언급한 시스템과 $Zn_{1-x}Sn_xO_y$ 및 ZnInS와 같은 새로운 재료 조합을 개발하기 위한 시스템이다.

(3) 고체 산화물 연료 전지용 Pt 및 YSZ

ALD가 좋은 잠재력을 보여주는 또 다른 응용 분야는 차세대 연료 전지, 특히 SOFC(고체 산화물 연료 전지)이다. SOFC는 수소 또는 기타 탄화수소 가스 형태의 화학 에너지를 전기 에너지로 변환할 수 있는 고체 상태의 전기화학 장치이다. SOFC는 일반적으로 ALD의 장점을 활용할 수 있는 다공성 양극재, 이온전도성 전해질, 음극재의 3개 층으로 구성된다. 일반적인 SOFC 장치의 작동 온도는 800~1000°C이다. SOFC에 대한 현재 연구의 대부분은 작동 온도를 300~600°C 범위로 줄이는 데 중점을 두고 있다. 낮은 이온 전도도 및 전극에서의 느린 반응 속도와 같은 낮은 온도와 관련된 제한을 완화하기 위해 다양한 전략이 사용되었다. 한 가지 접근 방식은 더 낮은 온도 범위(300~600°C)에서 더 높은 이온 전도도를 갖는 물질의 합성을 통해 또는 전해질 필름 두께를 감소시켜 전해질의 저항을 줄이는 것이다. 후자의 방법은 두 가지 이점을 제공한다. 장치의 낮은 저항 외에도 박막은 감소된 확산 길이로 인해 전극 사이의 빠른 이온 전달을 허용한다. 또 다른 접근법은 더 낮은 온도에서 효과적인 촉매를 사용하여 전극에서 반응 역학을 향상시키는 것이다. 이 두 가지 접근 방식 모두 ALD를 이용하여 얻을 수 있는 이점이며, 많은 연구에서 전해질과 촉매를 모두 증착하기 위해 ALD를 적용했다. SOFC의 전해질은 일반적으로 밀도가 높은 이온 전도성 세라믹인이트리아 안정화 지르코니아(YSZ) 또는 가돌리니아가 도핑된 세리아(GDC)이다. 여러 연구에서 이온 전도도를 개선하고 전해질 막 두께를 크게 줄이는 데 중점을 두고 ALD에 의한 YSZ의 성장을 조사했다. YSZ 전해질은 원하는 YSZ 조성에 도달하기 위해 ZrO_2와 Y_2O_3 ALD 증착을 교대로 증착함으로써 증착되었다. ALD를 사용한 전해질 연구 외에도 전극에서 산화 및 환원 반응을 촉매하는 데 많은 노력이 집중되었다. 작동 온도에 따라 반응 활성화가 저하됨에 따라 반응 역학을 향상시키기 위한 많은 전략이 조사되었다. 대중적인 방법은 음극을 위해 스퍼터링 및 ALD 증착된 Pt 금속을 사용하는 것이다. Pt-ALD는 일반적으로 약 275~300°C에서 수행된다. Pt-ALD 및 귀금속 ALD는 일반적으로 느린 핵 생성 속도를 보인다. 그러나 스퍼터링보다 Pt를 증착하기 위해 ALD를 사용하는 것의 장점 중 하나는 귀금속 ALD 공정의 고유 증착 거칠기이며, 이는 촉매의 표면적(3중 상 경계)을 증가시켜 보다 효율적인 장치를 만든다. 요약하면, ALD 기술은 특정 성능에 필요한 재료 부하를 줄이는 장점과 함께 스퍼터링된 SOFC 장치의 일치 성능에서 큰 가능성을 보여주었다. 양극 촉매와 이온 전도성 전해질의 구조와 삼중 상 경계에 대해 더 많이 이해할 수록 ALD는 우수한 조성과 두께 제어를 가지고 있어 차세대 SOFC 개발에 중추적인 역할을 할 가능성이 있다.

2.3.3 ALD 정리

장치가 점점 더 작아지고 점점 더 복잡한 3차원 형태로 구조화됨에 따라 제어 가능한 등각 박막에 대한 필요성이 그 어느 때보다 커졌다. ALD는 순차적인 자체 제한 반응을 통해 가능한 가장 효과적인 방법 중 하나로 이러한 요구 사항을 충족할 수 있다. CVD 및 PVD와 같은 유사한 기술은 옹스트롬 수준에서 항상 동일한 수준의 균일성, 적합성 및 두께 제어를 제공할 수 없다. ALD의 장점으로 인해 ALD 공정은 금속에서 금속 산화물, 복잡한 삼원 물질에 이르기까지 다양한 재료에 대해 개발되어 ALD가 산업 절차에 통합될 수 있도록 한다.

CHAPTER 03

Sputtering을 통한 박막 형성 공정 이해

학습목표

3.1 ▸ 스퍼터링

3.1.1 스퍼터링의 정의

음극전하강하로 인해 전기장의 힘을 받은 양이온은 가속되어 매우 높은 에너지를 지닌 채 음극에 충돌하게 된다. 그러면 음극 주변의 충돌 지역의 원자들에게 에너지가 전달되고, 이때 전달되는 에너지가 원자들 간의 결합력보다 크면 원자들 중 일부는 결합이 끊겨 외부로 튕겨나가게 된다[87]. 우리는 이 현상 자체를 '스퍼터링(Sputtering)'이라고 한다. 이 현상을 이용하여 튕겨 나온 입자들이 반대편 기판에 붙으면서 증착되는 것을 '스퍼터링법'이라고 한다. 이온화된 가스원자를 증착시키려는 물질에 충돌시켜 기판에 박막을 형성하는 기술인 스퍼터링의 원리는 다음과 같다[88]. 첫 번째, 진공상태에서 불활성 가스를 주입하고 타겟(Target)에 음의 전압을 인가해 글로방전(Glow discharge)을 발생시킨다. 여기서 글로방전이란, 불활성 가스가 존재하는 밀폐된 공간의 양쪽 전극에 전기를 가해 가스들이 이온화되며 부딪히는 현상으로, 이 때 불활성 가스는 주로 Ar을 사용한다. 두 번째, 글로방전에 의해 불활성 가스가 이온화되고 타겟 표면에 불활성 가스 이온들이 충돌한다. 세 번째, 앞선 충돌로 타겟을 구성하는 입자가 떨어져 나와 기판 표면에 박막을 형성한다. 이와 같은 원리로 진행되는 스퍼터링은 합금이나 고융점 금속 등 진공증착법으로 어려운 재료로도 박막 형성이 가능하다는 점, 증착 공정이 안정화 되어 있어 두께 제어가 정밀하다는 장점이 존재한다. 그러나 불활성 가스를 이온화하는 글로방전을 위해 상당한 양의 가스를 사용해야 하며 증착 도중 기판의 온도가 올라간다는 단점이 존재한다.

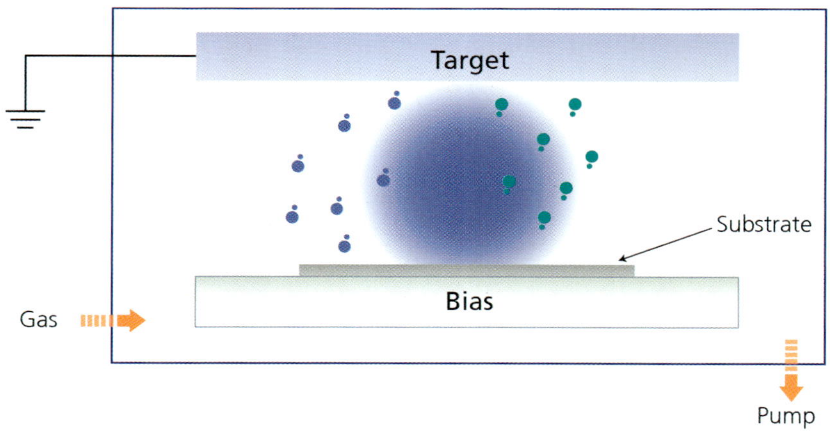

그림 3-1 ▸ 스퍼터링시스템 챔버 내부 모식도

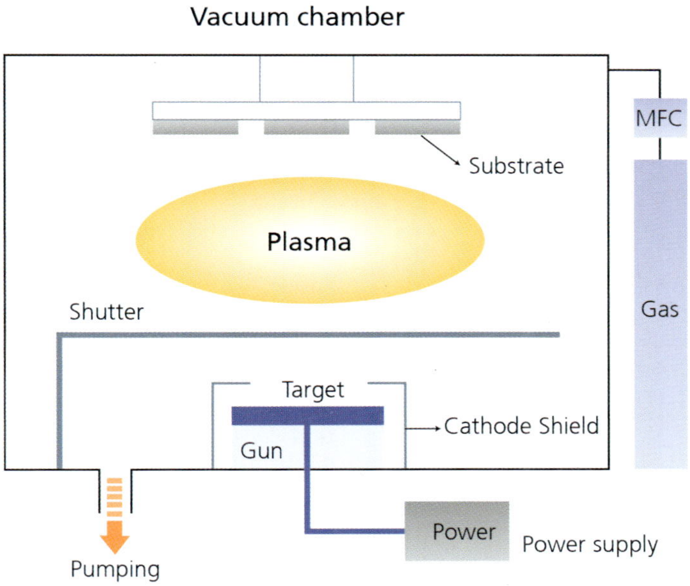

그림 3-2 ▸ 스퍼터링 장치

3.1.2 스퍼터링 장치의 구성

- Pumping 챔버에서 연결된 배출구로 펌프가 연결되어 있는 장치를 말한다[89].
- Power supply 음극(Cathode)에 전원을 공급하는 장치를 말한다[90].
- Gun 타겟을 장착하고 전원과 연결되어 음극으로 작용하는 부분을 말한다.
- Target 기판에 코팅을 시키고자 하는 물질로 금속, 세라믹 등 다양한 성분으로 구성되어 있다.
- Substrate 타겟에 대응하여 양극(Anode)으로 작용하는 부분을 말한다.
- Shutter 타겟과 시편(Substrate) 사이를 차단하는 장치를 말한다.
- Gas system 챔버 내에 Ar을 비롯한 다양한 가스 환경을 조성해주는 장치를 말한다.
- Cathode shield 방전의 안정성을 유지하고 타겟의 특정 부분만 스퍼터링 되게끔 하는 장치를 말한다.

3.1.3 스퍼터링의 순서

(1) 시편 및 타겟 설치

스퍼터링의 첫 번째 순서는 얇고 넓적한 형태의 시편의 세척을 끝낸 후, 챔버 안에 시편을 장착하는 것이다. 이 때, 챔버의 형태가 다양하기 때문에 진공을 깨고 챔버를 통째로 여닫거나, 진공을 유지한 채 보조 챔버인 로드락 챔버(Load Lock Chamber)를 여닫는 등의 방법으로 시편을 넣게 된다[91]. 추가로 챔버 안을 살펴보면 위쪽에 시편, 아래쪽에 타겟이 설치된 경우와 반대로 위쪽에 타겟, 아래쪽에 시편이 설치된 경우를 확인할 수 있다. 이 둘은 성능 차이는 없으나 시편의 종류에 따라 설계가 달라진다.

첫 번째, 위쪽에 시편, 아래쪽에 타겟이 설치된 경우는 시편의 모양과 형태에는 별다른 제약이 없다. 그러나 중력이 문제로 작용하여 챔버 내의 진공환경이 잘 갖추어져 있다고 해도 타겟에서 분리된 작은 입자, 플라즈마로 인해 발생하는 산화물과 탄화물, 미세먼지, 불순물 등이 낙하해 시편을 오염시킬 수 있다. 이러한 상황은 대표적인 예로 반도체 회로 기판 제작과정에서 치명적인 상황을 제공한다. 두 번째, 위쪽에 타겟, 아래쪽에 시편이 설치된 경우는 시편의 모양과 형태에 제약이 생겨 특정한 형태 또는 시편 별 홀더가 따로 필요하다. 물론 하나의 스퍼터링 장치에 하나의 시편만을 사용하면 별다른 문제가 생기지 않는다. 그러나 다양한 형태의 시편을 사용해야 하는 실험실 같은 상황에서는 실용적인 면에서 조금 뒤쳐질 수 있다. 또한 앞선 경우와는 반대로 불순물이 타겟 표면으로 낙하해 타겟을 오염시키고 아크를 발생시킨다는 단점이 있다. 따라서 각 상황에 맞는 적절한 설계의 선택이 필요하다.

(2) 장비세팅 및 진공설정

스퍼터링의 두 번째 순서는 챔버 내에 시편을 장착하면서 스퍼터링 장비 세팅을 확인하는 것이다. 우선 각각의 전원이 제대로 작동하는지, 가스, 압력, 냉각수 등 필요한 세팅이 원활하게 공급되고 있는지를 확인해야 한다. 왜냐하면 대부분의 개폐밸브들은 가스 압력으로 작동되기 때문에 가스가 부족할 경우 문제가 발생하고, 냉각수도 자체 쿨링 펌프가 있지 않는 이상 수도관과의 연결이 원활하지 않으면 문제가 발생하기 때문이다. 이렇게 각 장치들의 세팅에 이상이 없는 것이 확인되면 진공을 설정한다. 이 과정에서는 기본적으로 RV (Roughing Valve), HV (High vacuum Valve), FV (Foreline Valve), 이렇게 3개의 밸브가 사용된다. 먼저 1차 펌프인 로터리 펌프(Rotary Pump)를 가동한 후 RV를 열면 요란한 소리와 함께 챔버 내부에 진공이 형성된다. 진공 형성 여부는 진공 게이지의 수치로 확인할 수 있고, 챔버의 용량에 따라 다르겠지만 보통 수 십분 이내에 10^3torr 정도의 진공이 형성되면서 로터리 펌프의 소리가 잠잠해진다. 로터리 펌프의 최대 진공도는 10^4torr 정도지만 시간적 효율을 위해 적당한 수치의 진공이 형성되면 HV를 열어 2차 펌프인 터보 펌프(Turbo Pump)를 가동시킨다. 그러나 그 전에 몇 가지 주의할 사항이 있다. 첫 번째, HV를 열기 전에 RV를 잠그고 FV를 열어 2차 펌프 내부에 기체를 미리 빼내 기체가 챔버 내부로 역류하는 상황을 방지해야 한다. 두 번째, HV를 여는 순간 가장 최적의 능력으로 진공을 형성하기 위해 터보 펌프가 최고치로 회전하고 있어야 하며, 오일 확산 펌프(Oil Diffusion Pump)가 충분히 가열되어 있어야 한다. 만약 이 과정을 생략하고 HV를 열면 여태껏 형성된 진공이 깨질 수가 있으므로 주의해야 한다. 이 후 챔버 내 진공 수치가 10^{4}torr보다 낮아지면 고진공용 이온 게이지로 진공도를 확인해가며 10^{6}~10^{7}torr까지 진공을 설정해준다.

(3) 작업진공의 설정

시간에 따른 진공도의 변화가 거의 일정해지면 불활성가스인 Ar을 넣어 스퍼터링 조건에 맞는 작업진공을 설정해준다. 앞서 진공을 설정한 것은 챔버 내부에 존재하는 모든 기체, 수분, 미세먼지 등의 다양한 불순물들을 제거하고 청정한 상태에서 Ar만을 넣기 위함이다. 즉, 이 과정에서는 청정상태인 챔버에 Ar이 연결된 밸브를 열어 적절한 진공도가 될 때까지 scmm을 조절해 넣어주는 것이다. 이 때 적절한 진공도란 방전이 수월하게 일어나는 수치를 말하며, 정확한 진공 수치는 방전이 일어난 후 조절하는 것이 보다 쉽기 때문에 대부분의 경우에서 실제보다 높은 작업진공에 맞추어 설정한다. 정확한 Ar의 양은 챔버와 펌프의 용량, 성능에 따라 다르므로 그 점에 유의한다.

(4) 파워서플라이의 가동

이제 파워서플라이(Power Supply)를 가동할 차례이다. 이때는 반드시 전류(A), 전압(V) 다이얼이 모두 '0'에 있는지 확인한 후 메인 전원을 켜야 한다. 이 후 전류를 '0'으로 놓은 상태에서 전압을 먼저 천천히 올리고, 이어 전류를 조절해야 한다. 처음에는 방전이 일어나지 않아 전자의 흐름이 없어서 전류를 조절하더라도 전류 값은 '0'일 것이다. 그러나 계속해서 전류를 증가시키면 어느 순간 전류 값이 변화하고, 그와 동시에 방전이 이루어지면서 플라즈마(Plasma)가 나타나게 된다. 우리는 이 현상을 스퍼터링에서 사용되는 '비정상 글로방전(Abnormal Glow discharge)'이라고 한다. 플라즈마가 확인되면 앞서 높게 설정한 전압 및 압력을 실제 공정에 맞게끔 조절하면 된다.

(5) 예비스퍼터링

플라즈마를 확인한 후, 우리는 적당한 전압-전류 값을 유지하면서 플라즈마가 안정화될 때까지 기다려야 하는데 이 과정을 예비스퍼터링(Pre-sputtering)이라고 한다. 이는 시편에 실제 박막을 코팅하기 전 타겟 표면의 산화물, 불순물 등을 제거하는 과정이라 할 수 있으며, 플라즈마가 발생하면서부터 증착이 바로 시작되기 때문에 셔터(Shutter)는 꼭 닫혀 있어야 한다. 만약 예비스퍼터링이 충분치 않으면 시편에 불순물이 섞여 증착되어 밀착력, 전기전도도, 투과율 등에 문제가 발생하므로 충분한 시간을 들여야 한다.

(6) 증착

예비스퍼터링이 끝난 후 셔터를 열면 그 즉시 증착은 시작된다. 그러나 셔터는 타겟과 시편 사이를 가로막는 전기적 연결의 방해물이기에 셔터를 여는 순간 전압-전류에 변동이 있을 것이다. 따라서 이를 즉시 조절해주어야 하며, 이후 안정화되는 순간부터는 박막 증착에 필요한 시간만큼만 대기하면 된다. 원하는 만큼의 증착이 완료되었다면 시편을 꺼내기 위해 지금까지의 순서를 반대로 진행한다. 즉, 셔터를 닫고, 전압 및 전류를 0으로 만든 후 파워서플라이를 꺼준다. 그 후 방전 기체인 Ar의 밸브를 잠그고 진공을 풀어준다. 이 때 스퍼터링 과정을 거치면서 기판의 온도는 타겟 온도 상승에 의한 복사열과 증착 입자 및 2차 전자들의 충돌로 인해 높아져 있을 것이다. 따라서 외부의 차가운 기체의 순간적 유입으로 박막이 깨지는 것을 방지하고자 온도가 충분히 내려갔을 때까지 기다린 후 진공을 풀어야 한다. 이어 챔버를 열면 우리는 박막이 증착된 시편을 얻게 된다.

3.1.4 스퍼터링 시 음극에서 발생하는 현상

스퍼터링 장치에서는 타겟이 음극의 역할을 하므로, 양이온은 타겟에 충돌해 일부를 분리시켜 타겟 물질을 기판에 증착시킨다. 이 과정을 더 자세히 알아보면 챔버 내 진공이 형성되고 방전용 가스로 Ar을 주입하여 적당한 압력을 조절하면서부터 시작된다고 볼 수 있다. 이후 타겟에 전기장이 공급되고 방전이 시작되면서 플라즈마의 발생으로 Ar은 1차, 2차 전자들과 충돌해 이온화된다. 즉, Ar 양이온과 전자로 분리되게 된다. 이 때 Ar 양이온은 전기적으로 (+)를 나타내므로 전기장의 힘을 받아 음극인 타겟 쪽으로 가속된다. 가속된 Ar 양이온은 타겟과 충돌하면서 에너지를 전달하게 되고, 그 에너지로 인해 타겟 물질이 떨어져 나오게 된다. 이러한 반응 도중 Ar 양이온은 음극과의 단순한 충돌만이 아닌 조금 더 복잡한 반응들이 발생하는데, 이 현상에 대해 알아보자.

(1) 타겟에서 Ar 양이온으로 전하이동

앞서 언급했듯 스퍼터링에서는 타겟이 음극을 담당하는데, 당연히 음극인 타겟의 표면에는 많은 양의 전자가 존재하게 된다. 결과적으로 Ar 양이온은 전기장에 의해 가속되어 타겟에 충돌하게 되면 타겟 표면에 존재해 있던 전자들이 Ar 양이온으로 이동하게 된다. 즉, 타겟에서 Ar 양이온으로 전하이동이 일어나면서 중성화된다.

(2) 타겟으로 가속하는 Ar 양이온과 중성 Ar끼리의 전하이동

Ar 양이온이 타겟을 향해 가속되는 도중에 바로 근접한 중성 Ar 곁을 지나거나 충돌하게 되면, 중성 Ar으로부터 전자를 받아 양이온은 중성 Ar이 되고, 본래의 중성 Ar은 양이온이 되는 현상이 발생한다. 이에 Ar 양이온이 아닌 중성 Ar이 타겟과 충돌하게 되고 이렇게 중성화 된 Ar을 '고속 중성 원자'라고 한다. 타겟은 음극, Ar은 양이온이므로 전기적 인력에 의해 이끌렸던 것이기에 중성 Ar으로 변화함과 동시에 타겟에 끌리지 않을 것이라 생각할 수도 있다. 그러나 전하이동이 발생하기 전 Ar 양이온은 전기장으로 충분히 가속되어 있던 상태이기 때문에, 전하이동으로 중성화 되었어도 에너지 변화에는 영향을 주지 못해 운동에너지를 그대로 유지하게 되고 음극인 타겟과 충돌한다. 즉, 음극과 충돌하는 Ar 양이온과 중성 Ar은 타겟인 음극물질을 스퍼터링 시킨다.

(3) 스퍼터링에 의한 타겟 표면의 Ar 튕김 현상

충돌 시에 Ar 원자가 타겟에 박히기도 하지만 뒤이어 충돌하는 Ar 원자에 의해 박혀있던 Ar도 함께 튕겨나가기도 한다. 이렇게 튕겨져 나간 중성 Ar은 플라즈마 내에서 전자와 다시 충돌해 이온화된다. 즉, 다시 양이온이 된 Ar이 음극의 전기장에 이끌려 음극과 충돌하는 현상이 반복되면서 스퍼터링 현상이 계속되게 된다.

(4) 스퍼터링율

스퍼터링 당시 이온과 충돌한 표면원자만이 스퍼터링 되는 것은 아니다. 이온과 충돌한 표면원자가 이온의 운동에너지를 전달받고, 그것을 또 주위의 표면원자들에게 전달하게 된다. 그리고 이때 타겟과 결합을 끊을 정도로 충분한 에너지를 받은 표면원자들은 스퍼터링 되며 튕겨 나간다. 기본적으로 이 과정은 열에 의한 증발 및 화학적 분해가 아닌 순수 물리적 과정이지만, 충돌에너지의 70% 정도는 열로 변환되기 때문에 조건에 따라 열증발이나 화학반응이 발생할 수 있으며, 이로 인해 스퍼터링의 가속화를 만들어 낼 수 있다. 이러한 현상 중에서 스퍼터링율을 정의해보면 이온 하나당 타겟 원자 몇 개를 떼어내는가를 말한다. 즉, 이온 하나가 하나의 원자를 떼어내면 그 효율은 100%가 되며, 기호로 S, 단위로 atoms/ion이라 할 수 있다. 이러한 스퍼터링율(S)에 영향을 주는 요인들로는 입사되는 이온의 종류, 스퍼터링 시의 가속전압, 입사각, 타겟 재료의 종류 및 결정구조 등이 있으며, 가장 큰 영향을 주는 요인은 가속전압으로 전압이 높을수록 충돌 에너지가 증가한다[92]. 이러한 요인들을 더 자세히 살펴보면 다음과 같다. 첫 번째, 입사되는 이온의 종류에 따라서 달라진다. 이온의 충돌 에너지가 커야 스퍼터링율이 높은데, 그렇다면 큰 질량인 원소일수록 에너지가 높으니 유리하다고 볼 수 있다. 그러나 질량이 크다고 증가하는 것이 아닌, 최외각 전자 자리가 채워진 것의 순서를 기반으로 주기성을 보인다. 따라서 불활성 원소라 불리는 Ne, Ar, Kr, Xe, Rn의 순으로 효율이 증가한다. 거의 Ar을 사용하고 있는데, 효율적인 면에서는 Ar보다 Xe이나 Kr이 좋지만, 싸고 구하기 쉬운 특성 때문에 Ar를 사용한다. 두 번째, 음극인 타겟 재료에 따라서 달라진다. 스퍼터링율은 결국 타겟 물질을 떼어내는 개수에 따라 달라지는 것인데, 충돌에너지가 커야 스퍼터링율이 증가된다는 것은 그만큼 타겟을 구성하는 원자간의 결합력이 클수록 떼어내기 어렵다는 의미로 해석이 가능하다. 음극재료로 Au, Cu, Ag처럼 연성 또는 전성이 좋은 물질들은 높은 스퍼터링율을 가진다. 반대로 C, W, V, Si, Zr처럼 단단하고 고융점인 물질은 낮은 스퍼터링율을 가진다. 또한 타겟을 금속으로 한정한다면 주기율표에서 왼쪽에 위치한 금속들은 스퍼터링율이 낮으며, 오른쪽으로 갈수록 스퍼터링율이 높아지는 주기성을 가지고 있다. 또한, 이온과 타겟 원자의 질량비율도 영향을 주는데, 충돌하는 이온의 에너지가 크려면 이온의 질량은 커야 하며, 타겟 원자가 에너지를 많이 전달받으려면 타겟 원자의 질량은 작아야 한다. 세 번째, 타겟의 결정구조에 영향을 받는다. 스퍼터링율은 FCC, HCP, BCC의 각 결정구조의 최대 조밀방향에서 가장 높게 나타난다. 따라서 이온이 충돌할 때 어느 방향과 각도로 충돌하는지가 영향을 주게 되는데 최대 스퍼터링율을 나타내는 입사각도, θ_{max}는 재료, 실험조건마다 모두 다르지만 보통은 50~70°에서 많이 나타난다. 그러나 우리가 각도를 인위적으로 제어하지 않는 이상, 시편과 타겟이 마주보고 있는 스퍼터링 장치에서는 대부분 수직으로 타겟과 충돌한다.

(5) 스퍼터링 된 입자의 상태와 성질

스퍼터링 된 입자들은 기판에 증착되는 상태에 따라 서로 다른 특성을 나타나게 된다. 이에 입자들의 스퍼터링 상태, 또 그 성질에 대한 내용을 다루고자 한다.

먼저, Ar 양이온이 타겟과 충돌해 튕겨 나가는 타겟 물질은 기본적으로 중성으로 단원자 한 개가 타겟에서 분리되는 것이다. 그러나 모든 물질이 단원자 상태는 아니고, 약 10% 정도는 원자들이 뭉친 '입자'나 '클러스터', '분자' 상태로도 분리된다. 이는 타겟에 충돌하는 Ar 양이온의 에너지 크기에 따라 달라진다. 이 에너지가 작으면 타겟 단원자를 떼어내다가 에너지의 크기가 커질수록 스퍼터링되는 입자들이 클러스터나 분자의 형태를 많이 띠게 된다. 그러나 스퍼터링 파워의 증가와 함께 클러스터나 분자의 튀어나오는 양이 증가하면 증착 속도가 증가해 경제적, 시간적으로 장점이 있지만, 그만큼 박막 표면 제어가 어렵다는 단점도 있다. 따라서 민감하고, 매끄러운 표면이 요구되는 공정에서는 클러스터가 불리하게 작용할 수 있기 때문에 충돌에너지의 조절이 필요하다. 타겟의 종류가 단일 금속이 아닌 복합 화합물, 세라믹, 합금일 경우에도 동일한 현상이 일어난다. 입사되는 Ar 양이온의 충돌에너지가 낮으면 화합물, 분자가 아닌 타겟을 구성하는 각각의 원자들로 분리되어 스퍼터링된다. 즉, 화합물, 분자 상태로 스퍼터링 될 수 있는 최소한의 충돌에너지가 필요한 것이다. 따라서 단일 금속이 아닌 타겟을 스퍼터링 했을 때 박막의 조성과 차이가 생기면 파워를 조절하여 해결하면 된다. 이렇게 스퍼터링 된 입자의 상태는 기판 부근의 질량분석장치를 이용해 검출할 수 있다. 시편 부근에서는 타겟 물질의 이온이 발견되기도 한다. 이는 타겟에 전달되는 Ar 양이온의 충돌에너지가 표면의 원자를 떼어내면서 일부가 이온화된 것이다. 또한 이온화에 충분한 에너지만 가해진다면 어느 원자나 이온화된다. 예를 들어, 방전용가스로 흘려보낸 Ar은 챔버 내의 전자와 충돌하면서 이온화되고, 타겟 원자의 일부도 Ar과 충돌해 이온화된다. 그러나 반대로 충분한 탈출 에너지를 얻지 못하면 타겟을 벗어났다가 다시 타겟으로 되돌아온다. 우리는 이것을 자기증착(self-deposition)이라고 칭한다. 그리고 스퍼터링 된 이온 중 좀 높이 올라갔던 일부는 자기 증착이 아니라 타겟의 전기장에 의해 타겟 쪽으로 가속되어 충돌한다. 이렇게 타겟에서부터 스퍼터링 되어 나간 양이온이 다시 타겟과 충돌해 스퍼터링 현상을 일으키는데, 이를 자기스퍼터링(self-sputtering)이라 한다.

(6) Sputtering시 방전이 꺼지는 이유

플라즈마의 안정화는 박막의 특성에 지대한 영향을 미친다. 일반적인 보호용 내마모 박막이라면 특별히 민감한 영향을 미치지는 않을 수도 있지만, Å나 nm단위로 코팅되는 전자기 박막과 같은 경우는 일부 아크만 발생하더라도 박막의 두께가 불균일하거나 불순물이 발생하고, 미세조직이 변화하는 등 심각한 문제를 제공한다. 따라서 우리는 온갖 방법을 동원해 코로나, 아크 등의 발생을 방지해야만 한다. 그러나 스퍼터링 장치의 가동 중에는 예상치 못한 문제들이 발생하고, 이를 예측하고 예방하기란 어렵다. 이에 일반적으로 방전이 꺼지는 상황에 대해 알아보고자 한다.

3.1.5 타겟 표면의 불순물

타겟이 아래쪽에, 시편이 위쪽에 있을 경우에 증착 도중 생성되는 물질들 중 일부는 중력에 의해 아래로 떨어진다. 특히 이 현상은 반응성 스퍼터링 시 반응성 가스의 양이 필요 이상으로 많아질 때 흔히 볼 수 있다. 예를 들어, 탄화물 박막을 형성시킬 때 챔버 바닥에 고순도의 탄소 가루가 쌓이기도 한다. 이러한 존재들은 플라즈마 기체들과 충돌하면서 방전불량을 일으키고, 타겟 표면과 부딪혀 불꽃을 내며 타버린다. 그렇다고 문제 해결을 위해 타겟과 시편의 위치를 바꾸게 되면 반대로 불순물들이 시편 위로 떨어져 박막에 손상이 생길 수 있기 때문에 다른 해결책이 필요하다. 그 방법 중 하나로 두 개 이상의 타겟 물질을 하나의 시편에 동시에 스퍼터링 하는 방법으로, 타겟이 기울어진 장치인 듀얼건 스퍼터링 장치를 이용할 수도 있다. 그러나 타겟 자체가 불순물을 포함하고 있는 경우는 해결방안이 없다. 즉, 고 순도의 타겟일지라도 불순물이나 기공 등에 의한 방전불량은 나타날 수 있다.

3.1.6 쉴드

스퍼터링을 하는 도중 플라즈마가 꺼지거나, 파워를 올려도 플라즈마가 뜨지 않는 경우는 흔하다. 그 원인을 분석해보면 대부분 전기적인 문제로, 서플라이에서 전류는 확인되나 전압은 0일 때가 많다. 즉, 음극인 타겟과 양극인 시편 사이에 전위차가 있어야 하나 그 수치가 '0'으로 없는 것인데 이는 곧 쉴드와 타겟의 접촉 가능성을 보여준다. 건에 달려있는 쉴드는 챔버와 닿아 있는 타겟과 접촉 시 음극과 양극의 직접적인 연결을 초래하고 방전을 방해한다. 따라서 쉴드의 높이 조절, 표면 관리 등의 작업은 필수적으로 필요하다.

3.1.7 이외

이외에도 방전불량의 원인은 다양하고, 그 이유가 명확하지 않은 경우도 많다. 예를 들어, 가스 압의 불균일, 펌프 문제, 스퍼터링 자체의 구조 및 설계 문제 등이 있다. 이렇듯 실제로는 그 이유를 명확하게 확인할 수 없는 경우도 많기 때문에 장비 점검, 정비에도 신경 써서 관리할 필요가 있다.

3.2 ▶ DC 스퍼터링과 RF 스퍼터링

3.2.1 DC 스퍼터링

DC 스퍼터링은 박막 코팅 기술로 코팅으로 사용할 타겟 물질이 이온화된 기체 분자와 충돌하여 원자가 플라즈마로 스퍼터링 되게끔 하며, 이때 원자는 코팅될 기판에 박막으로 응축되어 증착된다. DC 스퍼터링은 PVD 금속 증착 및 전기 전도성 타겟 코팅 재료를 위한 가장 기본적이고 저렴한 유형의 스퍼터링이다. 이 공정의 전원으로서 DC의 두 가지 주요 장점은 제어가 쉽고 코팅을 위해 금속 증착을 수행하는 경우 저렴한 옵션이라는 것이다. DC 스퍼터링은 분자 수준에서 마이크로칩 회로를 만드는 반도체 산업에서 광범위하게 사용되며 보석, 시계 및 기타 장식 마감재의 금 코팅, 유리 및 광학 부품의 무반사 코팅, 금속 포장 플라스틱에도 사용된다[93]. DC 스퍼터링 코팅 시스템의 기본 구성은 코팅으로 사용되는 타겟 물질이 코팅될 시편과 평행한 진공 챔버에 배치되는 것이다. 진공 챔버는 H_2O, 공기, H_2, Ar 등을 제거하는 기본 압력으로 배기된 다음 고순도 불활성 공정 기체로 다시 채워진다. 일반적으로 상대 질량 및 고에너지 분자 충돌 동안 충돌 시 운동 에너지를 전달할 수 있는 능력으로 인해 Ar이 선택된다. 즉, 전기적으로 중성인 Ar 기체 원자가 음전하를 띤 표적의 표면에 강하게 충돌하여 먼저 이온화되어 원자를 플라즈마로 방출한다. 그 후, 이온화된 Ar 기체 원자는 양극으로 이동하여 이온화된 기체 이온, 전자 및 증발된 타겟 코팅 원자를 끌어당겨 코팅될 기판에 박막 코팅을 형성한다. 여기서 스퍼터 박막 증착의 주요 원동력인, 기체 이온을 생성하는 플라즈마의 일반적인 스퍼터 압력 범위는 0.5～100mTorr이다. 추가로, DC 마그네트론 스퍼터링은 음극 뒤에 있는 자석을 사용하여 음으로 하전된 타겟 물질 위에 전자를 가두어 전자가 기판에 자유롭게 부딪히지 않도록 하여 증

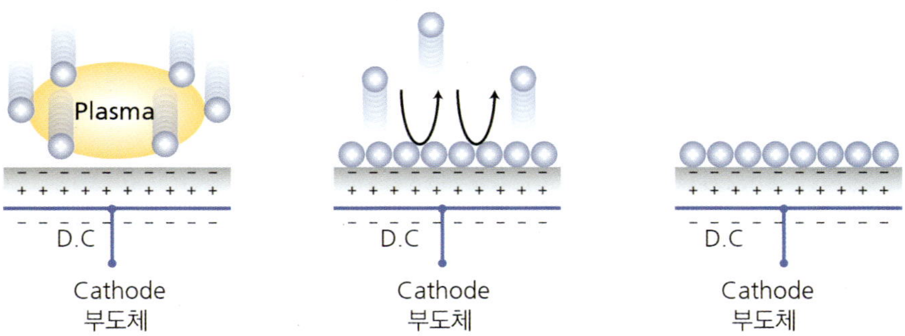

그림 3-3 ▸ DC 스퍼터링

착 속도를 향상시킨다. 자기장은 가스 이온 형성의 효율성을 향상시키는 타겟 표면 근처에 전자를 가두는 경계를 형성하고, DC 마그네트론 스퍼터링은 더 높은 박막 증착 속도를 달성하는 더 낮은 가스 압력에서 더 높은 전류를 허용한다. 만약에 음극에 도체가 아닌 부도체를 장착하고 DC 전원을 공급한다면 방전 초기에는 도체의 DC 방전과 같은 현상이 일어난다. 도체와 다르게 자유전자가 존재하지 않지만, 전압이 한쪽에 가해지면서 내부에 유전 분극이 발생하여 극성을 띠게 된다. 그 결과, DC 전원이 공급되면서부터 이온화 된 Ar 양이온은 전기장의 힘에 의해 음극 쪽으로 가속되어 끌려가고 음극에 충돌하면서 스퍼터링이 진행된다. 그러나 도체와 다르게 부도체는 자유전자를 가지고 있지 않기 때문에 음극으로 접근하는 Ar 양이온을 중성화 시켜줄 충분한 전자가 없어 전하이동이 발생하지 않는다. 일부는 중성화 되겠지만, 상당수의 양이온이 중성화 되지 못하고 이온 상태 그대로 음극의 전기장에 이끌려 도달한 후 전극 표면에 축적된다. 이렇게 부도체인 음극 표면이 Ar 양이온으로 덮히게 되면 그대로 음극의 역할을 잃게 된다. 또한 방전이 멈추게 되는 하나의 경우를 더 살펴보면, 음극과 충돌하고자 음극으로 접근하는 양이온은 전극표면에 축적된 양이온을 만나게 된다. 양이온이 전극으로 가속되어 들어오는 이유는 음극 표면과 플라즈마 내 Ar 양이온 사이에 발생했던 쉬스, 음극강하영역의 전위차 때문이었다. 그러나 전극 표면에 양이온이 축적되기 시작하면서 음극이 가진 전위가 상쇄되고, 그로 인해 쉬스의 전위차가 감소되면 양이온이 전기장의 힘을 받지 못해 가속을 멈추게 된다. 결국 양이온은 전극에 충돌하기 위한 충분한 에너지를 얻지 못한다. 이렇게 되면 양이온의 음극충돌이 없어지고 2차 전자의 발생이 없어진다. 2차 전자의 발생이 없으니 더 이상의 이온화도 없고, 음극에서 양극으로 전자의 흐름 또한 멈추게 된다. 따라서 전원을 공급한 초기에 순간 나타났던 방전과 플라즈마, 스퍼터링 전부가 멈추고 방전이 끝나게 된다.

3.2.2 RF 스퍼터링

RF 스퍼터링은 대부분의 박막 증착 코팅 유형에 사용할 수 있고, 실제로 다양한 유형의 유전체 코팅에 선택되는 박막 증착 기술이 개발되었다. RF 스퍼터링은 알루미늄 산화물, 실리콘 산화물 및 탄탈륨 산화물을 포함하는 마이크로칩 회로의 박막 층 사이에 절연성이 높은 산화막을 생성하는 반도체 산업의 핵심이다. RF는 주파수가 13.56MHz인 것을 주로 사용하고, 1M은 1,000,000이므로 1초에 13,560,000회씩 음극과 양극이 번갈아가며 바뀌게 된다. 주파수를 마음대로 사용하게 되면 군사용, 통신용 주파수 등과 섞여 혼동이 일어날 수 있기 때문에 보통 13.56MHz를 사용하되, 이보다 높은 주파수를 사용해야 하는 경우는 배수(27.12MHz, 40.68MHz)로 설정하여 사용한

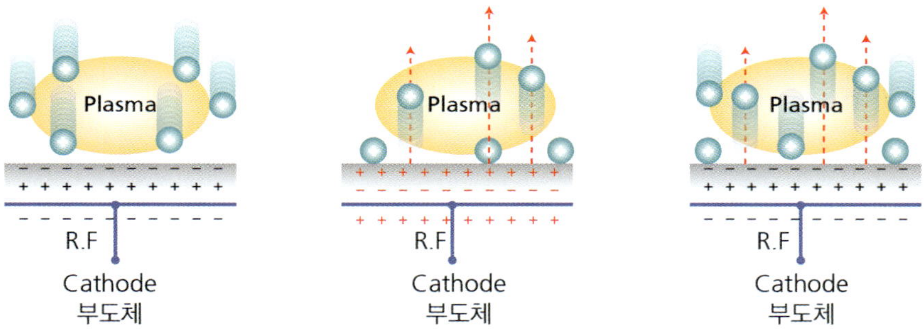

그림 3-4 ▸ RF 스퍼터링

다. 부도체 전극에 RF를 인가해도 처음에 나타나는 현상은 DC와 같다. 그러나 음극으로 쓰인 부도체 target은 RF 전원에 의해 (+)와 (−)가 매우 빠른 속도로 변화하게 되며 그 과정은 다음과 같다.

(1) RF에 의해 전극에 (−) 전원 공급

플라즈마 내의 양이온들이 전극인 타겟을 향해 가속되어 오기 시작한다. 그리고 DC를 걸어줬을 경우와 마찬가지로 (−) 전극 표면에 양이온들이 모이게 된다.

(2) RF에 의해 전극에 (+) 전원 공급

전극 표면에 양이온들이 모이면 RF 장치는 (−) 전원을 (+) 전원으로 바꿔 공급한다. 그렇게 되면 음극이 양극으로 변화하게 되고 양이온은 전극 표면에 존재할 수 없게 된다. 즉, (+) 전극과 양이온의 (+)가 전기적 반발력에 의해 플라즈마 방향으로 튀어나가게 된다. 이렇게 전극 표면의 양이온이 제거된다.

(3) RF에 의해 전극에 (−) 전원 재공급

RF에 의해 전원이 다시 (−) 전원으로 바뀌면서 전극으로 재 충돌하여 스퍼터링을 발생시킨다.

이렇듯 전극의 전원이 음, 양으로 번갈아가며 바뀌는 과정에서 음극 표면에 양이온이 축적되어 플라즈마와의 전기적 단절로 방전이 멈추는 현상을 방지할 수 있게 된다. 이러한 방법으로 전극은 전체적으로 음극을 유지하게 되어 양이온들이 계속해서 가속되어 충돌하면서 방전과 스퍼터링이 유지될 수 있다. 이것이 바로 부도체 타겟을 스퍼터링할 때 RF 파워를 사용해야 하는 이유이다. 이러한 RF 스퍼터링은 특정 유형의 스퍼터링 대상 물질에 축적되는 전하를 피하기 위해 무선 주파수의 진공 환경에서 전류의 전위를 교환하는 것과 관련된 기술이며, 이는 시간이 지남에 따라 분출되는 플라즈마로 아크를 유발할 수 있다. 액적은 박막에서 품질 관리 문제를 야기하고 심지어 프로세스를 종료하는 원자 스퍼터링의 완전한 중단으로 이어질 수 있다.

전통적인 DC 스퍼터링은 금과 같은 전기 전도체인 금속 타겟 코팅을 적용하는 효율적인 방법이다. 그러나 DC 스퍼터링은 유전체 타겟 물질, 분극 전하를 받을 수 있는 비전도성 절연 물질인 코팅과 관련하여 제한적이다. DC 스퍼터링과 마찬가지로 RF 스퍼터링은 이온화되는 진공 챔버의 불활성 기체를 통해 에너지 파동을 실행한다. 박막 코팅이 될 타겟 음극은 코팅될 기판을 덮는 미세 스프레이로서 원자를 스퍼터링하는 이러한 고에너지 이온에 의해 충격을 받는다. 추가로 RF 마그네트론 스퍼터링은 음극 뒤에 있는 자석을 사용하여 음으로 대전된 타겟 물질 위에 전자를 가두어 전자가 기판에 자유롭게 부딪히지 않도록 하여 증착 속도를 더 빠르게 한다. 시간이 지남에 따라 타겟 면의 표면에 축적되어 양전하를 주는 양이온이 생성되고, 특정 지점에서 이 전하가 축적되어 코팅을 위해 방출되는 스퍼터링 원자의 완전한 분리로 이어질 수 있다. RF 전원 공급 장치에 대해 국제적으로 사용되는 13.56MHz의 무선 주파수에서 발생하는 주기의 음의 부분에서 스퍼터링 될 대상에 이온 충격이 계속되며, 전위를 교대하는 특징으로 타겟 면은 각 주기마다 축적된 전하청소가 진행된다. 이 공정의 전원으로서 RF의 주요 장점은 다음과 같다. 더 낮은 압력에서 챔버 전체에 플라즈마를 유지할 수 있는데, 그 결과 이온화된 기체의 충돌이 줄어들어 코팅 재료의 현장 증착이 더 효율적이다. 또한 타겟 재료가 전하를 축적하는 각 주기로 세척되기 때문에 아킹을 줄이는 데 도움이 된다. 아킹은 급격히 집중되며 국부적인 방전이 타겟 음극에서 플라즈마로 방출되어 액적과 불균일한 막 증착 문제를 생성하는 곳을 말하는데, RF 스퍼터링은 이러한 아킹의 원인인 전하 축적을 크게 줄여준다. 또 다른 장점은 DC 스퍼터링과 같이 코팅할 기판이 절연되어 전하를 획득할 때 양극 효과가 사라지지 않는다는 것이다. RF 스퍼터링은 코팅할 재료의 유형에 따라 많은 매우 매력적인 이점을 제공하지만 고려해야 할 몇 가지 중요한 조건이 필요하다. RF 스퍼터링은 DC 전류 대신 전파를 사용하기 때문에 RF 스퍼터링을 사용하면 증착 속도가 상당히 느려지고 훨씬 더 높은 전압이 필요하다. 전파는 직류와 동일한 증착 결과를 얻기 위해 훨씬 더 높은 전압이 필요하므로 과열 또한 문제가 된다. 즉, RF 전원을 인가하는 것은 복잡한 고전압 전원 공급 장치를 필요하기 때문에 추가적인 과열 문제를 방지할 수 있는 고급 회로가 필요하다. 또 다른 유의 사항으로는 기체 이온화를 위한 기존의 마그네트론 스퍼터링과 같이 타겟 위에 갇힌 2차 전자의 부족으로 인한 증착 속도의 감소에 관한 건이다. 모든 유형의 스퍼터링에서 플라즈마는 다른 불활성 기체, 헬륨 및 네온에 비해 질량이 크기 때문에 가장 널리 사용되는 아르곤과 같은 불활성 기체의 분해 및 이온화에 의해 유지된다. 또한 이온화된 기체 입자와 전자 사이의 질량 차이로 인해 기존의 마그네트론 스퍼터링에서와 같이 타겟 물질 위의 2차 이온 트랩에 의존하지 않고 플라즈마가 유지될 수 있다. 그러나 이것은 또한 타겟 위에 2차 전자가 없기 때문에 DC 스퍼터링에 비해 증착 속도가 느려진다. RF 스퍼터링 증착 속도는 DC 스퍼터링 속도보다 느리고 전력 비용이 훨씬 높기 때문에, 실제 수준에서 이는 RF 스퍼터링이 일반적으로 코팅할 더 작은 기판에 사용되기도 한다.

3.2.3 자기바이어스(Self-Bias)

RF 스퍼터링에서 양이온과 더불어 전자도 많은 움직임을 가지고 있다. 이러한 전자의 움직임으로 나타나는 현상을 '자기바이어스' 현상이라고 하며, 이에 관한 설명을 하고자 한다. 앞서 언급했다시피 전자는 양이온에 비해 매우 작고, 무척이나 가볍기 때문에 운동속도가 훨씬 빠르다. 이러한 전자의 거동은 플라즈마 내의 플로팅 전위, 플라즈마 진동 등의 형성에 영향을 준다. RF (교류)에서 전극에 음의 값이 설정되면 양이온들이 전극을 향해 이동한다. 그 뒤에 전극이 양의 값으로 바뀌면 전자들이 전극으로 이동해온다. 그리고 다시 음의 값으로 바뀌면 양이온이 들어오게 되며 이 과정이 계속해서 반복된다. 그러나 RF 전원의 진동수가 낮다면 이러한 과정은 반복되지 않는다. 예를 들어, 일반적인 가정에서 쓰는 RF 60Hz의 진동수로는 방전을 유지할 수가 없다. 진동수 60Hz는 1초에 (+)와 (−)가 각각 60번씩 변화한다는 의미로 우리에게는 상당히 빠른 시간 안에 전원이 변화하는 듯 하지만, 타겟의 입장에서는 이미 표면이 양이온으로 전부 덮이고도 남을 만큼 넉넉한 시간이다. 타겟 표면이 양이온으로 전부 덮일 경우, 음극전압강하는 발생하지 않고, 타겟에 충돌할 양이온이 없어 스퍼터링과 방전이 멈추게 된다. 따라서 방전이 지속적으로 유지되려면 적어도 50kHz의 진동수가 필요하고, 스퍼터링에 충분한 음극전압강하를 보이려면 5~10MHz 정도의 진동수가 필요하다. 부도체인 타겟에 RF 전원을 인가하면서 스퍼터링이 가능해졌는데, RF는 양

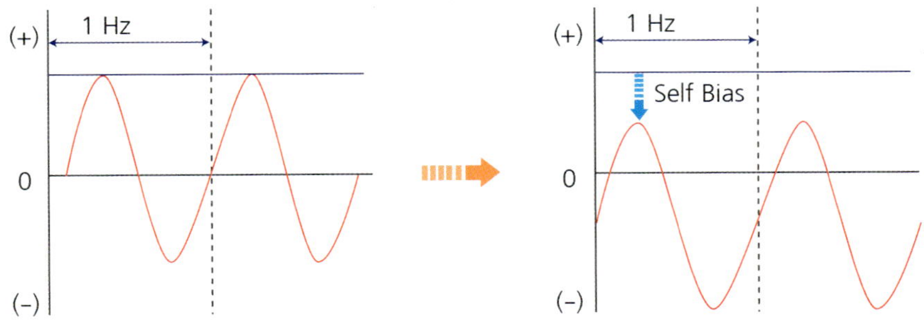

그림 3-5 ▸ 자기바이어스(Self-Bias)

과 음이균일 교차한다는 점에서 이론상으로 기판에서도 스퍼터링이 일어나는 것이 아닌가 하는 의문이 생길 수 있다. 즉, 타겟에서 스퍼터링되어 나간 물질이 기판에 증착되지만, 기판에서도 스퍼터링되어 증착된 물질이 다시 스퍼터링되는 것이 아닌가 하는 의문이 되는 것이다. 그러나 실제로 이러한 일이 발생하지는 않는다. 그 이유는 RF 전원에서는 '자기바이어스(Self-Bias)'라 불리는 독특한 현상이 일어나기 때문이다. 전극에 음의 전원이 걸렸을 때, 양이온들은 전극에 충돌한다. 여기까지는 DC 전원에서도 똑같으나, RF는 바로 이어서 전극을 양의 전원으로 바꿔준다. 그러면 이제 전극으로 전자들이 들어오게 되는데, 전자들은 양이온에 비해 작고 매우 빨라서 훨씬 많은 수의 전자들이 충돌하게 된다. 결과적으로 전극에는 전자의 수가 더 많아지고, 이 현상이 반복되면서 전극은 음의 값을 가지게 된다. 플라즈마의 플로팅전위(Floating Potential)와 유사한 이 현상은 RF 전원의 특성에 의해 발생한다. 그 특성은 양의 전류와 음의 전류가 교차되므로 실제로 흐른 순 전류 값은 '0'이 되어야 하는 것을 말한다. 순 전류가 '0'이 되려면 전극에 들어오는 전자의 수와 양이온의 수가 같아야 한다. 그러나 실제로는 전자가 더욱 많기 때문에 요구되는 양이온의 양은 커지게 된다. 상대적으로 무겁고 속도가 느린 양이온을 더 끌고 오기 위해서는 RF가 음의 전원일 때 조금 더 낮은 음전위로 내리는 방법이 있다. 그래서 RF는 자체적으로 타겟을 더욱 낮은 음전위로 만드는데 이것을 바로 '자기바이어스(Self-Bias)'라 한다. 다시 말해 순 전류를 '0'으로 맞추기 위해 스스로를 음전위로 만드는 것으로, 자기바이어스가 생기면 음극으로 유지되는 시간이 양극으로 유지되는 시간보다 훨씬 길어지게 된다.

자기바이어스의 과정을 설명하면 다음과 같다. 초기에 RF에서 타겟에 음의 전원을 보내어 타겟에 양이온이 모인다. 그 다음 양의 전원에서 전자들이 들어오는데, 전자의 속도가 빨라 양이온보다 많은 수가 들어오기에 타겟은 중성이 아닌 음의 값을 가진다. 다시 RF가 음의 전원일 때 양이온이 들어오지만 그 수가 전자보다 적으므로 계속 음의 값이 유지되고, 다음 양의 값에서도 많은 수의 전자가 오기 때문에 타겟은 더욱 음의 값을 가지게 된다. 이것이 반복되면서 타겟의 전위는 점차 음으로 변하게 된다. 그런데 이제는 타겟이 음을 유지하므로 양이온이 많이 들어오게 되고, 반대로 전자의 유입이 줄게 된다. 어느 순간 타겟에 들어오는 전자수와 양이온수가 같아지게 되어 평형인 조건을 만족시키는 음전위가 형성되면, 타겟은 이제 고정적으로 음극 역할을 할 수 있게 된다. 만약 자기 바이어스가 없다면 RF에서는 양과 음 이 똑같이 교차되므로 양극과 음극에 구분이 없어 타겟과 시편이 모두 스퍼터링 될 테지만, 자기바이어스 현상이 존재하기 때문에 타겟이 음극으로 고정되어 양이온은 타겟만이 스퍼터링되게끔 한다. 이러한 자기바이어스의 과정을 요약해보겠다.

① RF시, 타겟의 전하가 음일 때는 양이온이, 양일 때는 전자가 들어온다.
② 양이온보다 빠른 전자의 특성상 전극 주변에 전자가 더 많아져 타겟이 음으로 대전된다.
③ RF는 (+), (−)전류를 균일하게 교차 출력하므로 순전류는 '0'이 되어야 하지만 전자가 많다.
④ 지속적으로 들어오는 전자에 의해 전극은 음으로 전위가 더 낮아지고, 그로 인해 더 많은 양의 양이온이 유입된다.
⑤ 앞의 과정이 반복되며 들어오는 전자수와 양이온수가 같아질 때까지 전위가 낮아진다.
⑥ 이제 음극 상태를 오랫동안 유지할 수 있고, 양이온은 타겟으로 가속되어 스퍼터링을 일으킨다.

이 효과의 효율적인 이용을 위해서는 전극을 알맞은 크기로 조절하기도 한다. 음극인 타겟의 면적은 기판의 면적에 비해 작은데, 이 면적의 차이는 RF에서 매우 효과적으로 작용하고 있다. 전자의 움직임과 함께 고려해보자. 작은 면적의 부도체 타겟이 음극, 면적이 큰 시편이 양극이 되었다고 생각해보면, 플라즈마 내 전자들은 양극인 시편을 향해 나아가고 넓은 표면에 골고루 퍼지며 흡수될 것이다. 이 때, RF에 의해 전극이 바뀌어서 타겟이 양극이 되고 시편이 음극이 되면 전자들은 타겟 쪽으로 모이게 되지만, 시편에 비해 타겟 면적이 작으면 전자들이 모여 집중되기 때문에 시편에 전자가 모일 때보다 타겟에 모일 때 더욱 음의 전위를 나타낸다. 이것이 반복되면 마치 타겟에 전자들이 밀집되어 있는 것과 같은 현상이 나타나게 된다.

3.3 ▶ 글로방전

3.3.1 글로방전의 정의

플라즈마를 생성하는 법 중 가장 흔하게 사용되는 것이 바로 방전이다. 우리가 알아보고자 하는 글로방전(Glow discharge)은 기체 방전 종류 중 하나로 저압 가스를 통해 전류가 통과하면서 형성되는 플라즈마를 말한다. 자세하게는 0.5torr 정도의 매우 낮은 압력을 지닌 방전관 내부에 높은 압력을 가하면 전류흐름에 따라 유리관 전체가 희미한 빛을 내면서 방전하는데, 이러한 현상을 글로방전이라 한다[94]. 이는 방전관의 두 금속 사이에 전압을 인가함과 함께 생성되며 그 색상은 주입하는 가스에 따라 달라진다. 예를 들어, 공기는 분홍색, 아르곤(Ar)은 보라색, 네온(Ne)은 빨간색, 나트륨(Na) 및 헬륨(He)은 노란색 등을 보인다. 이 방전은 형광등, 네온등, 플라즈마 디스플레이와 같은 장치에서 광원으로 사용되고 표면처리기술, 플라즈마 및 분석화학 등에 사용된다[95].

이어 글로방전이 발생하는 과정을 자세하게 살펴보면 다음과 같다. 양극에서는 전자와 이온의 플라즈마로 이루어진 양광기둥이 형성되고, 음극에서는 주로 방출되는 2차 전자로 인해 음극 암흑부에 음극전압강하가 발생한다. 두 극 사이의 전위차는 거의 음극전압강하에 의해 나타나며 전자, 이온은 이 부분에서 빠르게 가속된다. 특히나 전류밀도의 증대와 함께 음극전압강하가 증대되는 글로방전을 비정상글로방전이라고 하는데 우리는 이를 주로 사용하게 된다.

3.3.2 DC 글로방전

DC 글로방전은 음극과 양극의 전극에 DC 전압을 인가하여 형성된 전기장에서 가속된 전자들이 공간 내 기체 분자나 원자들이 이온화 하여 플라즈마가 형성되면서 시작된다[96]. 이렇게 공간 내에 플라즈마가 형성되면 전자들은 양극으로 쉽게 흘러가고, 상대적으로 질량이 무거운 이온은 음극으로 쉽게 흘러가지 않는다. 따라서 음극과 양극 근처에서 발생하는 상황이 서로 대칭적이지 않아 결국 음극 근처에서 형성되는 큰 전위차로 인해 큰 전기장이 형성된다. 그 결과, 이온이 가속되고 음극에 전위가 형성되는데 그것을 음극전압강하라 한다. 이곳은 플라즈마 반응기 내에서 가장 전기장의 세기가 강한 곳으로 전기장의 방향은 음극을 향한다. 이 전기장으로부터 가속되는 높은 에너지를 가진 이온이 음극 표면과 충돌해서 방출하는 2차 전자들은 반응기 중심부로 날아가고, 이들은 다시 공간 내 이온화 반응에 기여함으로써 플라즈마를 유지하는 데 매우 중요한 역할을 하게 된다. 따라서 음극에서의 전압강하는 플라즈마 유지에 매우 중요한 역할을 하고, 이에 반해 양극 쪽에서는 나타나는 미약한 전압강하는 존재하기는 하지만 중요하게 다루지 않는다. 즉, DC 글로방전에서는 음극 전압강하, 음극 전압강하영역의 거리, 음극의 재질이 매우 중요한 인자임을 알 수 있다[97]. 이를 기반으로 이어질 글로방전에 관한 자세한 설명은 밀폐된 유리관으로 만들어진 방전관 안에 적절한 압력의 기체를 채워 넣고, 양쪽에 전극을 장착한 뒤 밀봉한 상태에서 DC 전류를 인가했을 때의 경우로 보고 생각한다.

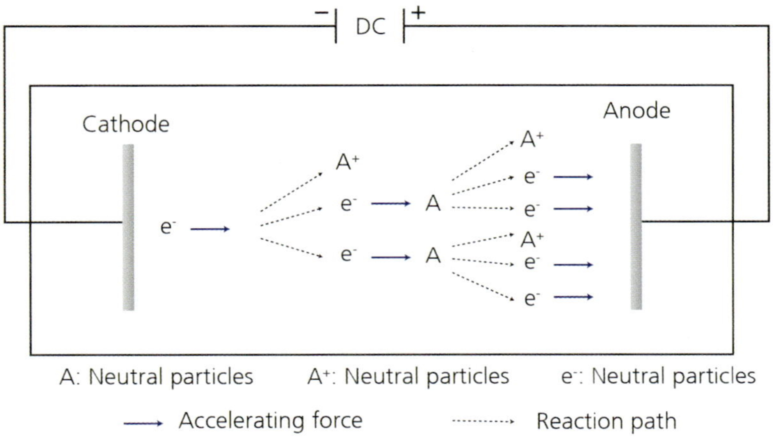

그림 3-6 ▸ DC 글로방전

(1) 1차 전자 존재

자연 상태의 기체도 이온화되어 생성된 전자들이 일부 존재하고 전극표면에도 전자들이 존재할 수 있는 현상을, 우리는 이를 '1차 전자'라고 부른다. 혹은 음극 자체에서 전자를 방출해서 1차 전자를 만들기도 한다.

(2) DC 전압 인가

양단에 있는 전극에 DC 전압을 인가하면 방전관 내부의 1차 전자가 힘을 받아 가속되어 양극 쪽으로 이동한다. 그 도중에 1차 전자와 방전관 내부의 기체원자가 충돌하게 된다.

(3) 1차 전자 가속 : 탄성충돌 및 비탄성 충돌

DC 전압이 인가된 초기는 1차 전자가 가속되는 과정이다. 이에 느린 속도의 1차 전자는 에너지가 부족해 기체원자와 충돌하여도 기체를 이온화 시키지 못하며, 원자 내 전자를 여기시키는 것도 불가능하다. 즉, 단순한 충돌로 인한 운동량 전달만이 일어나 기체들의 방향만 바뀌는 '탄성 충돌 영역'의 확인이 가능하다. 전자가 충돌하지 않고 오랜 시간 가속되는 현상이나, 전기장 세기가 높아 짧은 시간에도 전자가 충분한 가속력을 얻게 되면 1차 전자는 빠른 속도와 높은 에너지를 가지게 된다. 이는 1차 전자와 기체원자의 충돌로 이어져 이온화와 일어나는 '비탄성 충돌 영역'의 확인도 가능케 한다.

(4) 2차 전자 발생 : 사태, 문턱전압 그리고 타운젠트 방전

전자들끼리의 충돌로 인하여 기체 원자가 이온화되어 양이온과 전자로 분리되면, 양이온 역시 전자와 동일하게 전기장의 영향으로 움직이게 된다. 전극에 걸려있는 DC 전압에 의해 양이온은 음극으로, 전자는 양극으로 가속된다. 음극으로 가속되어 이동한 양이온은 음극과 충돌하고, 그 충격으로 음극에서는 다량의 '2차 전자'가 발생한다. 이 때 발생되는 2차 전자는 다량의 기체원자를 동시에 이온화 시킨다는 점에서 플라즈마를 만들고 유지하는 데 핵심적인 역할을 한다고 할 수 있다. 방출된 2차 전자들이 전기장의 영향으로 양극으로 가속되는 과정에서, 가속 중에 만나는 기체 원자의 충돌 및 이온화로 또 다른 전자를 생성한다. 이러한 전자들이 연쇄적으로 또 다시 충돌하면서 지속적인 이온화를 발생시키는데, 이 때 이온, 전자 수가 급증하게 되고 이를 '사태(Avalanche)'라고 한다. 사태로 인한 다량의 이온, 전자들의 발생으로 이온화가 충분히 발생하게 되면 방전이 지속적으로 유지된다. 이렇듯 방전을 일으키는데 최소한의 전압의 크기를 '문턱전압(Threshold)'이라 정의하며, 이때의 방전을 '타운젠트방전(Townsend Discharge)'이라 정의한다.

(5) 2차 전자의 충분한 양 : 글로방전 발생

전압이 문턱전압에 도달한 후 나타나는 타운젠트방전은 사태로 인해 지속시킬 수는 있으나 충돌 및 이온화가 충분하지 않아 전자의 수가 여전히 부족하다. 방전에서 확인되는 빛은 기체원자의 이온화 과정처럼 여기 및 안정화로 인하여 방출되는데, 앞서 말했듯 타운젠트방전 영역에서는 전자의 수가 충분치 않아 발광을 관찰할 수 없거나 매우 희미한 빛만을 관찰할 수 있다. 그러나 전류의 증가로 2차 전자 및 이온의 양이 많아지면 플라즈마의 저항이 줄어들면서 전압의 급격한 강하 후 안정화되는 영역이 나타나게 된다. 이 영역에서는 이온이 생성되고 제거되는 비율이 같으며, 2차 전자 및 이온의 양이 충분하기에 방전이 안정적으로 유지된다. 동시에 불이 타오르는 것과 같은 밝은 빛의 글로가 음극에서 확인되는데 이를 '정상 글로방전(Normal Glow Discharge)'영역이라 정의한다. 여기서 파워를 더욱 증가시키면 전류의 증가와 함께

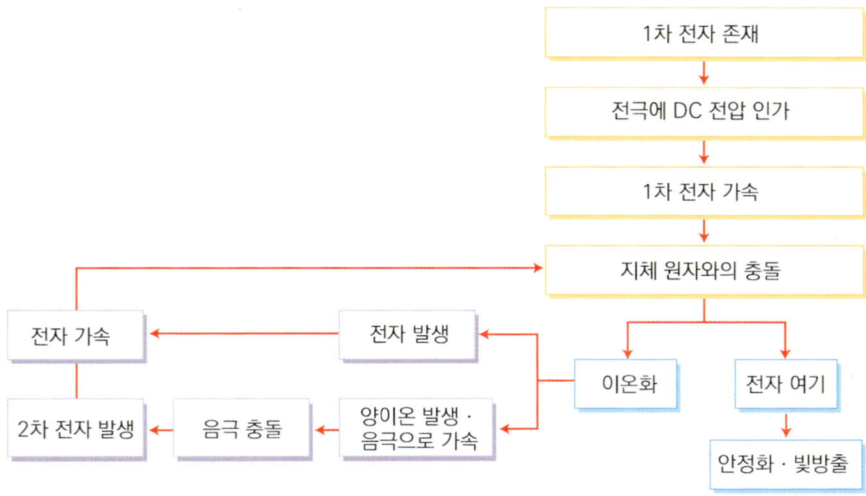

그림 3-7 ▸ DC 글로방전의 과정

방전영역이 점차 커져 음극표면을 모두 덮게 된다. 이 때 일정한 값을 유지하고 있는 전압이 급격히 증가하게 되는데, 이를 '비정상 글로방전(Abnormal Glow Discharge)' 영역이라 하며 스퍼터링에서는 이 영역을 사용하게 된다.

이렇듯 스퍼터링에서는 비정상 글로방전을 사용하는데, 그 이유는 다음과 같다. 양전하의 밀도가 가장 높으며 전위차가 가장 큰 부분은 음극전압강하가 가장 큰 부분이다. 스퍼터링은 양이온이 전기장의 영향에 의해 음극으로 가속되어 음극에 장착된 타겟에 충돌하면서 일어나는 현상이다. 음극전하강하가 크면 클수록 양이온이 타겟으로 가속을 보다 쉽게 할 수 있으며 스퍼터링 시 충돌 에너지 또한 크다. 여기서 방전 형태를 보게 되면 정상 글로방전은 음극표면 중 그 일부에서만 방전이 나타나게 된다. 이러한 현상으로 인해 파워를 올려 전류를 증가시키더라도, 방전영역만 커질 뿐 전압은 증가하지 않는다. 파워를 충분하게 올려 방전이 음극표면 전체를 덮었을 때 전압이 상승하게 되고, 이러한 현상이 일어날 때 '비정상 글로방전 영역'이라고 할 수 있게 된다. 즉, 정상 글로방전 때는 음극 강하의 필요한 전압이 고정되어 일정한 값만 사용할 수 있으나 비정상 글로방전 때는 원하는 만큼의 전압을 조절하여 효율적으로 사용할 수 있다. 또한 음극 표면에서 방전이 모두 일어나지 않으며 부분적으로만 방전이 나오는 정상 글로방전은 작은 스퍼터링 영역, 박막의 낮은 균일도, 비효율적인 스퍼터링의 단점이 존재하므로 굳이 사용하지 않고, 이를 보완할 수 있는 비정상 글로방전을 사용하게 된다.

3.3.3 RF 글로방전

앞서 설명한 DC 글로방전과 RF 글로방전의 차이는 단지 전극에 인가되는 파워의 종류로, DC는 직류를 RF는 고주파 교류전압을 사용한다. 그렇기에 우리는 왜 RF를 사용하게 되었는지에 대한 의문을 가질 필요가 있고, 그에 대한 답으로는 전극의 종류와 전극 표면에서 일어나는 현상을 말할 수 있다. 전극이 금속 등의 도체인 경우, 음극으로 가속된 양이온들의 충돌로 전극에서 2차 전자들이 발생하고 이들이 사태를 일으키면서 방전 플라즈마는 지속되게 된다. 그러나 전극이 도체가 아닌 세라믹, 비금속과 같은 부도체인 경우, 초기에 방전이 발생하기는 하지만 부도체인 전극표면에 양이온들이 달라붙어 전극, 플라즈마간의 전기적 평형이 깨지게 된다. 그럴 경우 방전이 지속되지 않는 문제점이 발생하기 때문에 이를 개선할 필요가 있었다. 경우에 따라 전극의 종류는 다양해지므로, 종류에 영향을 받지 않고 방전을 일으키기 위해 전극의 극성의 빠르게 바꿔주는 방법을 채택하게 되었다. 항상 일정한 전압을 유지시키는 DC와 달리 RF는 일정한 시간을 두고 음극과 양극을 매우 빠른 속도로 바꿔준다. 양이온들이 전극 표면에 축적될 시간이 없이 방전이 지속되게끔 한 것이다. 즉, DC 글로방전은 전극의 재료가 반드시 도체여야 하지만, RF 글로방전은 전극의 재료에 상관없이 사용가능하다는 것이 장점이 된다.

3.3.4 글로방전의 영역별 구분

실제 글로방전에서는 방전관 전체가 골고루 빛나지 않고 부분마다 영역이 나뉘며 그 밝기가 각각 다르다. 즉, 길이가 충분한 방전관 내에 Ar을 적당하게 넣고 충분한 전기장을 가해서 방전을 시켰다는 가정 하에 우리는 다양한 방전영역을 확인할 수 있다. 각 영역은 발광의 정도가 다른데, 영역별 구분과 함께 그 이유를 설명하고자 한다. 우선 발광이 나타나는 조건을 다시 상기해보면 전자와 Ar 원자가 충돌해서 Ar 원자를 여기 시키는데, 이 여기된 Ar이 다시 안정화되면서 빛의 형태로 에너지를 방출하는 것이라 할 수 있다. 그러나 충돌에너지가 너무 적어 Ar 원자를 여기 시키지 못한다던가, 충돌에너지가 매우 커서 이온화가 되어버리면 발광은 나타나지 않게 된다. 즉, 여기에 필요한 적당한 에너지가 필요하다는 것으로 그보다 작거나 크면 발광이 일어나지 않는다. 이러한 발광 조건을 기반으로 방전관 내의 영역별 발광 정도 차이를 설명할 수 있다.

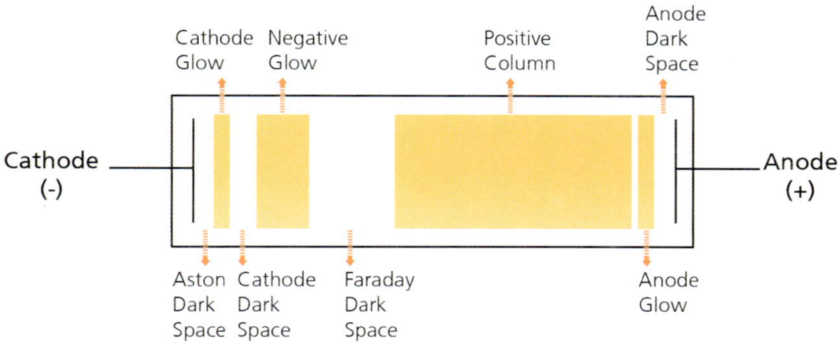

그림 3-8 ▸ DC 글로방전의 영역별 구분

(1) 아스톤 암부(Aston Dark Space)

거의 일어나지 않아 어둡게 보이는 영역이다. DC 글로방전에서는 전자가 음극으로부터 방출되고, 전기장에 의해 가속된다. 그러나 음극에서 생성된 전자들은 전기장의 영역에 포함되어 있지만 충분히 가속되기 전이기에 충분한 속도를 얻지 못해 에너지가 적다. 즉, Ar 원자와 충돌해도 이를 여기시킬 충분한 에너지가 없다는 뜻으로 발광이 일어나지 않는다.

(2) 음극 글로(Cathode glow)

아주 좁은 영역에서 발광이 일어나는 영역이다. 아스톤 암부(Aston Dark Space)를 지난 전자들이 충분히 가속되고, 에너지를 갖추면서 Ar 원자와 충돌 시 Ar을 여기시키며 발광하게 된다.

(3) 음극 암부(Cathode Dark Space)

음극 글로 부분에서 전자들은 Ar과 충돌하지 않고 지나치게 되어 더 가속되어 에너지가 높아진다. 그런 상태에서 Ar 원자와 충돌하면 높은 에너지로 인해 Ar 원자를 아예 이온화 시켜 Ar 양이온과 전자를 생성하게 된다. 이 영역 또한 발광하지 않아 어두운 영역이 생기게 된다[98]. 이 영역은 음극선에 대한 연구를 진행하였던 크룩스의 이름을 따서 크룩스 암부(Crooke's Dark Space)라고 정의한다.

(4) 부 글로(Negative glow)

전자들은 음극 암부를 지나며 Ar 원자와 충돌 후 Ar을 이온화시키므로 에너지를 많이 잃게 된다. 여전히 에너지가 높은 전자들은 Ar을 이온화시키지만, 상당수 전자들은

Ar을 이온화시킬 정도의 에너지가 없고 다시 여기시킬 정도의 에너지로 줄어들어 발광하게 된다. 이 영역은 양이온과 전자의 밀도가 높아 활동적이지만, 전자들은 점차 에너지를 잃기 때문에 음극 암부와 가까운 쪽이 가장 밝고, 멀수록 어두워지는 특징이 있다[99].

(5) 패러데이 암부(Faraday dark space)

부 글로를 지나면서 Ar 원자와 충돌하여 Ar을 여기시켰던 전자들은 그만큼 에너지를 잃게 되고, 발광하지 않아 어두운 영역이 확인된다.

(6) 양광주(Positive Column)

양극은 음의 값을 띠는 전자를 끌어당기므로, 부 글로(Negative glow)에서 힘을 잃은 전자가 양극의 영향을 받아 다시 가속하게끔 한다. Ar 원자와 충돌하여 Ar을 여기시키면서 다시 발광하는 영역을 보이게 된다.

(7) 양극 글로(Anode glow)

양광주가 끝나는 부분에서 약간 밝아지기도 하는 곳으로, 관찰하기 어려우며 조건에 따라 아예 나타나지 않기도 한다.

(8) 양극음부(Anode Dark Space)

양극과 가장 가깝게 오면 전자들이 급격하게 가속한다. 또한 전자의 밀도가 제일 적고, Ar과 충돌하면 이온화 시켜 버리기 때문에 발광이 어려워 어두운 영역이 확인된다.

실제로 글로방전은 이렇게 다양한 영역으로 구분되어 나타나게 되나 방전관의 길이, 방전기체의 종류, 압력, 전기장 등에 의해 각각의 영역을 확인할 수 있는 조건이 달라진다. 즉, 이 영역들을 실제로 한 번에 확인하기 위해서는 보다 세밀한 설정이 필요하다.

3.3.5 음극전압강하

앞서 언급하였듯 방전관 내에서 방전은 글로방전뿐만이 아닌 아스톤 암부(As-ton Dark Space), 크룩스 암부(Crookes Dark Space), 페러데이 암부(Faraday space) 등 다양한 형태로 나타난다. 그러나 박막공정에 적용하기 위해 중요한 부분은 음극 글로방

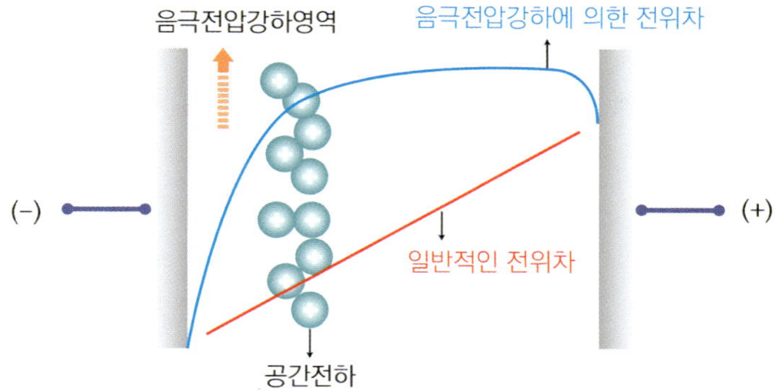

그림 3-9 ▸ 음극전압강하

전(Cathode Glow Discharge)영역이다. 방전관에 전기장을 걸어줄 때 이온화된 기체 원자 중 전자는 양극으로 이동하고 크고 무거운 양이온은 음극으로 천천히 이동한다는 사실은 이미 알고 있다. 전자는 음과의 반발력이 존재하기 때문에 음극 앞에 존재하지 못하고 양극으로 빠르게 이동하는 반면, 속도가 느린 양이온은 천천히 음극 주변으로 계속해서 모이기 때문에 음극 앞에는 전자보다 양이온의 밀도가 높은 지역이 형성된다. 그 결과, 양이온으로 인해 전하가 축적되는 공간전하(Space Charge)가 만들어지고, 음극과 공간전하 사이에 급격한 전위차가 발생하는데, 이를 음극전압강하라고 한다. 음극전압강하의 발생으로 양이온은 음극으로 쉽게 가속되는 성질을 갖게 된다. 원래는 각각의 극에 전기장을 인가하므로 음극과 양극 사이에 일정한 기울기의 전위차가 있어야 하지만, 공간전하의 발생으로 인한 급격한 기울기의 전위차가 발생하게 된다. 이와 더불어 음극전압강하의 발생 지점부터 음극까지 전압 기울기가 나타나는 영역을 쉬스(Sheath)라 부르고, 이때 쉬스에서 나타나는 전위차를 쉬스전위(Sheath Potential) 또는 쉬스전압(Sheath Voltage)이라 한다.

3.3.6 쉬스전위

쉬스는 스퍼터링에서 중요한 역할을 담당한다. 쉬스에서 나타나는 전위차로 인해 가속되는 이온은 음극과 충돌해 2차 전자를 만들어내 방전을 지속시킨다. 이는 곧 스퍼터링의 구동력을 담당한다고 볼 수 있다. 예를 들어, 도체 타겟은 DC 전압을 인가하는데 이 때 쉬스 전압, 즉 플라즈마 전압(플라즈마 온도에 따라 자발적으로 형성되는 전압)과 Cathode의 타겟 전압 사이에 전위차에 의해 이온이 가속화된다. RF는 쉬스 전압에 의해 타겟에 전자가 쌓여 셀프 바이어스가 형성되어 타겟 전위가 조절된다. 이렇듯 쉬스 전위는 스퍼터링의 구동력을 담당한다. 쉬스 전위에 대해 좀 더 자세히 설

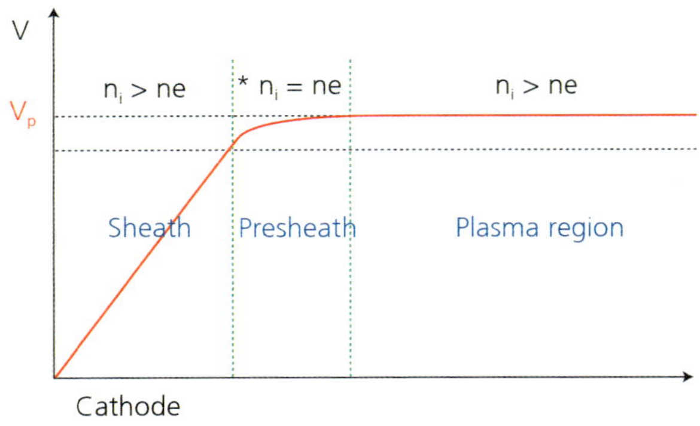

그림 3-10 ▸ 쉬스전위

명하자면, 플라즈마 영역에서 전극 쪽으로 이동할 때, 플라즈마와 쉬스 사이에는 전쉬스(Pre-Sheath)영역이 나타난다. 이온이 쉬스영역으로 들어가기 위해 쉬스 방향으로 최소한의 속도가 필요하다. 이 때 이온의 속도를 데이비드 봄이 계산해 이를 '봄 속도'라 부르며, 이는 쉬스영역이 존재하기 위한 조건이다. 즉, 쉬스영역이 생성되기 위해서는 이온의 속도가 봄 속도를 넘어야 함을 말하며, 이를 봄 쉬스 기준(Bohm sheath criterion)이라 한다. 이온이 쉬스로 진입하기 위해 필요한 봄 속도는 이온의 질량, 전자의 온도에 따라 변화한다. 이온이 봄 속도를 얻기 위해서는 외부로부터 에너지를 받아야 하는데, 에너지를 받게 되면 이온은 봄 속도만큼 가속된다. 우리는 이 영역을 앞서 언급한 전쉬스영역이라 칭한다. 전쉬스영역의 특징 중 하나는, 전자의 밀도와 이온의 밀도가 같다는 것이다. 플라즈마영역에서도 전자의 밀도와 이온의 밀도가 같다. 그러나 전쉬스영역과 플라즈마영역의 전자 및 이온 밀도는 서로 다르다. 전쉬스영역은 플라즈마 영역과 달리 음극 쉬스 방향으로 갈수록 전자와 이온의 수가 점차 적어진다. 즉, 전쉬스에서 플라즈마 영역과 닿아있는 쪽의 전자 및 이온 수는 플라즈마의 전자 및 이온수와 같지만, 쉬스영역으로 갈수록 전자 수와 이온 수는 점차 같이 줄어들게 된다. 그래서 전쉬스영역은 플라즈마 영역보다 전자, 이온의 수는 적지만 각각의 부분에서 나타나는 전자와 이온밀도는 동일하게 나타난다. 전쉬스영역의 플라즈마 밀도는 플라즈마 영역의 약 60% 정도의 밀도를 보이며, 음극뿐만이 아닌 양극에서도 쉬스가 나타난다. 음극쉬스에 비해 양극쉬스는 매우 작은 크기, 전위차를 지닌다. 그 이유는 양극임에도 불구하고 플라즈마보다는 항상 음의 값을 지니기 때문이다. 이에 플라즈마는 항상 양극(+극)보다 높은 전위를 나타낸다. 플라즈마는 전기적으로 도체이며, 전자의 흐름이 음극에서 양극으로 발생하므로 나온 전자전류의 양과 들어가는 전자전류의 양은 동일해야 한다. 그러나 음극에 비해 양극의 면적이 훨씬 크기 때문에 실제로 양극에서는 필요전자보다 더 많은 양의 전자를 받아들일 수 있다. 이를 방지하기 위해 플라즈마의 전위를 양극 전위보다 양의 값으로 올려 플라즈마의 전자가 양극으로 들어오는 양을 감소시킨다. 이것이 바로 양극쉬스가 나타나는 이유이다.

3.3.7 플로팅전위

일반적으로 DC 방전의 양 전극 간 전위분포에서 음극 쪽이 낮은 이유는 전자를 공급하므로 전자가 넘쳐나기 때문이다. 그래서 플라즈마 전위, V_p에서 음극전압강하의 크기만큼 기울기를 가지고 음으로 떨어진다. 중앙부의 값이 일정한데 플라즈마가 균일하게 분포된다면 그 영역은 전체적으로 같은 전위를 나타낸다. 양극 쪽에서 전위가 약간 낮아지는 이유는 양이온은 양극으로 접근하기 어렵지만 많은 양의 전자들이 양극으로 빠른 속도를 지닌 채 들어올 수 있기 때문이다. 따라서 그 차이만큼 전위는 낮아지게 된다. 우리는 이 현상을 양극전압강하라고 하며, 그 형태는 양극 면적의 변화에 따라 크게 차이가 난다. 만약 플라즈마 안에 물체가 놓이면, 주위에 있는 전자 및 이온들이 물체에 지속적으로 충돌하며 들어오게 된다. 하지만 플라즈마 내에서 전자의 속도는 매우 빠르기 때문에 단위시간당 전자가 들어오는 양은 이온에 비해 훨씬 많다. 따라서 물체는 음의 전위를 가지게 된다. 이러한 이유로 플라즈마 내 모든 물체는 플라즈마보다 음의 값을 가지게 되며, 플라즈마는 전극보다 항상 양의 값을 가지게 된다. 이 때 물체로 유입되는 전자의 양이 많아 더 이상 물체의 전위가 음으로 변하지 않으면 플라즈마의 전위는 물체 내 쌓인 전자에 의해 음의 값을 가지게 된다. 즉, 전기적 반발력에 의해 전자의 접근이 줄어들고, 반대로 양이온은 전기적 인력으로 많은 양이 들어오게 된다. 그렇게 전자 유입량은 점차 적어지고, 양이온 유입량은 증가하고, 어느 순간 그 수가 같아지면서 평형상태에 이르게 된다. 그러면 전류의 값이 '0'이 되고 전위가 고정되는데, 이때 물체가 갖는 전위를 플로팅전위(floating potential), '부유전위'라고 한다. 또한 이 때 플라즈마가 보이는 전위를 플라즈마전위(plasma potential)라고 한다. 플로팅전위는 항상 플라즈마보다 음의 값을 가지고, 전위차가 생기는 쉬스

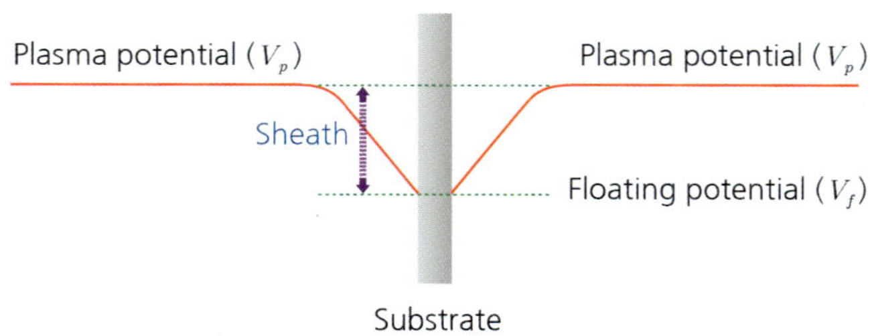

그림 3-11 ▸ 플로팅전위

를 형성한다. 또한 플라즈마진동(plasma oscillation)의 경우, 전자의 속도가 빨라짐에 따라 발생하는 플로팅전위로 부도체의 RF 방전에서 자기바이어스(self-bias)를 만들기도 한다.

3.4 ▸ 스퍼터 건(Gun)과 타겟

3.4.1 스퍼터 건(Sputter Gun)

1) 스퍼터 건의 구조

(1) Shield

Cu Plate와 Target을 보호해주는 역할을 한다.

(2) Target

기판 위에 증착할 재료를 말한다. Ti, Co 등 다양한 재료가 고순도로 제작된다. 자세한 내용은 아래 "타겟" 내용에 있다.

(3) Cu Plate

타겟을 지지해주고, 냉각수 라인을 통해 들어오는 냉각수의 온도를 전달해 타겟을 냉각시켜주며, 타겟으로 전원을 전달해주는 역할을 한다. 매우 높은 순도로 제조되어야 한다.

(4) Gun과 자기력

Gun 내부에는 N magnet과 S magnet이 있으며, 자력선이 N극에서 S극으로 이동하

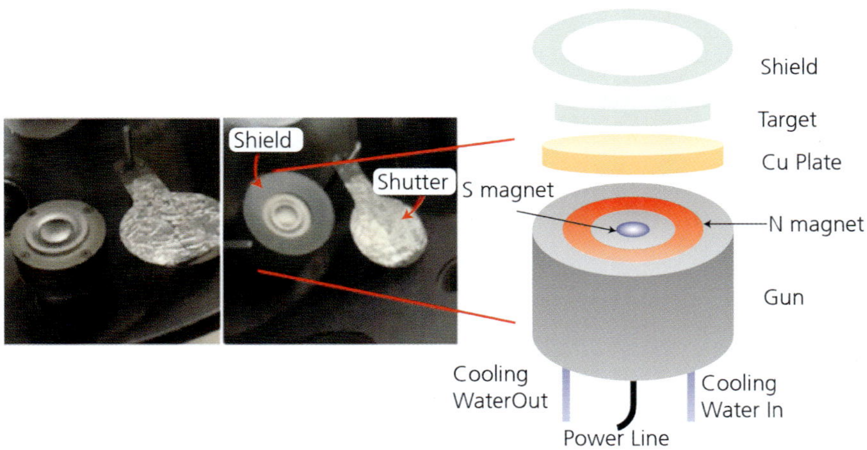

그림 3-12 ▸ 스퍼터 건의 구조

는 원리를 이용하는 것이므로 N을 바깥에, S를 안쪽에 위치시킨다. 일반 실험실에서 사용하는 타겟의 자기장 세기는 수백 가우스 정도이고, 작은 자석 여러 개로 이루어져 있다. 자기력선은 포물선의 형태로 N극에서 출발해서 S극으로 들어간다. 이 때 전기장은 기판과 타겟 사이로 걸려있으므로 타겟 표면에 수직으로 작용하게 된다. 포물선의 형태이기 때문에 타겟 위의 자기력선 중에서는 N극과 S극의 정중앙이 가장 높은데, 여기서의 접선이 타겟의 표면과는 평행하고 전기장과는 수직을 이룬다. Gun 내부에 이러한 N magnet과 S magnet이 존재함으로써 "Well Loss" 현상이 최소화된다. "Well Loss" 현상이란 말 그대로 전자들이 아르곤 이온과 충돌하지 않고 챔버 벽과 충돌해서 사라지는 것인데, 이는 자성이 없는 스퍼터에서 많이 발생하는 문제이다. "Well Loss"를 최소화하면 전자가 많아지고, 더 많은 수의 전자가 아르곤 원자와 충돌해 이온화가 증가하기 때문에 타겟과 충돌할 수 있는 아르곤 양이온이 많아진다. 따라서 스퍼터링 횟수가 증가하므로 증착 속도를 최대 수십 배까지 향상시킬 수 있다는 장점이 있다. 단순히 자석을 설치하는 것만으로도 공정시간에서 이득이 발생하는 것이다. 뿐만 아니라 "Well Lose"가 없어 합금 박막을 형성할 때도 재현성이 증가하고, 전자를 타겟 주위에 잡아둘 수 있어 기판 쪽으로 충돌하는 전자 수가 상당히 줄어들어 기판, 박막 등 얻고자 하는 물체가 가열되거나 손상되는 것을 막아 박막의 조밀도, 균일도 같은 박막 품질을 향상시킬 수 있다. 이온화가 증가하기 때문에 자연스럽게 기존에 비해 더 낮은 압력과 전압에서도 방전은 일정하게 유지하며 스퍼터링을 할 수 있다는 장점도 있다. 그러나 그림 3-13에서 보이는 바와 같이 자기력선의 어느 특정 부위에서 전자 밀도가 높고 이온화가 증가해 그 곳에서 유독 많은 스퍼터링이 일어나고 따라서 동그라미 형태를 띠며, 해당 영역만 타겟물질이 많이 소모되면서 파인 형태인 Erosion Area가 나타날 수 있다. 균일도가 가장 중요한 박막 제조에서 Erosion Area에 의해 타겟 전체로부터 스퍼터링이 균일한 두께로 일어나지 못하기 때문에 증착막의 두께 또한 달라질 수 있다는 것이 단점이다.

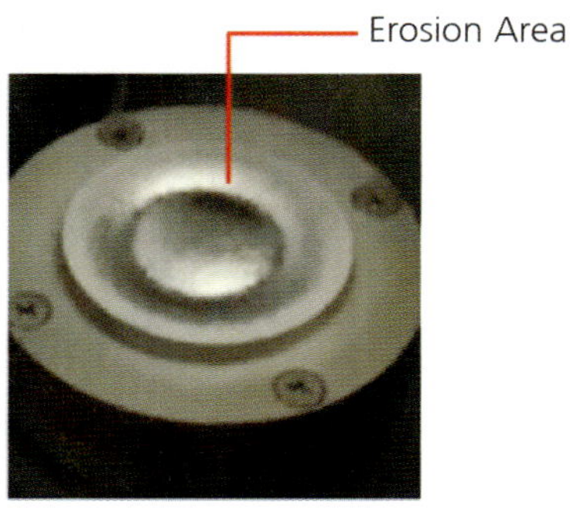

그림 3-13 ▸ 타겟의 Erosion Area

또한, 타겟이 강자성체인 경우에 타겟이 자기장을 잡아 타겟 밖으로 나가지 못하게 한다. 따라서 자기장의 효과가 사라지고 방전하기에 어려울 수 있다.

(5) 냉각수

스퍼터링 시 아르곤 이온이 타겟 원소를 가져오기 위해 타겟 표면을 수없이 충돌하는데, 이 때문에 타겟의 온도는 계속 상승한다. 수백 °C 이상은 물론이고 경우에 따라서는 타겟 온도가 계속 상승한다. 이 때 타겟이 위치에 있는 건(Gun)에서 냉각수가 원활히 흐르지 않는다면 자연스럽게 상승된 타겟의 온도는 건(Gun)에 전달된다. 그렇게 되면 건(Gun)의 구성요소인 구리 플레이트가 높은 온도를 견디지 못하고 변형이 된다. 구리 타겟이 변형이 되면 틈새가 벌어지게 되고 틈새로 냉각수가 분수처럼 뿜어져 나오며, 진공이 파괴되고 전기적으로 누진, 합선이 발생할 수 있기 때문에 위험할 수 있다. 또한 구리 플레이트가 변형이 되면서 플레이트 위에 장착된 타겟에 힘이 가해지면 타겟이 파괴되기도 한다. 따라서 타겟 온도를 떨어트리는 냉각수의 역할이 중요하다. 참고로 냉각수로는 상온의 수돗물을 사용하는 경우, 냉각장치와 필터를 달아 순환하는 방법, 부동액체(어는점을 낮추기 위해 액체에 첨가하는 물질)나 액체질소를 사용하는 경우가 있는데 대부분 편리를 위해 상온의 수돗물을 사용하는 방법을 채택하고 있다.

2) 챔버 내에서 스퍼터 건의 위치

건(Gun)이 위에 있으면 시편이 아래에 위치하기 때문에 시편의 형태나 모양 등의 제약이 없어진다. 그러나 중력 때문에 작은 입자나 미세먼지, 불순물 등이 시편 위에 떨어질 수 있다. 반대로 건(Gun)이 아래에 있는 경우, 시편의 모양과 형태에 큰 제약을 받아 시편을 위쪽에도 장착할 수 있게 시편에 맞는 홀더나 지그를 별도로 가지고 있어야 한다. 각 위치마다 장·단점이 있지만 스퍼터 건(Gun)의 위치가 위아래 모두 가능한 만큼 타겟의 위치도 선택할 수 있다. 타겟의 물성을 참고할 수 있는데, 예를 들어 세라믹 타겟의 경우 낮은 밀도, 부서지기 쉬운 물성, 낮은 녹는점 때문에 아르곤 원자의 충격에 의한 열 충격 때문에 크랙이 발생해 불순물이 발생하고, 이 불순물이 중력에 의해 아래로 떨어져 박막이나 기판의 품질에 영향을 미칠 수 있기 때문에 건이 아래에 있는 장비를 사용한다.

3) 타겟을 건에 장착하는 방법

냉각수 라인을 잠근 후, 챔버 내부로 냉각수가 흐를 수 있으므로 건(Gun) 내부에 남아

있는 냉각수를 제거한다. 이후 Ventilation Valve (V/V)를 열어, 챔버 내부를 대기압과 맞춘 후 챔버 문을 연다. 이후 Gun Shutter를 열고 육각렌치를 이용해 쉴드를 제거한다. 이후, 드라이버를 이용해 타겟을 설치한 후 역순으로 재조립한다. 재조립 후 냉각수 라인을 연 상태에서 냉각수가 새지 않는지 확인한다.

타겟을 건(Gun)에 장착시킬 때 사용자가 임의로 조절할 수 있는 것 중 유의할 것은 Dark Space Gap이다. Dark Space Gap이란 그라운드 쉴드(건의 커버)와 캐소드(타겟의 링) 사이의 거리이다. 스퍼터 사용자가 타겟을 건에 장착시킬 때, 건 커버와 타겟 사이의 거리를 스스로 조절하며 장착시켜야 한다. 적당한 거리 없이 쉴드와 캐소드가 붙어있을 경우 방전이 불가능하며, 너무 멀 경우 아크가 발생하고 플라즈마가 이상적이지 않은 모양으로 발생하거나 건의 옆면이 깎여나간다. 일반적인 공정압력(50mTorr 이하)에서 적당한 간격은 1～2mm이며, 공정압력이 올라가게 될 경우 간격을 좀 더 줄여 0.75～1.0mm로 해주어야 한다.

3.4.2 타겟(Target)

1) 스퍼터링 타겟

스퍼터링 타겟이란 스퍼터링 증착 또는 박막 증착 기술을 사용하여 박막을 만드는 일종의 재료이다. 현재 고순도 스퍼터링 타겟은 크게 금속 타겟, 합금 타겟, 세라믹 타겟으로 분류될 수 있다. 금속 타겟에는 순수 금속 구리, 철 등이 있으며 합금 타겟에는 Stainless Steel 계열부터 Ni-Cr 합금 등 사용자가 원하는 조성으로 활용할 수 있다. 세라믹 화합물 타겟에는 산화물, 규화물, 탄화물, 황화물 타겟이 있다. 이 외에도 타겟의 모양에 따라 분류할 수 있는데 사각형 타겟, 원형 타겟 등이 있다.

스퍼터링 타겟은 고순도를 요구하는 반도체 웨이퍼 등을 타겟으로 할 때 제조하기 어려운 재료이다. 반도체 웨이퍼 용은 스퍼터링 타겟에 대해 매우 높은 요구 사항을 가지고 있으며, 일반적으로 5N (99.999%) 이상 높은 순도의 타겟을 필요로 한다(5N은 5개의 9가 있다는 것을 의미하고, 4개의 N은 4개의 9 또는 99.99%가 있다는 것을 의미한다).

오랫동안 스퍼터링 타겟의 개발 및 생산은 주로 산업 수준이 높은 미국 및 일본의 몇몇 회사에 집중되어 있었다. 미국의 하니웰, 일본의 카오, 일본 광물 금속이 대표 스퍼터링 타겟 제조업체이며 세계 시장 점유율의 대다수를 차지한다.

스퍼터링 타겟의 적용 분야로 첫 번째는 건축용/자동차용 유리/스마트 글라스가 있다. 전통적으로 가장 오래 전부터 스퍼터링 타겟이 대량생산에 적용되어 온 분야로서 타겟의 대형화를 선도하는 분야이며, 최근에는 계절 및 온도에 따라 여름에는 열을 차단하고 겨울에는 열을 통과시켜 에너지 절감에 유용한 스마트 글라스의 연구가 활발하다. NiCr, Cr, Ti, Sn, Cu, Si, SiAl, TiO_x, Sn, ZnAl, ZnSn, ZnSnSb, AZO, Nb, Ag, SUS 등이 사용된다. 두 번째는 태양광 산업이다. 전통적인 Si solar cell부터 최신의 CIGS solar cell 제조전반에 걸쳐 sputtering 공정이 사용되어 있으며, Cell 내에서의 전극층, 접합층, 유전층 뿐만 아니라 반사막, 무반사막, 흡수막 코팅에 사용되고 있다. 최근에는 생산원가 절감을 위해 대형화가 빠르게 진행되고 있으며, 특히 Rotatable 스퍼터링타겟의 도입이 가장 빠른 분야이다. AZO, Si, Cr, Al, Ti, TiO_x, SiAl, SUS, Cu, Ni, Mo, NiCr, CuInGaSe, CuIn, CuGa, In, InSn, ZnAl, ZnSn 등이 사용된다. 세 번째는 내마모성/장식용 코팅 분야이다. 타겟의 사양은 그리 높지 않으며, 내마모성이 필요한 각종 색상관련 외관구현에 사용된다. 기존 마그네트론스퍼터링과 더불어 아크이온플레이팅스퍼터링도 많이 사용되는 분야이다. Cr, TiAl, Ti, Zr, Ni, W, SS, DLC, Si, SiO_2, Al_2O_3 등 여러종류의 세라믹 타겟이 이용된다. 네 번째는 디스플레이/터치패널 산업이다. 오래된 기술인 TN, STN LCD 기술 기반으로부터 현재의 TFT 및 AMOLED의 TFT에 이르기까지 투명전도층부터 접합층, 유전층, 전극층/연결층, Black Matrix 등에서 스퍼터링 기술이 대면적 기반으로 사용되고 있으며, 최근에는 8G에 이르고 있다. 스마트폰의 출시 이후 급격히 성장하는 터치패널 분야는 최근에 두께를 줄이려는 노력과 함께 다량의 투명전도체 연구가 활발하다. Mo, Cr, MoX alloy, Al, AlX alloy, Cu, CuX alloy, In, InSn, Ag, AgX alloy, Cr, Si, SiO_2, ITO, IGZO 등의 타겟이 사용된다. 다섯 번째는 반도체이다. 최상급의 타겟 사양을 지향하며, 원가 절감을 위한 대형화가 주요 문제이다. Cu, Mo, WTi, Au, NiV, Ni, Ti, Cr, Al, AlX alloy, NiX alloy, AuX alloy, W, Ta, SiO_2, Zn, Pt, Ag, AgX alloy 등의 타겟이 사용된다. 이 외에도 광학/안경, 전자부품 등에서도 스퍼터링을 위한 타겟들이 사용된다.

2) 스퍼터링 타겟의 작동 원리

일반적으로 스퍼터링 타겟은 주로 타겟 블랭크, 백 플레이트 등으로 구성된다. 그 중에서 타겟 블랭크는 스퍼터링 타겟의 핵심 부분에 속하는 고속 이온 빔에 의해 폭격되는 타겟 재료이다. 타겟 빌렛은 스퍼터링 타겟 물질의 코어에 속하며 고속 이온 빔 폭격의 타겟 물질이다. 스퍼터링 코팅 공정 동안, 타겟빌렛은 이온에 의해 영향을 받은 후, 표면 원자가 스퍼터링되고 기판 상에 증착되어 전자 박막을 제조한다. 고순도 금속의 강도가 낮기 때문에 스퍼터링 공정을 완료하려면 스퍼터링 타겟을 전용 기계에 설치해 고전압 및 진공 환경에서 스퍼터링 공정을 완료해야 한다. 따라서, 초 고순도 금속의 스퍼터링 타겟 블랭크는 상이한 용접 공정을 통해 백킹 플레이트에 결합될 필요가 있다. 백킹 플레이트는 주로 스퍼터링 타겟을 고정시키는 역할을 하며 우수한 전기 및 열 성능을 가져야 한다.

3) Silver paste, Indium Paste를 사용하는 경우

건(Gun)의 백킹 플레이트의 전기전도도 혹은 열전도도가 우수하더라도, 타겟과 건의 Cu Plate 사이는 서로 완전히 평행하지 않으므로 모든 면이 완벽하게 밀착이 이루어지지 않는다. 즉, 빈 공간이 상당히 많이 존재하며 세라믹은 특히 표면에 기공이 많기 때문에 완벽한 밀착이 더욱 어렵다. 이러한 경우, 타겟과 건의 전기전도를 향상시키고 냉각수의 온도가 그대로 전달되기 위해 Cu Plate와 타겟 사이에 전도체 페이스트를 사용한다. 이 때 전도체 paste는 보통 Silver paste가 많이 사용되며, 인듐(Indium) paste를 사용하기도 한다[100]. 이후 완전 건조를 위해 상온에서 1～2시간 두거나, 온도가 80°C 정도로 유지된 오븐에서 20분 이상 두면 건조시킬 수 있다. Indium bonding은 인듐을 Cu Plate 표면에서 녹인 뒤 타겟을 위에 올려 굳히게 되는데, 용접 방법 중 솔더링(soldering)을 이용한 접합이라고 봐야 한다.

타겟의 파괴를 억제할 수도 있다. 많은 세라믹 타겟들이 brittle한 성질을 지니므로 스퍼터링 시 지속적인 충격으로 인해 크랙이 나타나는데 이러한 파괴 현상을 억제할 수 있다. 주의할 점은 인듐의 녹는점이 156°C이므로 타겟의 온도를 이보다 낮게 유지해야만 한다.

이 외에 Hall measurement를 하는 경우에도 샘플과 팁 사이 접촉을 강화하고 전하 전달능력을 향상시키기 위해 Silver, Indium Paste를 사용하기도 한다.

4) 스퍼터링 타겟의 제조공정

스퍼터링 타겟의 제조는 공급업체를 통한 원재료의 선택에서부터 시작하여 성형, 가공, 냉각판 부착, 클리닝, 품질관리, 최종적으로 포장단계를 거치게 된다. 스퍼터링 타겟 제작 공정에서 각 공정별 특징들을 아래에 정리하였다.

(1) 원재료 선택

타겟은 고순도를 요구하므로 타겟의 원재료는 일반적으로 생산되지 않고 초고세정 공정을 거쳐서 결정화되어 생산된다. 적절한 원료가 선택되고 난 후, 형성된 잉곳이나 분말은 고체상 타겟으로 제조된다.

(2) 성형

스퍼터링 타겟의 성형공정은 가장 기본적인 두 가지 방법으로 용해주조법과 분말야금법을 이용한다. 용해주조는 보통 1atm의 대기압이나 진공 분위기에서 이루어질 수 있다. 최근에는 고순도의 스퍼터링 타겟을 많이 요구하고 있기 때문에 진공 분위기에서 용해주조가 이루어지는 것을 선호한다. 진공 분위기는 불순물의 발생 가능성이 낮아 조성 분포가 균일하고 고밀도를 얻을 수 있기 때문이다. 진공 분위기의 용해주조 외에도 진공아크, 진공유도 등의 방법을 이용할 수 있다. 순금속 타겟 제조 시, 주로 용해주조된 제품을 절단하여 사용하며, 보통 주조물을 압연하여 크기와 모양대로 절단하여 만들곤 한다. 분말야금법은 분말원료를 압축 또는 녹는점 직하에서 소결해 다공성 성형체로 고밀도화 시키는 방법이다. 가압성형은 일축, 이축 혹은 등압적으로도 이루어지고, 소결은 재질에 따라 나뉘는데 일반적으로 대기 중이나 진공, 비활성 기체 또는 반응적 대기에서 이루어질 수 있다. 저융점 물질의 경우 고온압축과 열간정수가압 공정에서 압축과 소결을 한 번에 이룰 수 있다. 그러나 다른 경우는 보통 소결이 분리되어 있다. 소결은 소결로에서 이루어지곤 한다. 그러나 분말야금법은 분말 특성상 분말 사이사이에 가스들이 존재할 수 있고, 산화가능한 표면적이 매우 높기 때문에 순도가 떨어질 수 있다. 때문에 진공 분위기 내에서 제조하는 것이 일반적이다. 비금속인 세라믹 타겟은 일반적으로 형태를 분말야금법으로 만들면서 동시에 고압-고온 소결하는 Hot Press법이 사용된다. 또한 텅스텐, 몰리브덴 등의 고융점 재료는 가공이 쉽지 않아 분말야금법이 유리하다. 이외에도 분말야금법은 원료의 분말의 연성이 낮거나 용해주조를 이용했을 때 경제적 이익이 없을 때 사용된다. 이전에 말했듯이 최근에는 고순도 타겟 수요가 많기 때문에 최적 타겟 특성을 얻고 새롭게 타겟을 합성하기 위해 다양한 야금기술이 사용되고 있다. 용해주조와 분말야금법이 적용될 수 없는 경우도 있는데 이러한 경우는 목적에 맞는 특별한 공정이 사용된다. 예를 들어, 반도체에 많이 이용되는 실리콘은 통상적으로 알려져있는 Czochralski 성장법으로 제조된다. 이 방법으로 성형되는 잉곳은 어닐링한 후 슬라이스, 가공, 광택을 내는 과정을 거쳐 스퍼터링 타겟이 된다. 또한, 산화물 스퍼터링 타겟은 압축, 분사 주형법, 슬립 주조 등 일반적으로 알려져있는 세라믹 기술에 의해 생산된다. 금속 타겟 중 회전 가능하게 만들어진 것은 압축, HIP, 분사성형, 연속주조, 플라즈마 분사에 의해 생산된다.

(3) 기계가공

성형 후에 타겟들을 필요한 형태와 치수로 맞추기 위해 기계가공을 실시한다. 용해주조에서는 기계가공이 가공연변형 이후에 수행되는데, 이는 제품에 요구되는 최종 형상을 획득하고 최종 허용오차 내에 들도록 하기 위해서이다. 분말야금에서 치수 감소가 필요할 때는 소결 전에 제품설계를 다시 하여 최종 형상과 허용 치수를 획득할 수 있도록 한다. 소결 후에는 랩핑, 에칭 그리고 폴리싱을 실시하여 제품이 최종 허용 오차와 건전한 표면을 가질 수 있도록 한다.

(4) 냉각판 부착

스퍼터링 타겟에 있어서 냉각판은 두 가지 기능을 하는데, 첫째는 타겟을 강하게 고정시키는 역할이다. 둘째는 스퍼터링이 진행되는 동안, 이온 충돌과 고에너지 교환으로 타겟 표면은 매우 뜨거워지므로 열은 연속적으로 방출되어야만 하는데, 이때 냉각판이 냉각수 순환으로 동작 중인 타겟을 냉각시키는 역할을 한다. 일반적으로 냉각판에 사용되는 재료는 무산소, 고전도성 구리이나, 그 외에도 스테인리스 강, 알루미늄, 몰리브덴과 티타늄이 사용되기도 한다. 회전이 되는 backing 튜브들은 전형적으로 구리, 알루미늄, 스테인리스 강, 니오븀, 지르코늄 혹은 티타늄으로 만들어진다. 냉각판과 타겟의 결합은 공정 진행의 불안정을 피하기 위해서 반드시 정확하게 수행되어야만하는데, 이 때 금속성 또는 에폭시 접합이 흔히 사용된다. 금속접합에서 모든 타겟 재료와 호환되는 인듐을 일반적으로 사용하나 녹는점(156°C)이 낮은 것이 문제이므로 인듐계, 주석계, 납계 등 다른 재료들이 225°C 이상 온도에서 사용된다. 고온에서 견딜 수 있도록 하기 위해 metal-filled 에폭시가 사용되며, 그 중 일반적으로는 은(Silver)계가 사용된다. 냉각판 부착을 위한 다른 방법들로는 확산결합, 땜질, 폭발성 결합, 볼팅과 클램핑이 사용되고 있다.

(5) 클리닝

이전의 제조공정에서 묻어나올 수 있는 이물질을 제거하기 위해 클리닝이 필수적인데, 가장 흔한 세척법으로 초음파 세척을 이용하고 있다.

(6) 스퍼터링 타겟의 품질

스퍼터링 타겟의 품질의 기준은 일반적으로 순도, 입도, 밀도 등이 있다. 타겟의 순도는 스퍼터링된 막의 품질에서 가장 중요한 인자이다. 일부 금속들은 지금 99.9999% (6N)의 순도를 시판되는데, 이것들은 집적회로의 가공과 디스플레이, 기록매체와 같은 첨단 디바이스 제품의 가공에 흔히 사용된다. 순도가 높아질수록 가격 또는 상승하는 것이 특징으로 재질의 순도는 적용범위에 따라서 선택된다. 아주 적은 분야에서만 98%이 낮은 순도의 타겟이 사용되고 있다. 입도의 크기만 비교했을 때 큰 입도에 비해 작은 입도(100마이크론 이하)를 사용하면 균일한 막과 좋은 품질을 얻을 수 있기 때문에 스퍼터링 타겟에 더욱 적합하다. 일반적으로 마이크로-아킹이 막의 품질을 저하시키는데, 작은 입도를 사용할 때 마이크로-아킹을 감소시킬 수 있기 때문이다. 분말야금공정은 용해주조공정과 비교 시 더욱 작은 입도를 얻을 수 있고, 또한 더 작은 입도를 가진 타겟은 HIP 등 성형을 하는 동안 더 높은 압력을 가하여 밀도를 높일 수 있다. 게다가 더 우수한 막 특성과 균질성을 얻기 위한 입자 치수 균일성을 측면에서도 작은 입도가 바람직하다고 보고된다. 일반적으로 타겟의 밀도는 재료의 이론적 밀도 대비 최소 90% 이상이어야 한다. 타겟을 제조하는 도중에 발생하게되는 공극과 미쳐 빠져나가지 못한 가스 때문에 타겟에 공극이 발생하기도 하는데, 이는 스퍼터링 도중에 마이크로-아킹을 발생시키기 때문이다. 최근 스퍼터링 타겟 연구에서는 순도, 입도, 그리고 밀도와 더불어 막 품질에 영향을 미치는 기타 특성들도 고려되고 있다. 특히 타겟의 결정학적 방향, 구조, 균일한 조성, 절연 개재물 함유량, 표면 조도, 그리고 기계적 특성 등이 고려된다. 기계적 특성(강도, 경도)은 입도와 관련이 있는데, 전형적으로 작은 입도를 가질수록 강도와 경도는 증가한다. 또는 합금과 순도의 정도는

표 3-1 타겟 특성이 스퍼터링 효율과 막 품질에 미치는 영향

타겟 특성	스퍼터링 성능에 미치는 영향	막 품질에 미치는 영향
순도	원치 않은 종류의 전자 방사	순도 막의 물리적 특성(도전율, 굴절율 등) 결함의 부재
입도와 입도 분포	마이크로 아킹 미립자 방사 스퍼터링율	두께 균일성 정형성 밀도 결함의 부재
밀도	마이크로 아킹 파국적 고장	두께 균일성 균질성 밀도
결정학적 방향	방사 방향 평행시준 스퍼터링율	두께 균일성 조성 균일성 결정구조 막 방향 측면과 단계 coverage
균질성	스퍼터링 부식패턴 마이크로 아킹 미립자 생성	막균일성 결함의 부재 순도 막의 물리적 특성(도전율, 굴절율 등)
표면조도	스퍼터링율 마이크로 아킹	정형성 결함의 부재
강도와 경도	파국적 고장	결함의 부재

강도와 경도 등 기계적 특성에 영향을 미친다. 사실 합금량을 증가시키면 강도는 증가하나, 반면에 불순물이 증가하여 경도는 감소된다. 최근 스퍼터링 타겟 관련 논문에 보고되는 여러 가지 타겟 특성이 스퍼터링 효율과 막 품질에 미치는 영향을 표 3-1에 정리하였다.

(7) 포장

마지막 단계는 배송, 취급, 그리고 보관하는 동안 제품을 보호하기 위해 진공 또는 비활성 기체에서 스퍼터링 타겟을 포장하는 것이다.

5) 합금 제조용 타겟

이전까지는 하나의 타겟을 이용하는 경우, 여러 타겟을 이용해 합금 박막을 제조하는 경우를 이야기 했었는데, 합금 제조용 타겟을 이용해 합금 박막을 제작할 수도 있다. 타겟 위에 합금을 제작하기 위해 목적으로 하는 다른 종류의 금속 조각을 올려놓은 후 스퍼터링을 하게 되면 금속 조각이 함께 스퍼터링 되면서 합금박막을 제작할 수 있다. 예를 들어, 구리 타겟 위에 알루미늄 칩을 올려 스퍼터링하면 구리-알루미늄 합금을 제작할 수 있는 것이다. 칩의 형태는 다양하게 할 수 있다. 그러나 합금 제조용 타겟의 경우 이종금속이 접합되어 있는 것이므로 타겟 냉각 시 열팽창계수 차이에 의한 변형에도 주의해야 한다. 재료마다 스퍼터링율이나 스퍼터링을 위한 개시 전압이 다르다는 점이 특히 주의할 점이다. 예를 들어, 사용하는 타겟은 100V에서 스퍼터링이 일어나고 칩 재료는 150V가 되어야 스퍼터링이 일어난다고 할 때, 이를 고려하지 못하고 100V에서 플라즈마가 발생했다고 해서 그대로 진행하게 되면 타겟만 스퍼터링이 일어날 뿐, 칩은 스퍼터링이 일어나지 않는다. 만약 본인이 올린 칩의 재료가 스퍼터 개시 전압이 아주 높거나 스퍼터율이 아주 낮은 재료의 경우에는 이를 스퍼터링 시키기 위해서 파워를 높여줄 필요가 있다.

6) 타겟의 종류에 따라 사용할 수 있는 장치

타겟이 금속인 경우에는 어떠한 직류 스퍼터링 장치를 사용해도 원하는 박막을 사용할 수 있다. 그러나 타겟이 세라믹이나 부도체인 경우에는 세라믹을 음극으로 만들어야 하는데, 세라믹의 전하운반체는 자유전자가 아닌 이온이므로 상당수의 아르곤 이온이 중성화되지 못하고 전극에 붙어 음극의 전위가 상쇄되고 양이온이 가속을 멈춘다. 따라서 2차 전자가 발생하지 못하고 Ar은 그대로 기체 상태이므로 연쇄반응이 일어날 수 없다. 따라서 RF라는 고주파를 이용해 스퍼터링을 할 수 있다. 합금박막을 원하는 경우 반응성 스퍼터링을 이용하거나 합금 타겟을 제조하거나 듀얼건 스퍼터링 장치를 사용하는 방법 등이 있다.

표 3-2 타겟 물질별 스퍼터 증착속도(조건 : E = 500eV Argon Ions at 1mA/cm^2)[101]

Target Material	Å/min	Target Material	Å/min
Be	159	Dy	1040
C	40	Er	881
Al	63	Hf	590
Si	310	Ta	380
Ti	336	W	340
V	337	Re	470
Cr	530	Os	440
Mn	874	Ir	540
Fe	429	Pt	792
Co	510	Au	1553
Ni	570	Pb	3073
Cu	818	Bi	8798
Ge	900	Th	740
Rb	4000	U	660
Y	837	CdS	2100
Zr	570	GaAs (110)	1500
Nb	390	GaP (111)	1400
Mo	421	GaSb (111)	1700
Ru	580	InSb	1300
Rh	650	$LiNbO_3$ (y-cut)	400
Pd	1150	PbTe (111)	3300
Ag	1833	SiC	320
Sn	1217	SiO_2	400
Sb	3238	Al_2O_3	129
Sm	990	$Bi_{12}GeO_{20}$	1290
Gd	1027		

3.5 ▸ 질량 유량계

3.5.1 질량 유량계(Mass Flow Controller, MFC)

1) 질량 유량계

질량 유량계(MFC)란 흐름을 제어하기 위해 사용하는 장치로서 액체, 기체 질량 유량계는 특정 유형의 액체 또는 가스의 흐름을 제어할 수 있도록 설계 및 보정된다[102]. 질량 유량계는 설정 유량이 전기신호로 전송되면 가스 유량을 자동으로 제어할 수 있으며 사용 조건, 가스 압력 변화에 영향을 받지 않으므로 사용자가 편리하게 이용할 수 있다. 일반적으로 유량은 체적유량, 질량 유량으로 분류할 수 있는데 체적 유량은 부피와 관계가 있으므로 아보가드로 식에서도 알 수 있듯이 주변 온도와 압력의 영향을 받는다. 따라서 실제 흐름을 확인하려면 압력, 온도 조건이 포함되어 있으므로 체적 유량을 측정할 때 훨씬 더 정확하고 안정적으로 흐름을 측정하고 제어할 수 있다. 질량 유량계는 자동화된 생산라인을 구축하거나 정확한 유량 제어가 필요할 때 필수적으로 사용되는 장비로 다양한 산업 분야에서 사용된다. 질량 유량계를 통한 유량 제어 시에는 "sccm" 단위를 사용하며 이는 Standard Cubic Centimeter per Minute의 약자이다. 1sccm은 "0°C, 대기압(일반적으로 1atm)에서 1cc에 들어있는 어떤 기체 분자들이 1분간 임의의 단면 A를 통해 흘러간다"는 것을 뜻한다. 1몰의 기체 안에는 아보가드로 수(6.02×10^{23}개)만큼의 분자가 들어가있고, 이들이 기체화되면 부피는 22.4L가 된다. 이를 cc로 환산하면 22400cc이므로 1cc 내에는 약 2.687×10^{19}개의 기체 분자가 통과한다는 뜻이다. 단, "1분" 동안 동일한 유량으로 2.687×10^{19}가 통과하는 것은 아니므로 순간순간 약간의 진공도가 변화하는 것도 가능하다.

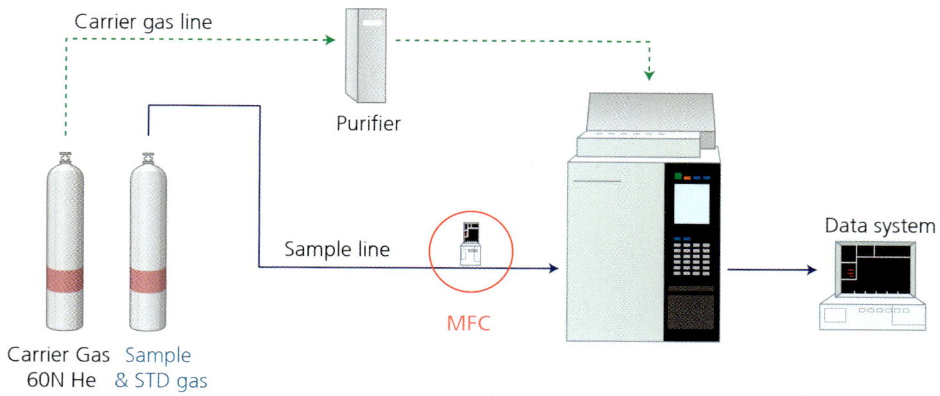

그림 3-14 ▸ 질량 유량계

2) MFC의 구조 및 작동원리

질량 유량계의 구성요소로는 유량 측정 파트, 유량 제어 밸브, 바이패스, 센서 등이 있다. 센서, 바이패스, 유량 제어 밸브 및 특수 회로가 포함된 유량 측정 섹션이 있다. CPU는 회로 일부이므로 효율성과 다기능이 뛰어나다. 가스는 입구 조인트에서 입력되고 바이패스와 유량 센서를 통해 분할되어 흐른다. 센서는 가스 질량 유량을 측정하고 유량 제어 밸브는 우리가 설정한 외부의 유량 설정 신호와 측정된 유량 사이의 차이가 0이 되도록 유량을 수정한다. 앞서 말했듯이 압력, 온도 변화에 영향을 받지 않는데 이는 루프 회로 덕분이다. 루프 회로가 내장되어 있어 유입 가스의 압력에 영향을 미칠 수 있는 부가적인 압력 변화나 주위의 온도에 변화가 있어도 순간적으로 유량이 보정될 수 있기 때문에 자동으로 안정적으로 유량을 제어할 수 있다. 질량 유량계의 작동 원리는 다음과 같다. 입구로부터 유입되는 가스는 앞서 말했듯이 분할되어 센서를 지나가고, 바이패스를 통과한다. 이후에 센서에서 감지되는 질량 유량은 온도의 비례 변화로 감지되고, 이는 브리지 회로에 의해 전기 신호로 변환된다. 이 신호는 증폭과 보정을 해주는 회로를 통과해 0~5V 사이의 선형 전압으로 출력되며 동시에 비교 제어 회로로도 전송된다. 비교 제어 회로는 센서로부터의 유량 설정 신호와 유량 설정 신호를 비교해 밸브 구동회로에 차이를 신호로 보낸다. 유량 제어 밸브 이동기는 유량 출력 신호와 권장 유량 설정점과의 차이를 0에 가깝게 만들기 위해서 사용하기에 적절하다. 즉, 유닛은 다양한 회로와 센서를 이용해 항상 사용자가 설정한 유량이 되도록 유량을 제어한다[103].

3) 질량 유량계의 종류

질량 유량계에는 Coriolis Force를 이용한 Coriolis 방식과 온도차를 이용한 열량형 유량계가 있다. 온도차를 이용한 열량형 유량계는 분류세관식 유량계라고도 불린다.

그림 3-15를 참고하면 유체가 흐르는 파이프, 즉 주관에 가늘고 긴 형태의 U자형 모세관 튜브가 달려있는 것을 알 수 있는데 이를 Bypass라고 한다. 층류소자(Laminar Flow Element)는 파이프로 유입되는 유체를 층류로 조절해 주관에 흐르는 기체의 흐름과 모세관으로 들어가는 기체의 흐름 비율을 동일하게 만들어준다[4]. 비율을 동일하게 만들어주는 이유는 모세관 내부를 흐르는 기체 양이 너무 적어 계산할 수가 없기 때문이다[5]. U자형 모세관은 1개가 달린 것도 있고, 2개가 달린 것도 있는데, 보통 2개가 달려있으면 Coriolis 방식인 경우가 많다. 그러나 관을 보호하기 위해 겉으로 보기에는 굵은 관처럼 보이지만 이 안에 두 개의 관이 숨겨져 있는 경우도 있으므로 겉만 보고 판단해서는 안 된다. 이 U자형 모세관 튜브가 센서 역할을 한다.

U자형 튜브 중간에 센서 두 개와 열선이 달려있는데, 기체가 흐르지 않을 때는 두 센서 부위의 온도가 동일하다. 기체가 흐르기 시작하면 흐름에 의해 열이 이동하고 가장 뜨거운 부분이 이동해 T_1의 센서 온도는 내려가고 흐름에 따라 T_2 센서 온도는 증가한다. 초기에는 T_1과 T_2 온도가 동일했으나 기체 흐름에 따라 열적 평형상태가 깨지고 ΔT가 발생한다. '기체 양이 x일 때 ΔT는 y가 된다'라는 것은 이미 데이터화 되어있으므로 이것을 통해 기체의 유량을 알 수 있다. 온도 차이가 나면 컨트롤러는 바로 유량 계산을 해 설정한 유량과 차이가 나면 밸브의 열고 닫음을 조절해 실제 유량과 설정값을 맞출 수 있는 것이다. 측정 원리는 이러하나 실제 장치에서는 그림 3-15처럼 온도 센서와 열선이 따로 존재하는 것이 아니라 저항 발열체가 2개 달려있는 경우가 많으며, 저항 발열체 두 개 사이에서 온도차 ΔT가 발생하면 이것을 브릿지 회로로 검출해낸다[104].

4) 가스 보정계수(Gas Conversion Factor)

가스 보정계수란 상대적인 값인데 가스 종류에 따라 다른 부피의 값을 질소 부피로 나누어 준 값이다.

가스 보정계수가 필요한 이유는 앞서 말했듯이 Mass Flow Controller는 질량 유량계인데 가스의 종류마다 질량이 다르기 때문이다. 예를 들어, MFC는 Ar의 질량에 맞춰 설정된 것, 또 N_2의 질량에 맞춰 설정된 것이다. 만약 우리가 다른 종류의 기체를 사용하고 싶다면 그 기체의 고유 질량 값에 맞게 설정된 것들을 각각 장착하고 사용해야 한다. 만약 그렇게 하지 않고 하나의 질량 유량계를 가지고 여러 가스를 번갈아 쓰고 싶다면, 우리는 간단하게 질량 유량계에서 가스 보정계수를 사용해 곱해서 수치를 보정할 수 있다. 이를 일명 가스 보정계수(Gas Correction Factors)라 한다. 보통 N_2를 1.00을 기준으로 삼고, 가스의 상대적 비를 정해 놓는다. 예를 들어, N_2=1.00으로 맞춰진 질량 유량계를 이용해 O_2를 100sccm 흘렸다면, 누군가의 질량 유량계에서 O_2

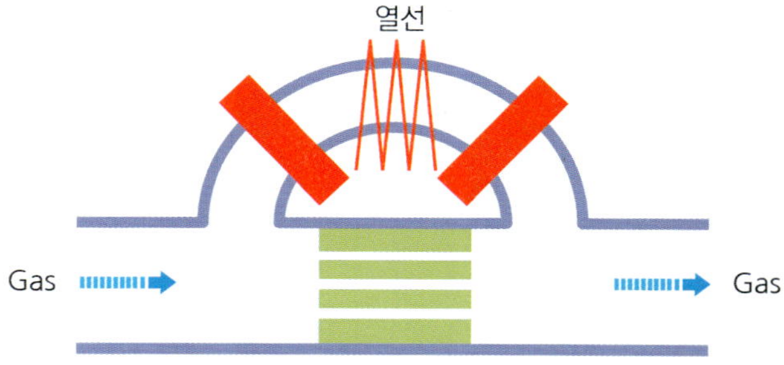

그림 3-15 ▸ 질량 유량계 측정 원리

의 보정계수는 0.993이다. 따라서 수치상으로는 O_2를 100sccm만큼 흘려 보냈지만, 실제로 흘러 들어간 O_2의 양은 99.3sccm이 되는 것이다. 앞에서 "누군가의 질량 유량계"라고 말했듯이 여기서 주의할 점은, 질량 유량계의 타입과 종류에 따라 보정계수가 약간씩 다르기 때문에 아무 것이나 적용하면 안 되고 사용자의 질량 유량계에 맞게 계산된 보정계수를 찾아서 적용해야 한다는 것이다. 추가로 알려주자면 주관을 통해 흐르는 유량만 측정하는 장비도 있는데, 이는 MFM (Mass Flow Meter)라고 한다. 보통 질량 유량계는 이 Mass Flow Meter와 함께 달려서 작동되기 때문에 참고하면 된다[103].

Actual Flow Rate of Gas = Flow Rate × Correction of Nitrogen Fact

표 3-3에는 열 기반 MFC의 질소와 관련된 다양한 가스에 대한 이론적 가스 보정계수가 나열되어 있다. 질소 보정과 공정 가스의 실제 흐름 사이에 비선형성이 존재할 수 있다[105].

표 3-3 가스 종류별 물성과 가스 보정계수

Gas	Symbol Specific Heat	CP cal/g×°C (비열)	Density g/l at 0°C (밀도)	Conversion Factor
Air	-	0.24	1.293	1
Ammonia	NH_3	0.492	0.76	0.73
Argon	Ar	0.1244	1.782	1.39
Arsine	AsH_3	0.1167	3.478	0.67
Boron Trichloride	BCl_3	0.1279	5.227	0.41
Bromine	Br_2	0.0539	7.13	0.81
Carbon Dioxide	CO_2	0.2016	1.964	0.70*
Carbon Monoxide	CO	0.2488	1.25	1
Carbon Tetrachloride	CCl_4	0.1655	6.86	0.31
Carbon Tetraflouride (Freon - 14)	CF_4	0.1654	3.926	0.42
Chlorine	Cl_2	0.1144	3.163	0.86
Chlorodifluoromethane (Freon - 22)	$CHClF_2$	0.1544	3.858	0.46
Chloropentafluoroethane (Freon - 115)	C_2ClF_5	0.164	6.892	0.24
Chlorotrifluoromethane (Freon - 13)	$CClF_3$	0.153	4.66	0.38
Cyanogen	C_2N_2	0.2613	2.322	0.61
Deuterium	D_2	1.722	0.1799	1
Diborane	B_2H_6	0.508	1.235	0.44
Dibromodifluoromethane	CBr_2F_2	0.15	9.362	0.19
Dichlorodifluoromethane (Freon - 12)	CCl_2F_2	0.1432	5.395	0.35
Dichlorofluoromethane (Freon - 21)	$CHCl_2F$	0.14	4.592	0.42

표 3-3 가스 종류별 물성과 가스 보정계수 (계속)

Gas	Symbol Specific Heat	CP cal/g×°C (비열)	Density g/l at 0°C (밀도)	Conversion Factor
Dichloromethysilane	$(CH_3)_2SiCl_2$	0.1882	5.758	0.25
Dichlorosilane	SiH_2Cl_2	0.15	4.506	0.4
1,2-Dichlorotetrafluoroethane	$C_2Cl_2F_4$	0.16	7.626	0.22
1,1-Difluoroethylene (Freon - 1132A)	$C_2H_2F_2$	0.224	2.857	0.43
2,2-Dimethylpropane	C_5H_{12}	0.3914	3.219	0.22
Ethane	C_2H_6	0.4097	1.342	0.5
Fluorine	F_2	0.1873	1.695	0.98
Fluoroform (Freon - 23)	CHF_3	0.176	3.127	0.5
Freon - 11	CCl_3F	0.1357	6.129	0.33
Freon - 12	CCl_2F_2	0.1432	5.395	0.35
Freon - 13	$CClF_3$	0.153	4.66	0.38
Freon - 13 B1	$CBrF_3$	0.1113	6.644	0.37
Freon - 14	CF_4	0.1654	3.926	0.42
Freon - 21	$CHCl_2F$	0.14	4.592	0.42
Freon - 22	$CHClF_2$	0.1544	3.858	0.46
Freon - 23	CHF_3	0.176	3.127	0.5
Freon - 113	$C_2Cl_2F_3$	0.161	8.36	0.2
Freon - 114	$C_2Cl_2F_4$	0.16	7.626	0.22
Freon - 115	C_2ClF_5	0.164	6.892	0.24
Freon - 116	C_2F_6	0.1843	6.157	0.24
Freon - C318	C_4F_8	0.1866	8.93	0.164
Freon - 1132A	$C_2H_2F_2$	0.224	2.857	0.43
Helium	He	1.241	0.1786	1.45
Hexafluoroethane (Freon - 116)	C_2F_6	0.1843	6.157	0.24
Hydrogen	H_2	3.419	0.0899	1.01
Hydrogen Bromide	HBr	0.0861	3.61	1
Hydrogen Chloride	HCl	0.1912	1.627	1
Hydrogen Fluoride	HF	0.3479	0.893	1
Isobutylene	C_4H_8	0.3701	2.503	0.29
Krypton	Kr	0.0593	3.739	1.543
Methane	CH_4	0.5328	0.715	0.72
Methyl Fluoride	CH_3F	0.3221	1.518	0.56
Molybdenum Hexafluoride	MoF_6	0.1373	9.366	0.21
Neon	Ne	0.246	0.9	1.46
Nitric Oxide	NO	0.2328	1.339	0.99
Nitrogen	N_2	0.2485	1.25	1
Nitrogen Dioxide	NO_2	0.1933	2.052	**

표 3-3 가스 종류별 물성과 가스 보정계수 (계속)

Gas	Symbol Specific Heat	CP cal/g×°C (비열)	Density g/l at 0°C (밀도)	Conversion Factor
Nitrogen Trifluoride	NF_3	0.1797	3.168	0.48
Nitrous Oxide	N_2O	0.2088	1.964	0.71
Octafluorocyclobutane (Freon - C318)	C_4F_8	0.1866	8.93	0.164
Oxygen	O_2	0.2193	1.427	0.993
Pentane	C_5H_{12}	0.398	3.219	0.21
Perfluoropropane	C_3F_8	0.194	8.388	0.17
Phosgene	$COCl_2$	0.1394	4.418	0.44
Phosphine	PH_3	0.2374	1.517	0.76
Propane	C_3H_8	0.3885	1.967	0.36
Propylene	C_3H_6	0.3541	1.877	0.41
Silane	SiH_4	0.3189	1.433	0.6
Silicon Tetrachloride	$SiCl_4$	0.127	7.58	0.28
Silicon Tetrafluoride	SiF_4	0.1691	4.643	0.35
Sulfur Dioxide	SO_2	0.1488	2.858	0.69
Sulfur Hexafluoride	SF_6	0.1592	6.516	0.26
Trichlorofluoromethane (Freon - 11)	CCl_3F	0.1357	6.129	0.33
Trichlorosilane	$SiHCl_3$	0.138	6.043	0.33
Tungsten Hexafluoride	WF_6	0.081	13.28	0.25

3.6 ▸ Sputtering을 통한 박막 형성 공정 이해

3.6.1 기판(Substrate)

1) 기판의 필수조건

Sputtering 공정 운용에 있어 가장 중요한 것 중 한 가지는 기판(Substrate)이다. 동일한 조건과 타겟으로 박막을 형성시켜도 기판의 조성, 거칠기, 결정성 등에 따라 박막이 완전히 다르게 형성되기 때문이다. 기판을 선택함에 있어 가장 적합한 선택은 박막을 적용할 기판을 그대로 사용하는 것이다. 그러나 그것은 이미 제품화 단계까지 갔을 경우이며, 박막을 연구하기 위한 공정을 진행하지 않는다. 기판을 선택하기 위해서 연구자가 결정해야 할 조건들이 있다. 이는 ① 기판 가열 온도, ② 증착할 결정 구조(단결정, 다결정)의 형태 결정, ③ 화학적 안정성, ④ 기계적 특성 등이 존재한다. 박막 증착 시 반응 온도 조건이 수백 °C 이상으로 올려야 한다면, 융점이 낮은 기판은 사용할 수 없다. 예를 들어, 폴리머 기판은 150°C 이상에서는 대부분 열화되어 화학적으로 불안정한 상태가 되므로 증착된 박막과 화학반응을 발생하여 기판의 역할을 잃어버리게 된다. 또한, 디스플레이용 박막에서는 투명성도 요구된다. 표면이 거칠거나 더러우면 박막의 증착 자체가 실패할 수도 있다. 박막은 기판의 결정구조 특성을 따라가는 경향이 있기 때문에 기판이 비정질이면 박막도 처음에는 비정질로 형성될 확률이 높다. Si 같은 단결정을 기판으로 사용한다면 박막도 Si의 원자 자리를 따라 단결정 성장을 시킬 수 있으며, 이는 흔히 에피텍셜(Epitaxial) 성장이라고 불리는 방법이다. 이러한 모든 것을 고려해서 내가 입힐 박막에 가장 적당한 기판을 선택한다. 기판이 달라지면 맞춰놓았던 공정조건이 같이 달라지게 되므로 기판의 선택은 매우 신중하게 결정해야 한다. 물론 실험 도중에 박막에 문제가 있거나 기판이 내가 요구하는 조건과 맞지 않는 것으로 판단된다면, 기판을 바꿀 것인지 아니면 실험 조건을 바꿀 것인지 고려해서 즉각 해결을 해야 한다[106].

2) 기판의 특성

(1) Si wafer

일반적으로 가장 기본적으로 사용하는 기판은 Si wafer이다. 현재 기판으로서 사용되는 Si wafer는 N-type (100), (111)면과 P-type (100), (111)으로 4종류가 있으며, (111) wafer의 표면이 (100) wafer 표면보다 화학적으로 좀 더 활성적이기 때문에

그림 3-16 ▸ Si wafer

(111) wafer를 주로 사용하지만, 대개 연구자의 목적에 따라 달라지게 된다. 반도체 웨이퍼로 Si wafer를 사용하는 이유는 다음과 같다. 첫 번째로 반도체는 가전자대역의 전자가 모두 차있어야 하고, 두 번째로 전도대역이 비어있어야 한다. 오비탈 원리에 따르면 Si는 4가이므로 결합했을 때 가전자대역에는 전자가 완전히 차있고, 전도대역에는 비어있기 때문이다. 마지막으로는 단결정 상태에서 좁은 밴드갭을 가지고 있어야하는데, Si는 1.1eV의 약간의 에너지로 밴드갭 에너지가 있어 가전자대에서 전도대역으로 캐리어가 흐를 수 있다. 또한, 기판이 가진 특성을 정확히 알기 때문에 측정된 특성 값들 중에서 박막이 가진 특성만을 분리해 낼 수 있으며, 엄밀하게 제어되어 만든 기판이기 때문에 재현성 또한 우수하다.

(2) Slide glass

부담없이 쓸 수 있는 기판은 슬라이드 글라스(Slide glass)이다. 슬라이드 글라스를 사용하는 이유는 규격화되어 있고, 목적하는 크기로 절단되어 있기 때문이다. 글라스의 종류는 워낙 다양하므로 필요에 맞게 선택해야 한다. 글라스 주 성분은 SiO_2로, 이외에도 여러 가지 화합물을 혼합하여 제조된다. 결정성이 뚜렷한 Quartz 글라스는 화학적 안정성이나 강도가 우수하고 고온에서도 잘 견디기 때문에 고온에서 결정을 형성하는 박막에 대해 활용할 수 있다. 단, 열팽창 계수가 낮다는 단점이 있다. 때문에 금속 박막을 입히게 되면 열적 특성이 맞지 않는 경우가 생겨 사용시 문제점이 발생할 때가 많다. 기판은 박막과 열팽창계수를 가능한 비슷한 것과 해야 한다. 특히, 고온에서 열팽창계수가 유사하지 않을 경우, 기판과 박막 사이의 열팽창 차이 때문에 크랙이 발생한다. 또한 일반 창유리나 슬라이드 글라스처럼 알칼리 성분이 들어간 글라스에 LCD나 OLED 등의 소자를 증착할 경우, 알칼리 성분이 내부로 확산되면서 액정이나 소자, 박막특성 등에 영향을 줘서 성능을 저하시키는 경우가 있다.

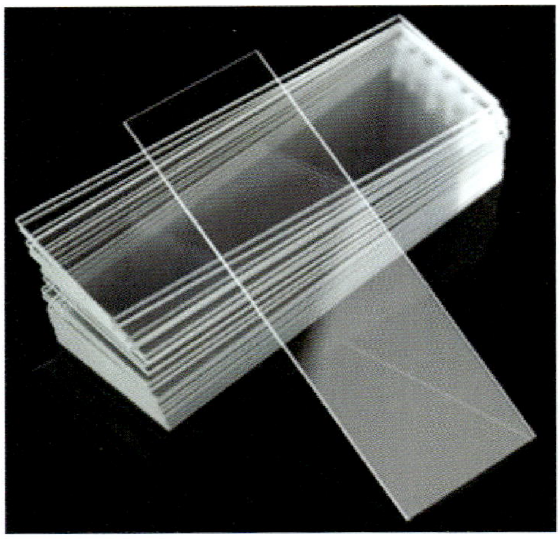

그림 3-17 ▸ Slide glass

3) 기판의 전처리

기판은 박막이 성장하기 전에 그 표면을 세정하고, 성장 중에 또는 성장 후에 기판으로부터 가스가 방출되지 않도록 충분한 탈가스를 하지 않으면 안 된다. 그러면 가스의 흡착특성에 대해서 대략적으로 설명해보자. 일반적으로 가스가 고체에 접촉하면, 고체의 표면에서 가스 흡착이 일어난다. 이와 같은 흡착에는 물리흡착과 화학흡착이 있다. 흡수는 고온에 있어서 중요하게 된다. 우선 흡착에 관해 살펴보자. 가스분자가 고체 표면에 접근하면 Van der Waals 힘이 작용하여 에너지는 약간 저하하게 된다. 그런데 어느 거리 이상으로 접근하면 반발력이 작용하여 결국 곡선을 그린다(그림 3-18).

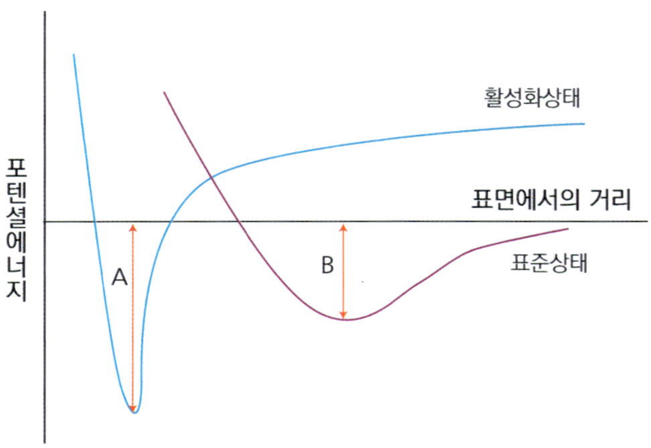

그림 3-18 ▸ 기판과의 흡착력에 따른 활성화에너지 모식도

표 3-4 물리적 흡착과 화학적 흡착

구분	물리흡착	화학흡착
흡착력	Van der Waals힘 결합 약함	화학 원자 가력 결합 강함
흡착가스	분자상	원자상
흡착량	금속 표면의 성질에 따라 결정 가스의 종류와는 무관	금속-가스 상화 관계에 의한
희유가스	흡착	흡착하지 않음
흡착탈착속도	가역적이며 빠르다	온도에 대해 비가역적이며 느림

물리흡착으로부터 화학흡착으로의 변화는 A점에서 일어나고, 화학흡착의 활성화에너지 E를 준다. 물리흡착은 화학흡착보다 약하고, 양쪽을 비교하면 표 3-4와 같이 된다.

이상은 고체 표면에서의 흡착(adsorption)이지만, 고체 내부에 침입하여 포획되는 경우에는 흡수(absorption)이다. 고체 안에 흡수되어 용해된 가스원자는 결정격자 사이에 침입해서 단순히 끼어있거나 화합물을 만든다. 그 순용해와 화합물을 비교하면 표 3-5와 같이 된다. 이상의 흡착과 흡수를 개념적으로 표시하면 그림 3-19와 같이 된다. 대표적 흡착과 흡수를 다음에 나타내었다.

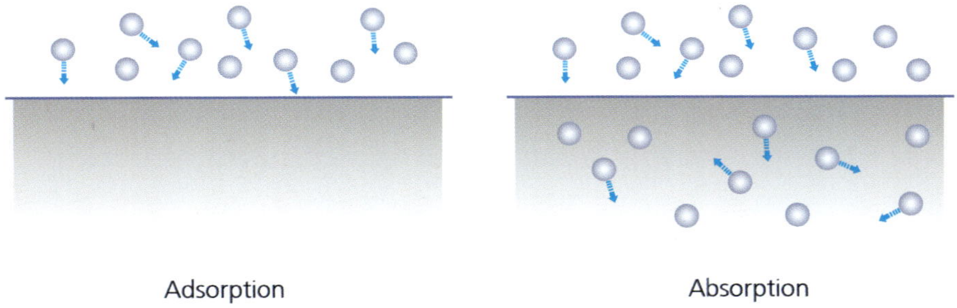

그림 3-19 ▸ 탈·흡착 비교 모식도

표 3-5 ALD에 의해 성장된 소재

구분	순용해	화학물
반응열	흡열반응	발열반응
흡수량	작음, 온도 상승에 따라 커짐	온도 상승과 함께 작게 됨
결정구조	변화하지 않음	변화함
금속의 종류	Cu, Fe, Ni, Co 등	Yi, Zr, Th, W 등
흡수 가스 원자수/ 금속 원자수	0.1~1% 정도	화합물 조성

① H_2가스와 Ag, Cu, Fe, Ni, Mo, W → 순용해로 고온이 되면서 용해도가 증가한다.
② H_2가스와 Ti, Zr, Th, Ta → 화합물을 만들어, 고온이 되면서 용해도는 감소한다.
③ N_2가스는 질화물로써 화합물을 만드는 때에만 용해한다.
④ 글라스에서는 연질 글라스(소다석회 글라스 및 납 글라스)와 경질 글라스의 2종류가 있다. 경질 글라스는 알칼리 성분이 많기 때문에 표면은 물, 탄산가스가 흡착하기 쉬운 표면으로 가스가 많다. 이것들은 불산, 크롬산으로 세정한다. 내부에 들어있는 가스는 물인 경우가 많고 탄산가스, 일산화탄소 등도 있다.
⑤ 플라스틱 계는 보통 상당한 물을 흡착 또는 흡수하고 있다.

4) 기판 세척

표면에 부착되어 있는 오염물질을 없애는 것을 목표로 하며, 기판의 형태, 소재 등에 따라 세척법이 달라진다.

기판의 종류와 표면에 부착된 오염물질의 성질에 따라 위와 같은 세척 공정을 진행하게 되는데, 흔히 먼지 제거 → 오염물질 제거 → 건조 단계를 거쳐 진행한다. 실험의 목적에 따라 기판을 선정하였다면 기판의 전처리를 진행해야 한다.

표 3-6 ALD에 의해 성장된 소재

세척법	제거물질
탈지	기름기 제거
산처리 또는 알칼리처리	무기질 오염제거
전해세정	표면 활성화
중화	잔류된 산 혹은 알칼리 중화
초음파 세척	표면 유-무기물 및 기타 오염물 제거
고온 열처리	유기물 및 산화물 제러

3.6.2 공정변수

Sputtering 공정에 있어서의 변수들은 기판온도, 인가전력, 작업압력, 반응가스 등이 존재한다. 이 변수들로 조절할 수 있는 범위의 값을 모두 조합하면 변수들의 수는 상상을 초월한다. 특히, 인가전력, 작업압력, 기판온도 세 가지는 모든 변수들 중 핵심이다. 이는 박막의 상(Phase)을 결정한다[107].

1) 인가전력

Sputtering 정도를 뜻하는 스퍼티링율(S)에 영향을 주는 요인에는 스퍼터링 공정에서의 가속전압 V, 타겟 이온 종류, 타겟 각도, 타겟 재료의 종류 및 결정구조 등이 있다. 그 중에서 가장 중요한 것은 가속전압 V이다. Ar 이온이 타겟에 얼마나 강하게 충돌하느냐에 따라 타겟 원자들이 몇 개나 떨어져 나올 것인지가 결정된다. 이 가속 전압 V는 실험자가 조절할 수 있는 변수이다. 실제로 전기가 흐르려면 전자의 이동인 전류(A)가 있어야 한다. 이렇게 V라는 에너지를 가진 전자가 얼마나 많은 수가 이동하는가를 전력 W로 나타낸다. $W = V \times A$가 된다. 이때 전자들은 음극표면인 타겟으로부터 방출되면서 Ar원자와 충돌하여 Ar을 이온화 시키기 때문에 전자수가 증가할수록 이온화도가 증가한다. 이것을 스퍼터링의 입장에서 바꿔 말하면, 전압 V는 Ar 이온이 얼마나 강한 힘으로 타겟에 충돌하는가이며, 전류 A는 그 Ar 이온이 타겟에 몇 개나 충돌하는가이다. 전압과 전류의 값을 상승시켜 전력 W가 높아지게 되면 Ar 이온이 기판과 강하게 충돌하여 증착율이 증가하게 된다. 하지만 Sputtering 공정에서 Ar의 power가 무한정 높아져도 좋지는 않다. Ar이온이 타겟으로 들어오는 에너지가 너무 강하면 타겟 원자들을 뚫고 박혀버리기 때문에 증착율이 오히려 감소한다[108].

2) 기판온도

Zone Model에서의 온도는 중요한 인자로 작용하고 있다. 특히, 미세하게 기판의 온도를 변화시켜도 박막의 미세 조직을 바꿔놓을 수 있다. 그렇기 때문에 실험을 수행하다 보면 다른 조건을 미세하게 조절하기보다는 온도가 충분하면 원하는 상을 얻을 수 있다. 기판의 온도는 보통 기판 뒤편에 열선이 장착되어있어 온도를 조절할 수 있다.

앞서 언급한 인가전력은 target에 변수가 작용한다. 그렇기 때문에 스퍼터링율에 직접적인 영향에 미친다. 그러나 기판 온도는 스퍼터링율에 영향을 미치지 않는다. 그러나, 기판에 들어왔을 때 적당한 온도가 유지되고 있다면 입자들이 에너지를 얻어서 기판 표면 위에서 이동도가 증가한다. 그렇게 되면 입자들끼리 이동하며 핵성장이 쉽고, 임계 크기를 넘은 안정한 클러스터를 형성하여 박막으로 성장할 수 있게 된다. 그러나 온도가 낮은 경우에는 입자들의 이동이 어렵고 임계 크기 이상의 클러스터 형성이 되지 않아 초기 박막 형성 속도가 느려질 수 있다. 즉, 기판의 온도는 초기 박막 형성 속도에 영향을 미칠 수 있다.

또한, 기판 온도에 의한 입자의 이동성 증가는 박막의 밀도를 크게 향상시킬 수 있다. 기판의 온도가 증가하면 Shadowing Effect를 억제할 수 있다. 그러나 온도를 계속 올리다 보면 증착속도가 다시 감소하는 경향이 나타나는 경우가 발생하는데, 이는 박막 표면온도가 너무 높아지면 표면에서 재증발 및 리스퍼터링 현성이 나타날 수 있는 가능성이 있다.

3) 압력

작업압력은 초기진공 이후, Ar을 주입하고 플라즈마를 형성시킨 뒤 실제 박막을 증착하는 동안의 압력을 말한다. Ar의 압력 또한 중요한 변수로 작용한다. 작업압력은 Ar의 양과 직결된다고 볼 수 있는데, Ar의 양이 적어지면 이온화율과 스퍼터링율이 낮아지며, Ar의 양이 많아지면 이온화율이 증가하여 증착속도가 증가한다. 그러나 인가전력, 기판온도와는 달리 상대적으로 박막에 미치는 영향이 크지 않다.

3.7 ▶ 진공(Vacuum)

3.7.1 진공 게이지(Vacuum Gauge)

우리는 임의로 가스의 양을 조절할 수 있는데 이는 결국 챔버 내부의 압력을 변화시키는 것과 같다. 따라서 원하는 순간에 챔버 내부의 압력도 정확하게 측정해야 한다. 이러한 진공도를 측정하는 장비를 진공게이지 혹은 압력 게이지라 한다. 진공계에는 오래 전부터 사용되던 가이슬러관(Geissler Tube), 최근에 자주 사용하는 피라니 게이지(Pirani gauge), 이온화 게이지(Ionization Gauge) 등이 있다. 일반적으로 10^{-3}torr까지를 저진공, 10^{-8}torr까지를 고진공, 그 아래를 초고진공으로 분류한다. 각 진공도와 압력을 정확하게 측정하는 것은 진공을 만드는 것과 동일한 수준으로 중요하기 때문에 가스 진공 게이지의 역할도 중요하다.

1) 가이슬러관(Gaissler Tube)

가이슬러관은 저진공 게이지로 가장 많이 사용되던 게이지이지만 정량성이 없다는 단점이 있다. 그러나 시인성이 좋아 누락 검사에도 이용할 수 있다. 따라서 수동으로 밸브를 조작하는 확산 펌프의 배압조절라인이나 피라니 진공계 보조 역할로 사용하는 경우에 이용된다. 열전대 진공계, 피라니 진공계보다 가격이 저렴하며, 앞서 말했듯이 시인성이 좋아 사용하는 것이 익숙해진다면 단순히 보기만해도 배기를 전환하는 적절한 타이밍을 잴 수가 있다. 그러나 밝은 장소에서는 시인성이 낮아진다. 예를 들어, 형광을 발하고 있는 것인지 가스 흐름에 의해 압력이 높아 방전하고 있지 않은 것인지 판단하기가 어렵기 때문에 보조 역할에 주로 사용되고, 사용하는데 있어서 주의가 필

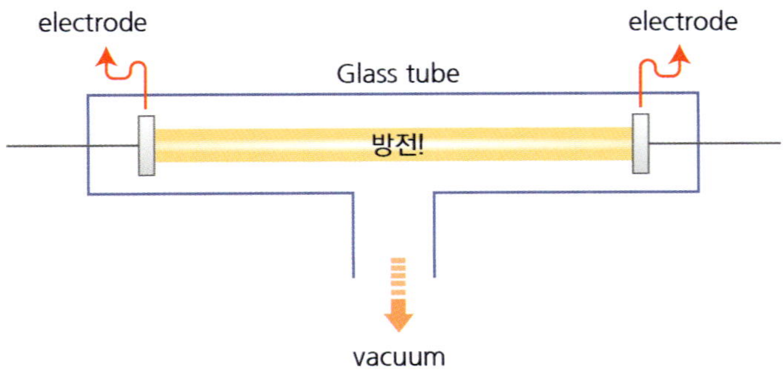

그림 3-20 ▸ 가이슬러관 구조 모식도[109]

표 3-7 기압별 챔버 내부의 방전 형태

대기압	방전하지 않는다
10kPa (100Torr)	끈 모양의 방전
1kPa (10Torr)	전극 사이를 폭넓게 방전
100Pa (1Torr)	전극 뒤편까지 얇게 방전
10Pa (0.1Torr)	조금 밝아지며 관 전체로 방전
1Pa (10mTprr)	유리관이 형광을 나타내며 방전

요하다. 가이슬러관은 펌프와 진공 챔버 사이를 연결하는 파이프의 중간에 연결되어 있고, 가이슬러관의 양쪽에 달려있는 전극에 수 k~수십 kV의 전압을 걸면 펌프로 진공을 얼마나 만들었는지에 따라 가이슬러관 내부의 압력이 변화하는지를 측정하는 원리로 사용된다.

방전(플라즈마)은 압력 상황에 따라 방전하는 형태가 변화하므로 이를 관찰하는 것만으로도 진공도를 육안으로 확인할 수 있다[110]. 초기 방전에서는 가는 선 모양이 나타나고, 압력이 낮아지면 관의 전반적인 부분이 방전하는 형태로 바뀐다. 압력이 더 낮아지면 색이 흐려지면서 변화하며 형광색으로 변화하는데 푸른빛을 띤다. 표 3-7은 압력에 따라 나타나는 형상에 대해 나타냈다.

2) 부르동 게이지(Bourdon Gauge)

부르동 게이지는 1852년 Eugene Bourdon이 프랑스에서 발명했다. 단면적이 타원형인 튜브에 압력을 가하기 위해 한쪽을 고정단으로 개방하고, 반대쪽은 밀폐 자유단으로 써 원형으로 구부려 내부로 압력을 가했을 때 튜브가 똑바로 펴지려고 하는 특성을 이용한 게이지이다. 이러한 움직임에 바늘 혹은 기어 구조를 연결하여 압력을 측정하는 원리이다. 부르동 게이지는 구조가 간단하여 가격이 저렴하며, 측정 가능한 압력 범위가 매우 넓어 압력 스위치로도 사용할 수 있는 장점이 있다. 하지만, 압력계의 부피가 커서 설치 공간이 제한적이고, 응답속도가 다른 압력계 대비 느리며, Hysteresis에 의한 오차가 크다는 단점이 있다. 대표적인 C형 부르동 게이지의 동작 원리와 내부구조는 그림 3-21과 같다.

형태가 영어 C의 모양과 비슷하여 C형이라 부르며, 180~270도 정도의 곡률 각을 갖고 있다. 부르동 튜브 내부로 압력이 증가하게 되면, 튜브가 펴지려는 경향을 가지고 있어 튜브의 곡률이 변하게 되고, 이러한 곡률의 변화량을 톱니바퀴와 눈금을 이용해서 압력을 측정한다. 부르동 게이지는 그 형태에 따라 C형, 꼬임형(twisted), 나선형

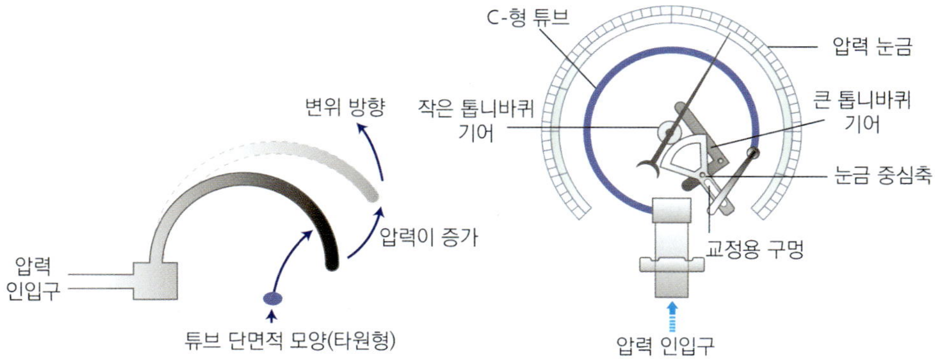

그림 3-21 ▸ 부르동 게이지의 동작 원리(왼) 및 C형 부르동 게이지 내부구조(오) 모식도[111]

(spiral), 수직 나선형(helical) 등이 있으며, 이 중 C형 부르동 게이지가 가장 많이 사용되고, 그 중 나선형과 수직 나선형 부르동 게이지의 내부구조는 그림 3-22와 같다.

나선형 부르동 게이지는 보통 4~8회 정도 감은 것을 사용하고, 감은 수에 따라 곡률 반경이 증가한다. 그리고 수직 나선형 부르동 게이지는 나선관이 수직으로 감겨 있다는 것 외에 나선형 부르동 게이지와 동일한 원리이다. 수직 나선형 부르동 게이지 모양은 압력에 따라 움직임이 비교적 큰 것이 장점이고, 결과적으로 높은 압력에 적용할 수 있으며, 압력 변동이 심한 곳에서도 안정되게 측정할 수 있고, 견딜 수 있는 내압이 크다는 장점이 있다. 나선형과 수직 나선형 부르동 게이지는 C형 부르동 게이지보다 넓은 측정범위를 가지고 있기 때문에 정밀한 측정이 필요한 경우에 주로 사용된다. 압력에 따른 부르동 게이지의 운동에 대한 정확한 해석은 어렵고 복잡하기 때문에, 현재까지 완전한 이론식은 확립되어 있지 않다. 하지만 식(3-1)과 같은 실험식을 이용하여 근사적으로 추정하여 사용하고 있다.

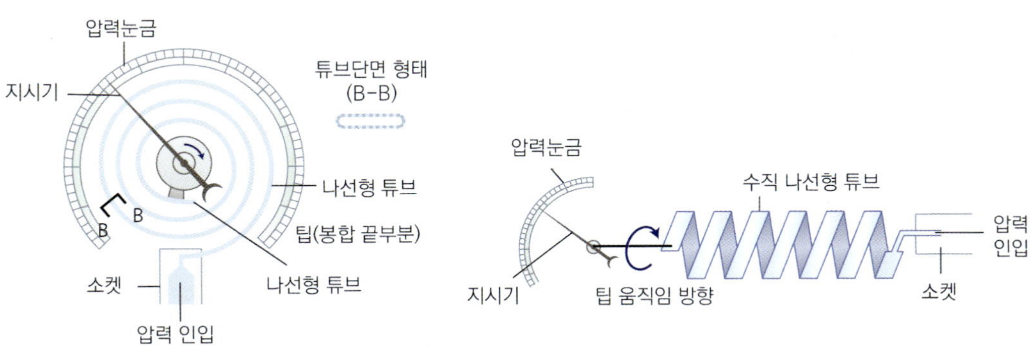

그림 3-22 ▸ 나선형 부르동 게이지(왼)와 수직 나선형 부르동 게이지의 내부구조(오) 모식도

$$\Delta a = 0.05\left(\frac{\theta P}{E}\right)\left(\frac{R}{t}\right)^{0.2}\left(\frac{2a}{2b}\right)^{0.33}\left(\frac{2a}{t}\right)^{3} \quad \text{식(3-1)}$$

여기서 Δa는 압력에 의해 변형된 각도, θ는 압력을 가하기 전 지시계의 각도, E는 재질의 영률, P는 관 안과 밖의 압력차(psi), $2a$와 $2b$는 관의 장축 및 단축의 길이(inch), t와 R은 각각 관의 두께, 곡률 반경을 나타낸다.

3) 맥레오드 진공 게이지(McLeod Vacuum Gauge)

맥레오드 게이지(McLeod Vacuum Gauge)는 19세기 중반에 허버트 맥레오드(Herbert McLeod)에 의해 발명된 중요한 과학적 도구로, 저압 환경에서의 진공도 측정에 혁명을 가져왔다. 이 압력계는 액체를 사용하는 전통적인 마노미터의 한 형태로, 진공의 범위 내에서 정확한 압력 측정을 가능하게 하는 절대 압력 측정기이다. 맥레오드 게이지는 특히 10^{-4}Torr까지의 낮은 압력 범위에서 뛰어난 측정 능력을 제공하며, 이는 기체의 압력과 부피 사이의 관계를 설명하는 보일의 법칙을 기반으로 한다. 기본적인 동작 원리와 외관은 그림 3-23과 같다.

이 장치의 작동 원리는 상당히 직관적이다. 측정하고자 하는 기체의 초기 부피(V_0)를 분리한 후, 이를 압축하여 축소된 부피(V)로 만든다. 압축 과정에서 기체의 압력은 초기 압력(P_0)에서 시작하여 새로운 부피로 인해 증폭되어 최종 압력(P)에 도달한다. 이 최종 압력을 측정함으로써 원래의 압력(P_0)을 계산할 수 있다. 이 과정에서 맥

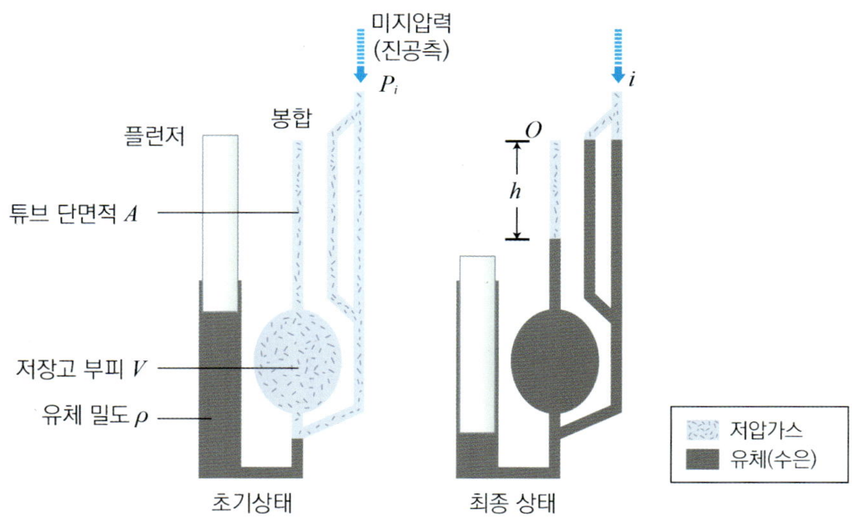

그림 3-23 ▸ 맥레오드 게이지 작동원리 모식도[112]

레오드 게이지는 액주식 수은 마노미터와 유사한 방식으로 수은을 사용해 압력을 측정한다. 플런저를 사용하여 외부에서 압력을 가함으로써 수은이 상승하여 특정 높이(h)까지 올라가게 되며, 보일의 법칙에 의해 다음의 관계식이 성립한다.

$$P_0 V_0 = PV = P \cdot (ah) = (P_0 + h) \cdot (ah) \tag{식(3-2)}$$

$$P_0 = \frac{ah^2}{(V_0 - ah)} \approx \frac{ah^2}{V_0}[\mathrm{mmHg}] = \frac{133ah^2}{V_0} \tag{식(3-3)}$$

보일의 법칙에 따르면, 압축 전 기체의 부피(V_0)와 압력(P_0), 그리고 압축 후의 모세관 부피(V) 사이에는 정확한 수학적 관계가 존재한다. 중요한 측정 변수는 모세관의 단면적(a)과 수은이 상승한 높이(h)로, 이 두 변수를 통해 진공도를 측정할 수 있다. 모세관의 직경이 매우 작기 때문에, 초기 부피(V_0)는 모세관 단면적과 상승 높이의 곱(ah)보다 훨씬 크다고 가정할 수 있다. 따라서, 모세관 단면적(a)과 저장소 부피(P_0)는 맥레오드 게이지의 설계에 따라 미리 알려진 값으로, 수은의 상승 높이(h)만 측정하면 미지의 진공도를 측정할 수 있다. 맥레오드 게이지의 실제 측정 범위는 기기의 설계와 사용되는 물질의 특성에 따라 달라질 수 있다. 예를 들어, 저장고의 부피가 200cc (2×10^5mm^3)이고, 모세관의 내경을 1mm로 설정했을 때, h를 0.2mm까지 읽을 수 있다면, 이 게이지는 최대 2×10^{-5}Pa까지의 진공도를 측정할 수 있다. 그러나, 맥레오드 게이지로 측정할 수 있는 실제 최저 진공도는 대략 1.3×10^{-3}Pa에 달한다. 이는 측정 범위를 확장하려면 증폭율을 높여야 하며, 이를 위해서는 모세관의 내경을 더 좁게 하거나 저장고의 부피를 더 크게 해야 하기 때문이다. 그러나 모세관의 내경을 너무 좁게 할 경우, 모세관 현상으로 인한 측정 오류나 수은의 연속성이 끊어질 수 있으며, 저장고의 부피를 1리터 이상으로 크게 할 경우, 수은의 무게를 지탱하는 데 필요한 유리의 강도에 문제가 발생할 수 있다. 이러한 고려사항들은 맥레오드 게이지의 설계와 사용에서 중요한 역할을 하며, 이론적으로 가능한 측정 범위보다 실제 측정 범위가 낮을 수 있음을 의미한다. 그럼에도 불구하고 맥레오드 게이지는 정밀한 진공도 측정이 필요한 다양한 과학적 및 산업적 응용 분야에서 여전히 귀중한 도구로 남아 있다. 이 도구는 진공 기술의 발전과 함께 진화해 왔으며, 그 사용법과 측정 원리는 현대 진공 과학의 기초를 이루는 중요한 부분이다.

4) 피라니 게이지(Pirani Gauge)

피라니 게이지(Pirani Gauge)는 열전도율에 기반한 압력 측정 방식을 사용하는 섬세한 장비로, 내부에 백금(Pt)이나 백금-로듐(Pt-Rh) 합금으로 제작된 필라멘트가 중심적인 역할을 한다. 이 필라멘트는 기기 작동 중 일정한 온도를 유지하도록 설계되어 있으며, 기체 분자가 필라멘트와 충돌하여 열을 전달받게 됨으로써 필라멘트의 온도 변화를 통해 압력을 감지한다. 기체의 압력이 증가하면 필라멘트에서의 열 손실이 늘어나고, 이에 따라 필요한 보상 전압이 상승한다. 반대로 압력이 감소하면 열 손실이 줄어들어 보상 전압도 낮아진다. 이러한 열 손실과 보상 전압 사이의 비례 관계는 사전에 설정된 데이터를 바탕으로 측정된 압력 값을 실시간으로 정확한 수치로 변환하여 표시한다. 피라니 게이지에서 이용되는 브릿지 회로는 열량형 질량 유량계에서 사용되는 원리와 유사하게 작동하여 열의 흐름을 정밀하게 감지하고 분석한다.

피라니 게이지의 범용성과 신뢰성은 박막 장비를 비롯한 다양한 산업 분야에서 그 가치를 발휘한다. 피라니 게이지는 비교적 저렴한 가격대와 뛰어난 신뢰도로 인해 매우 인기가 높으며, 고장이 거의 발생하지 않는 것으로 알려져 있다. 하지만 피라니 게이지의 설치 위치에 대한 이해는 중요한데, 때때로 이 장치가 진공 챔버 내부가 아닌 챔버와 펌프를 연결하는 파이프에 설치되어 있어 실제 측정 지점에 대한 명확한 인식이 필요하다. 피라니 게이지는 아르곤, 산소, 질소 등과 같은 다양한 가스에 대해 측정할 수 있는 범용적인 성능을 자랑하지만, 챔버 내부에서 혼합된 여러 가스를 동시에 측정하는 과정에서 발생하는 기체별 열전도율 차이로 인한 질량 보정은 직접적으로

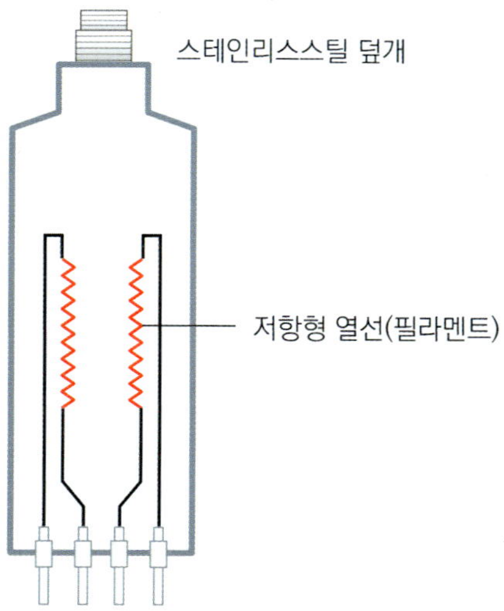

그림 3-24 ▸ 피라니 게이지의 내부구조 모식도[112]

수행할 수 없다. 가스의 종류에 따라 열전도율이 수십 배까지 차이가 날 수 있으며, 피라니 게이지는 이러한 차이를 개별적으로 구분하지 않고 일괄적으로 처리한다. 따라서 제공되는 압력 수치가 최소 10%의 오차를 내포하고 있음을 사용자는 인식해야 한다. 진공도가 높아질수록 이 오차는 더욱 중요한 문제가 되며, 피라니 게이지의 정확도가 증가해야 한다는 요구에 부딪힌다. 그럼에도 불구하고 피라니 게이지는 10^{-4}Torr 범위까지의 압력 측정에 한계를 가지고 있으며, 이 범위를 초과하는 경우 오차 범위가 상대적으로 커질 수 있다. 이러한 특성은 피라니 게이지를 사용할 때 주의해야 할 중요한 사항 중 하나로, 특히 고진공 또는 초고진공 영역에서의 압력 측정에 있어서 다른 종류의 진공 게이지를 병행 사용하는 것이 좋다. 결론적으로, 피라니 게이지는 그 유용성에도 불구하고 사용 환경과 측정해야 할 가스의 특성을 충분히 고려하여 적절하게 사용해야 할 필요가 있다.

5) 대류 게이지(Convection Gauge)

대류 게이지(Convection Gauge)는 피라니 게이지의 원리를 기반으로 하되, 그 기능을 개선하여 더 넓은 범위의 진공도 측정이 가능하도록 설계된 장치이다. 이 게이지는 텅스텐 소재의 미세선재 주위에서 발생하는 가스의 열교환을 통해 진공도를 측정한다. 미세선재에 금 도금을 추가함으로써 열전도율을 최적화하고, 진공 상태에 따른 열의 손실을 정밀하게 감지할 수 있다. 고진공 상태에서는 주로 가스의 열전도 효과에 의해 열이 손실되며, 반면 저진공 상태에서는 가스 분자에 의한 대류 효과로 인해 열이 손실된다. 대류 게이지의 내부 구조와 외관은 그림 3-25와 같다.

대류 게이지의 구조는 특별하게 설계되어 있으며, 약 120°C로 유지되는 미세선재는 게이지 내부, 즉 진공 측에 위치한다. 이 미세선재는 휘스톤 브리지 회로의 R_{sense} 저항으로 기능하며, 나머지 휘스톤 브리지의 저항들은 게이지의 외부, 즉 진공이 아닌 부

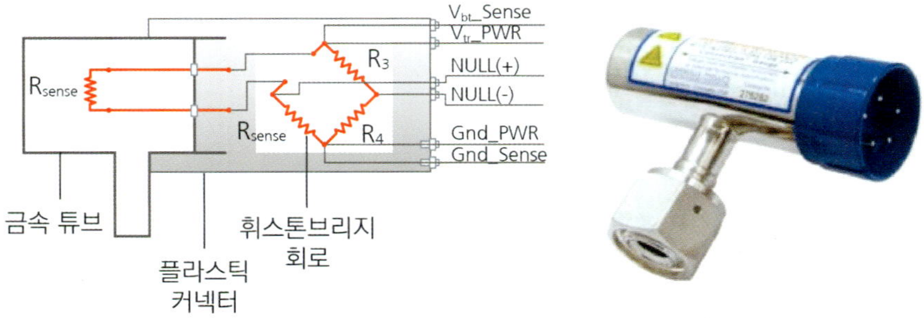

그림 3-25 ▸ 대류 게이지의 내부구조 모식도(왼)와 외관 사진(오)[112]

분에 위치해 있다. 이러한 구성을 통해 진공도에 따라 변화하는 열 손실량을 효과적으로 감지하고 측정할 수 있다. 진공도가 낮을 경우, 즉 가스 분자가 많을 경우에는 열선 주위에서 더 많은 열이 손실되어 더 높은 파워가 필요하며, 진공도가 높아 가스 분자가 적을 경우에는 상대적으로 낮은 파워로도 측정이 가능하다. SRS (stanford research system)의 PG105 대류 게이지 같은 현대적인 대류 게이지는 출력 전압과 압력 사이의 관계를 명확히 정의함으로써 사용자가 쉽게 진공도를 해석할 수 있도록 한다. PG105 대류 게이지의 출력전압과 압력과의 관계는 다음의 그래프와 같다.

이러한 대류 게이지는 그 측정의 간편함과 함께 $10^{-4} \sim 10^{3}$Torr에 이르는 넓은 측정 범위를 자랑한다. 이는 대류 게이지가 고진공에서 저진공에 이르기까지 다양한 진공 상태를 정밀하게 측정할 수 있는 이상적인 도구로 만들어준다. 그 결과, 대류 게이지는 연구 실험실부터 산업 현장에 이르기까지 다양한 환경에서 폭넓게 활용될 수 있다.

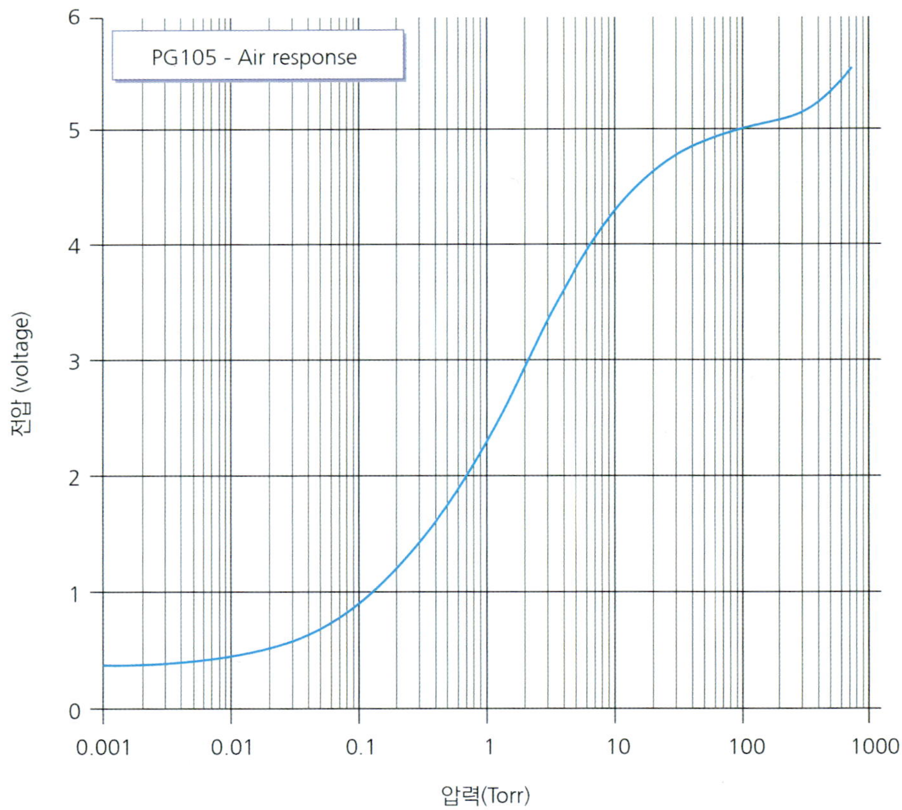

그림 3-26 ▸ SRS 社 PG105 대류 게이지의 전압과 압력과의 관계 그래프[113]

6) 정전 용량 게이지(Capacitance diaphragm Gauge)

정전 용량 격막 게이지(Capacitance Diaphragm Gauge, CDG)는 1960년대에 개발된 이래로 산업 분야에서 광범위하게 활용되고 있는 압력 측정 기술이다. 이 압력계는 압력 변화를 전기 용량의 변화로 감지하는 독특한 방식을 채택하고 있으며, 그 원리는 격막과 이에 대응하는 전극 사이의 물리적 간격 변화가 전기 용량에 영향을 미친다는 데 기반을 두고 있다. 이 기술은 특히 유전율(ϵ), 전극의 단면적(A), 그리고 전극 간의 간격(L)과 같은 요소들이 전기 용량을 결정하는 주요 변수임을 활용한다. 아래의 그림은 정전 용량 게이지의 간단한 기본 구조를 나타낸다.

정전 용량(C)은 다음의 식(3-4)로 표현할 수 있다.

$$C = \epsilon \frac{A}{L} \qquad \text{식(3-4)}$$

기기의 핵심 부분인 격막은 한 쪽이 진공 용기와 연결되어 해당 영역의 진공도를 측정하는 역할을 한다. 반대편은 약 10^{-7}torr의 고진공 상태를 유지하는 기준 압력 공간과 연결된다. 이 격막의 변형은 진공 용기 측의 압력 변화에 직접적으로 반응하며, 이를 통해 정전 용량의 변화를 일으킨다. 기기 내부에서는 세라믹 기판 위에 배치된 원판형 전극과 이를 둘러싼 링 모양의 전극이 중요한 역할을 하며, 이들은 브릿지 회로를 형성하여 정전 용량의 변화를 정밀하게 감지한다. 온도 변화에 대한 민감성은 정전 용량 게이지의 주요 단점 중 하나로 꼽힌다. 온도 변화는 격막의 물리적 특성과 전극 간의 간격에 영향을 미치며, 이는 측정 결과에 오차를 야기할 수 있다. 이러한 문제를 해결하기 위해, 많은 경우 정전 용량 격막 게이지 몸체를 온도가 조절되는 항온조 내에 설치하여 사용한다. 이 조치는 온도 변화에 따른 오차를 최소화하고, 측정 결과

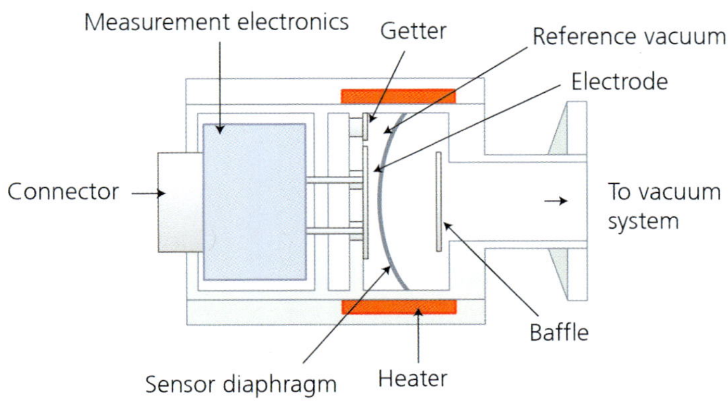

그림 3-27 ▸ 정전 용량 게이지의 구조 모식도[114]

의 정확도와 신뢰성을 향상시킨다. 정전 용량 격막 게이지의 가장 큰 장점 중 하나는 모든 종류의 기체에 대해 측정이 가능하다는 점이다. 이는 특히 반응성이 강한 기체를 사용하는 공정에서 매우 유용하며, 정전 용량 격막 게이지를 다양한 산업 분야에서 필수적인 측정 도구로 만든다. 정전 용량 격막 게이지는 그 정밀도와 범용성으로 인해 고진공에서 저진공에 이르기까지 다양한 압력 범위에서의 측정에 이상적인 솔루션을 제공한다.

7) 열전대 게이지(Thermocouple Gauge)

열전대 게이지(Thermocouple Gauge)는 열선에 전류를 통해 발생시킨 열을 기반으로 온도 변화를 측정하여 진공도를 추정하는 장치이다. 열전대 게이지는 진공 상태를 모니터링 하려는 용기에 연결되며, 필라멘트로 사용되는 열선에 전류를 인가해 발생하는 열을 서모커플을 통해 정밀하게 측정한다. 진공도가 낮아지면, 즉 압력이 높아지면

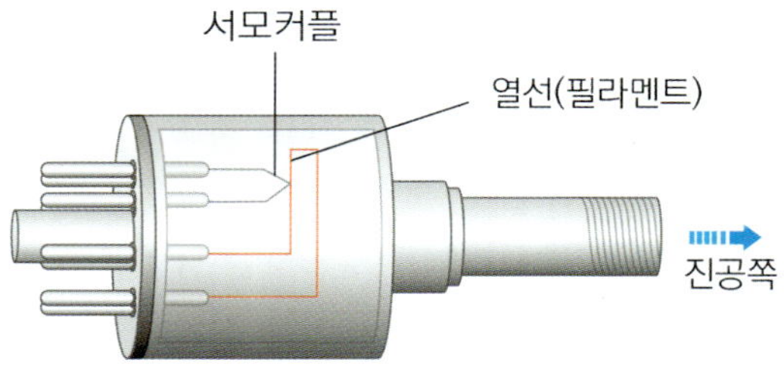

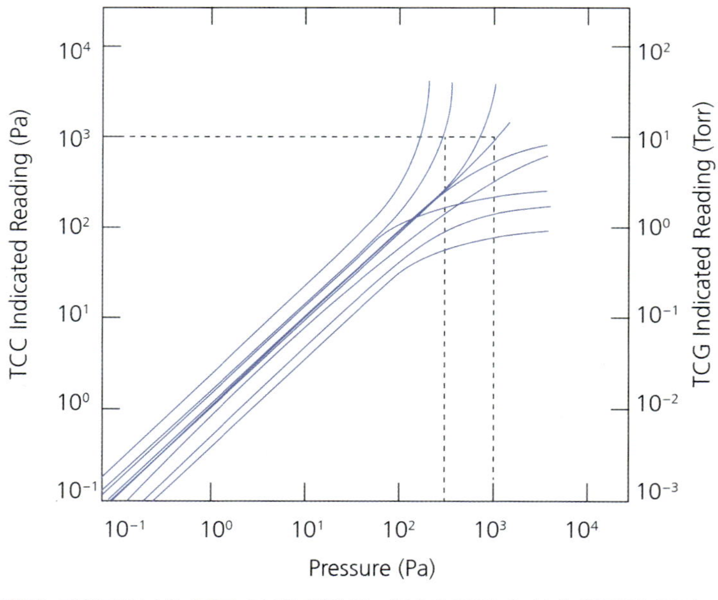

그림 3-28 ▸ 열전대 게이지의 내부구조 모식도(위)와 게이지 압력과 실제 압력의 차이 그래프(아래)[115]

열전달이 감소하여 열선의 온도가 상승하게 된다. 이 온도 변화를 통해 간접적으로 진공도를 판단하는 방식이다.

낮은 압력에서 열손실은 주로 방사에 의해 발생한다. 위의 그래프에서 확인할 수 있듯이, 이 영역에서는 원자의 종류에 관계없이 열손실과 압력 사이에 거의 직선적인 관계가 나타난다. 이는 열전대 게이지가 낮은 압력에서 상당히 정확한 측정을 제공할 수 있음을 의미한다. 그러나 압력이 0.1Torr을 초과하는 고압 영역에서는 대류에 의한 열손실이 증가하고, 이때는 측정값과 실제 압력 사이에 원자 종류에 따른 차이가 발생할 수 있다. 열전대 게이지의 필라멘트 제작에는 산화를 방지하고 높은 온도에서도 안정적인 성능을 유지할 수 있는 백금과 같은 귀금속 합금이 사용된다. 이 필라멘트는 일반적으로 200~300°C 사이의 최대 온도로 설계된다. 이러한 장치는 주로 10^{-3}~1Torr 범위의 진공도 측정에 적합하며, 이 범위 내에서 높은 정밀도를 제공한다. 정밀도를 높이기 위해서는 열전대 게이지의 설계와 사용 시 외부로의 열 손실을 최소화하는 것이 중요하다. 열은 서모커플이나 열선의 배선을 통해 게이지 외부로 전달될 수 있으며, 이로 인한 열 손실은 측정 오차의 원인이 된다. 이를 방지하기 위해 서모커플과 열선의 직경을 가능한 한 가늘게 유지하는 것이 권장된다. 이러한 조치를 통해 열전대 게이지는 다양한 산업 분야에서 진공 측정을 위한 신뢰할 수 있는 도구로 활용된다.

8) 이온 게이지(Ionization Gauge)

이온 게이지(Ionization Gauge)는 고급 진공 측정 기술을 활용해 기체 분자의 이온화 과정을 통해 진공도를 측정하는 정밀 장비이다. 이 장비의 구성은 주로 전자를 방출하는 필라멘트, 전자와 이온을 수집하는 그리드(전자 콜렉터), 그리고 양이온을 포획하여 측정하는 이온 콜렉터로 이루어져 있다. 필라멘트는 텅스텐(W), 레늄(Re), 란탄보라이드(LaB_6) 등의 고온에서도 안정적인 전자 방출이 가능한 재료로 제작되며, 이를 통해 열전자가 방출되어 주변 기체와의 충돌을 유발하게 된다. 이온 게이지의 작동 원리는 필라멘트에서 방출된 열전자는 그리드 주변을 따라 움직이며 기체 분자와 충돌하여 이들을 이온화시키는 과정에서 기반을 둔다. 이때 생성된 양이온은 이온 콜렉터에 의해 포획되어 전류로 변환되고, 이 전류의 크기를 측정함으로써 주변의 압력, 즉 진공도를 정밀하게 산출할 수 있다[116]. 높은 압력 환경에서는 기체 분자의 밀도가 증가하여 더 많은 이온이 생성되고, 이는 이온 콜렉터에서의 공간전하 현상으로 이어져 측정의 정확도에 영향을 줄 수 있다. 이온 게이지 사용 시 주의해야 할 점 중 하나는 필라멘트의 파손 가능성이다. 지속적인 고온 가동으로 인한 마모나 손상을 방지하기 위해 게이지는 필요한 시점에만 활성화하는 것이 권장된다. 이는 장비의 수명을 연장하고, 측정 중 발생할 수 있는 오류를 최소화하기 위한 조치이다. 일부 이온 게이지는 외부 장착형으로 설계되어 유리관으로 둘러싸인 형태를 취하고 있다. 이 구조는 초기 작동 시 유리관 내부의 잔류 기체로 인해 실제보다 높은 진공도를 나타낼 수 있으며, 정확한 측정을 위해서는 이러한 잔류 기체를 제거해야 한다. 외부 장착형 게이지는 챔버 내부의 압력 변화에 따라 유리관 내부의 압력이 상대적으로 낮아질 수 있음을 고려해야 한다. 챔버 내부에 직접 장착된 이온 게이지는 1500°C 이상의 초고온에서 기체를 이온화시키기 때문에, 실험 값에 영향을 미칠 수 있다. 이온 콜렉터 주변의 이온 농도가 낮아지는 현상도 발생할 수 있으며, 이는 게이지 주변에서 미세한 압력 차이를 유발할 수 있다. 따라서 이온 게이지의 설치 위치와 작동 환경을 신중하게 고려하는 것이 중요하다. 이러한 이온 게이지의 복잡한 작동 원리와 관리 요구 사항에도 불구하고, 이 장비는 고진공에서 초고진공 영역의 압력 측정에 있어 높은 정밀도와 신뢰성을 제공한다. 적절한 관리와 사용 조건 하에 이온 게이지는 다양한 과학적 및 산업적 응용 분야에서 귀중한 데이터를 제공하는 중요한 도구로 활약한다.

(1) 저온 음극 게이지(Cold Cathode Ionization Gauge)

저온 음극 이온게이지(Cold Cathode Ionization Gauge, CCG)는 저온 음극을 사용하여 진공 상태에서의 압력을 측정하는 고급 기술이다. 이 기술은 상온 상태의 음극에 고전압을 인가하여 전자를 방출시키고, 이 전자들이 전기장과 자기장의 도움을 받아 가속되어 챔버 내의 기체 분자와 충돌하면서 이들을 이온화시킨다. 이 과정에서 발생한 이온의 전류를 측정함으로써 압력을 정밀하게 측정할 수 있다.

저온 음극 이온게이지 중 하나인 패닝 게이지는 두 개의 양극과 한 개의 음극 사이에 높은 DC 전압을 인가하여 방전 과정을 유도하는 방식으로 작동한다. 이 방전 과정에서 생성된 전류의 양은 챔버 내의 압력과 비례 관계에 있으며, 이를 통해 압력을 측정한다. 낮은 압력 조건에서는 가스 밀도가 매우 낮기 때문에 충분한 전하를 생성하기 어렵고, 이는 측정의 하한선을 약 1Pa로 제한한다. 이 한계를 극복하기 위해 패닝 게이지는 전기장 방향으로 자기장을 추가로 인가한다. 이 자기장은 음극에서 방출된 전자가 양극으로 이동하는 경로의 길이를 증가시키는 효과를 가져오며, 이로 인해 전자는 더 많은 기체 분자와 충돌할 기회를 얻게 된다. 이 과정에서 추가적인 전자가 생성되어 이온화 과정이 촉진되고, 결과적으로 신호 증폭 없이도 충분한 이온 전류를 얻을 수 있게 된다. 이와 같은 메커니즘을 통해 패닝 게이지는 매우 낮은 압력에서도 정확한 압력 측정이 가능하게 된다. 패닝 게이지의 동작 원리 및 내부 구조는 그림 3-29와 같다.

패닝 게이지는 고온 음극 이온게이지와 대조적으로, 열 방출 대신에 수천 볼트의 고전압 전기장과 자기장을 결합하여 사용하는 혁신적인 기술이다. 이 높은 에너지 전기

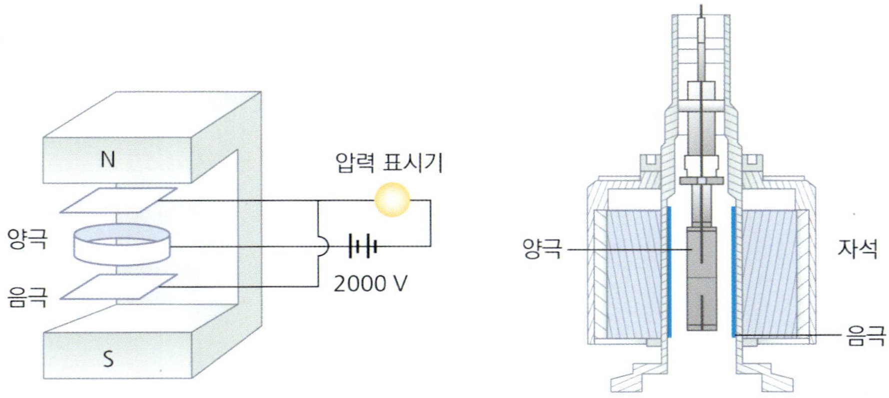

그림 3-29 ▸ 패닝 게이지의 동작원리(좌)와 패닝게이지의 내부구조(우) 모식도[112]

장과 자기장은 전자를 빠르게 가속시켜 챔버 내의 기체 분자를 이온화시키는 역할을 한다. 이 과정에서 발생하는 이온 전류의 크기를 측정하여 진공 상태, 즉 압력을 정확히 판단할 수 있다. 이러한 고유한 작동 방식으로 인해 패닝 게이지는 저온 음극 이온 게이지의 대표적인 예로 널리 인정받고 있다. 패닝 게이지의 설계는 자체적인 배기 능력을 갖추고 있어, 실제 압력보다 낮게 측정될 수 있는 특징을 가지고 있다. 이러한 측정 오류를 최소화하기 위해서는 가능한 굵은 연결관을 사용하여 게이지와 측정 대상 사이의 연결을 최적화해야 한다. 패닝 게이지의 견고성은 또한 주목할 만한 특징 중 하나로, 대기에 노출되었을 때조차 손상을 입지 않으며, 다른 유형의 게이지와 비교했을 때 계측 회로가 상대적으로 단순하다는 장점을 지닌다. 더욱이 패닝 게이지는 열을 사용하지 않는 점에서 고온 음극 이온게이지와 구별된다. 이는 게이지 작동 시 기체 방출이 거의 일어나지 않아 별도의 탈가스 프로세스가 필요 없다는 큰 장점을 제공한다. 이는 특히 청정하고 안정된 진공 환경을 유지해야 하는 실험과 산업 공정에서 큰 장점으로 작용한다.

그림 3-30은 패닝 게이지의 진공도에 따른 방전전류 특성 그래프이다. 패닝 게이지의 방전전류와 진공도의 관계는 해당 게이지의 성능을 이해하는 데 중요한 지표이다. 낮은 압력(높은 진공도)에서는 방전에 의한 전자 전류가 진공도와 비례하여 증가하지만, 압력이 상승(진공도가 낮아짐)하면 양의 이온이 증가하고 전류가 불안정해진다. 이는 플라즈마에 의한 전류가 지배적이 되어 더 이상 진공도에 비례하지 않는 전류 특성을 보이게 된다. 따라서 패닝 게이지는 주로 $10^{-2} \sim 10^{-6}$Torr 범위의 진공도를 측정하는 데 적합하며, 이 범위를 벗어난 더 낮은 진공도를 측정하기 위해서는 다른 디자인의 게이지가 필요하다.

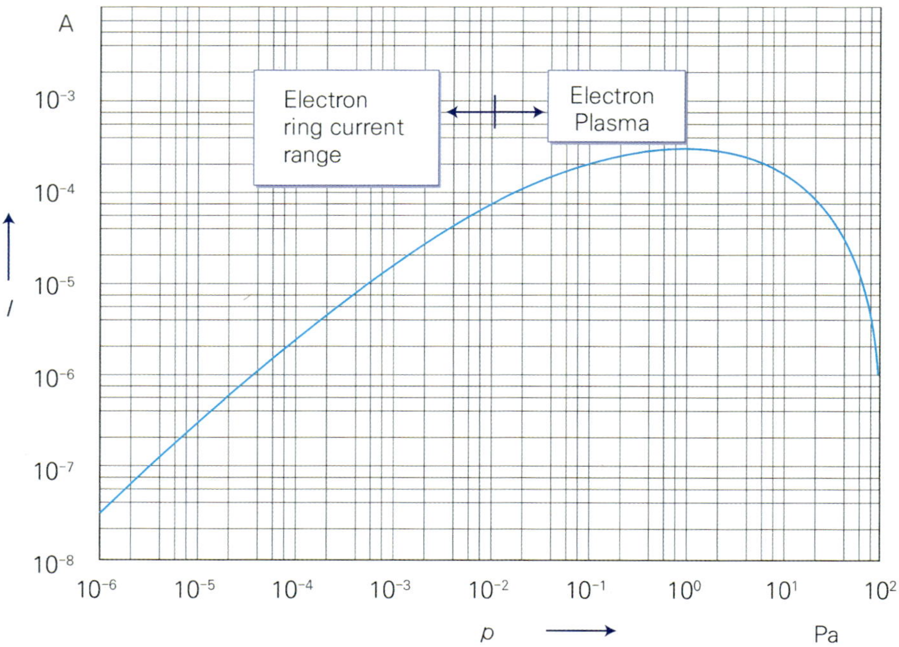

그림 3-30 ▸ 패닝 게이지의 진공도에 따른 방전 전류 특성[117]

(2) 고온 음극 게이지(High Cathode Ionization Gauge)

고온 음극 이온게이지(High Cathode Ionization Gauge, HCG)는 진공 측정 기술에서 중요한 역할을 하는 장치로, 필라멘트를 가열하여 열전자를 방출하고 이 전자들이 챔버 내의 기체 분자와 충돌하여 이들을 이온화시키는 원리를 사용한다. 이 과정에서 발생하는 양이온을 양극인 이온 집전기에서 포획하여 측정하는 방식으로 진공도를 산출한다. 이때 측정되는 이온 전류의 크기는 챔버 내의 기체 분자의 수와 비례하므로 이를 통해 진공 상태를 정밀하게 파악할 수 있다. 초기 HCG 모델은 3극 열음극(triode hot cathode) 구조를 기반으로 하였으나, 이 구조는 그리드와 충돌하는 전자들에 의해 발생하는 낮은 에너지 X선으로 인해 10^{-8}Torr 이하의 진공도 측정에 한계가 있었다. 이 문제를 극복하기 위해 1950년대에 R.T. Bayard와 D. Alpert에 의해 개선된 고온 음극 이온게이지가 제안되었다. 이 개선된 모델은 발명자의 이름을 따서 BAG (Bayard-Alpert Gauge)라고 불린다. BAG의 내부구조는 그림 3-31과 같다.

BAG는 초기 3극 열음극 모델의 한계를 극복하기 위해 개발되었다. 초기 모델은 그리드와 충돌하는 전자에 의해 발생하는 낮은 에너지 X선 때문에 10^{-8}Torr 이하의 매우 낮은 진공도 측정에 한계가 있었다. 이를 해결하기 위해 BAG는 필라멘트의 위치를 중앙에서 바깥쪽으로 이동시켜, 가속된 전자가 챔버 내 기체 분자와 충돌하여 이온

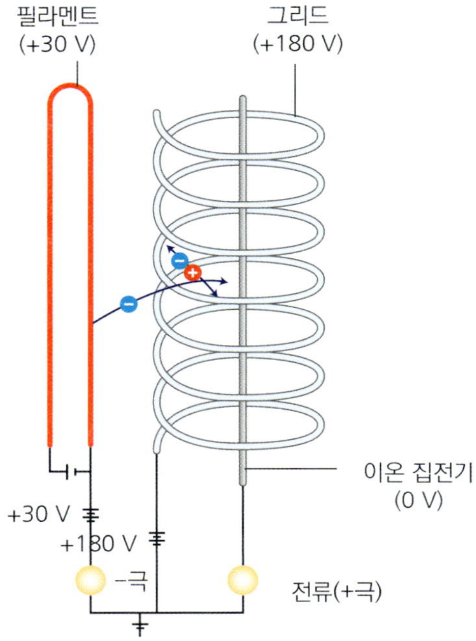

그림 3-31 ▸ BAG의 내부구조 모식도[112]

화하는 과정의 효율을 개선하였다. BAG의 작동 원리는 전자가 가속되어 그리드에 충돌하는 과정에서 발생하는 미약한 X선도 포함한다. 이 X선은 집전기와 충돌하여 광전효과에 의해 추가적인 전자가 생성되며, 이는 측정 과정에서 잡음 전류로 작용할 수 있다. 이 잡음 전류는 BAG로 측정 가능한 진공도의 한계를 결정하는 중요한 요소이며, 일반적으로 BAG는 10^{-10}~10^{-11}Torr 범위까지의 진공도 측정이 가능하다. BAG의 측정 범위를 확장하고, X선에 의한 전류 영향을 최소화하기 위해, 이온 집전기의 직경을 줄이고 나선형 그리드를 미세선재(fine-wire)를 이용한 메쉬 구조로 최적화하는 방법이 사용된다. 이러한 개선을 통해 BAG는 초고진공인 10^{-11}~10^{-12}Torr까지 측정 범위를 넓힐 수 있다. 필라멘트 재질로는 산화토륨(ThO_2)과 산화이트륨(Y_2O_3)으로 코팅된 텅스텐 또는 이리듐이 사용되며, 특히 산화이트륨 코팅된 이리듐 재질이 낮은 온도에서의 작동 가능성과 안정성 면에서 우수한 성능을 보인다. 이러한 재질의 필라멘트는 낮은 진공도에 노출되어도 쉽게 손상되지 않는 특성을 가지고 있어 HCG 기술의 신뢰성을 높인다. 장기간 사용 시 탄화수소에 의한 오염이 발생할 수 있는 문제는 주기적인 탈가스 처리를 통해 관리할 수 있다. 이 과정은 BAG의 성능을 유지하고 정확한 진공도 측정을 보장하기 위해 필수적이다.

9) 마그네트론 & 역 마그네트론 게이지(Magnetron & Inverted Magnetron Gauge)

1958년, 레드헤드(Redhead)와 홉슨(Hobson)은 패닝 게이지의 기본 원리를 바탕으로 하되, 성능을 크게 향상시킨 마그네트론(magnetron)과 역 마그네트론(inverted magnetron) 게이지를 개발했다. 이 혁신적인 발전은 자기장을 원통의 길이 방향으로 배치하고, 이 자기장이 전기장과 수직으로 작용함으로써 가스 분자들의 이온화율을 상당히 높인 것이 핵심적인 특징이다. 이 구조적인 변경을 통해, 게이지는 이전 모델보다 훨씬 낮은 압력, 즉 10^{-10}Torr 이하까지도 측정할 수 있는 능력을 갖추게 되었다. 두 게이지의 구조는 그림 3-32와 같다.

마그네트론 게이지와 역 마그네트론 게이지는 내부 구조에서 중요한 차이를 보인다. 마그네트론 게이지에서는 양극이 실린더의 바깥 부분에 위치해 있으나, 역 마그네트론 게이지에서는 양극이 중심축에 위치하는 것으로 구별된다. 이러한 구조적 차이는 각 게이지가 작동하는 방식에 영향을 미치며, 특히 역 마그네트론 게이지는 중심축에 양극을 두어 이온화 과정의 효율성을 더욱 높인다. 이 두 게이지 모두 자기장과 전기장의 상호 작용을 통해 가속된 전자가 가스 분자와 충돌하여 이온화를 유발하는 방식으로 작동한다. 자기장의 방향과 전기장에 대한 이러한 수직 배치는 전자가 더 긴 경로를 따라 움직이게 함으로써 충돌 확률을 증가시키고, 따라서 이온화율을 높이는 결과를 가져온다. 이 과정은 매우 낮은 압력에서도 충분한 이온 전류를 생성할 수 있게 하여, 전통적인 패닝 게이지보다 훨씬 더 민감한 측정이 가능하게 한다.

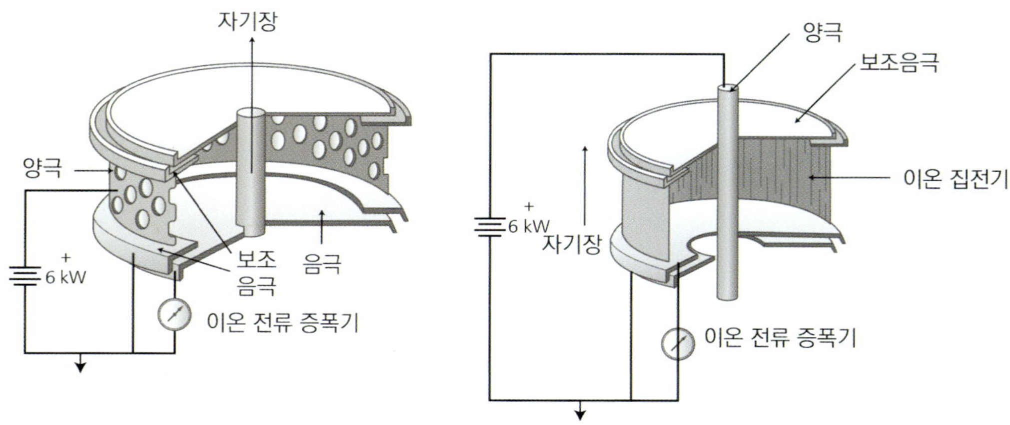

그림 3-32 ▸ 마그네트론 게이지의 구조(왼)과 역 마그네트론 게이지의 구조(오)[112]

3.7.2 진공 펌프(Vacuum Pump)

1) 저진공 펌프(Roughing Pump)

(1) 로터리 펌프(Rotary Mechanical Pump (Piston, Vain Oil-Sealed))

Rotary Piston Mechanical Pump는 내부에서 회전하는 피스톤의 움직임을 기반으로 작동하며, 이러한 움직임은 펌프 내부로 기체를 흡입하고, 이를 압축하여 다시 배출하는 과정을 통해 진공을 생성한다. 피스톤이 회전하면서 실린더 내부의 기체를 끌어들이고, 이 기체를 실린더의 한 쪽 끝으로 이동시킨 다음, 압축하여 외부로 배출한다. 이 과정에서 펌프의 구조적 특성과 기계적 움직임이 중요한 역할을 한다. 실린더와 피스톤 사이의 밀착도, 피스톤의 회전 속도, 그리고 펌프 내부의 기체 흐름을 최적화하기 위한 설계는 모두 펌프의 성능에 영향을 미친다. 펌프가 기체를 효율적으로 흡입하고 압축하여 배출할 수 있도록 설계되어 있으며, 이러한 과정은 반복적으로 이루어지면서 지속적으로 진공 상태를 유지하게 된다.

Rotary Piston Mechanical Pump는 특히 저진공 수준의 요구 사항을 가진 응용 분야에서 그 효율성과 신뢰성 때문에 선호된다. Rotary Piston Pump의 장점은 높은 진공도 달성 능력, 펌핑 속도의 효율성, 그리고 안정적인 작동 성능에 있다. 또한 구조가 비교적 단순하여 유지보수가 용이하고, 장기간에 걸쳐 신뢰할 수 있는 진공 생성이 가

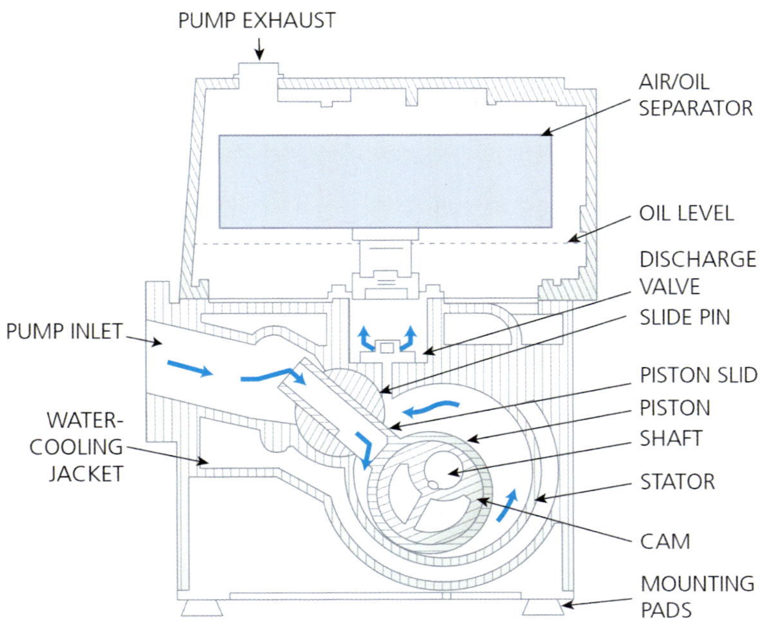

그림 3-33 ▸ Rotary Piston Mechanical Pump 구조 모식도[118]

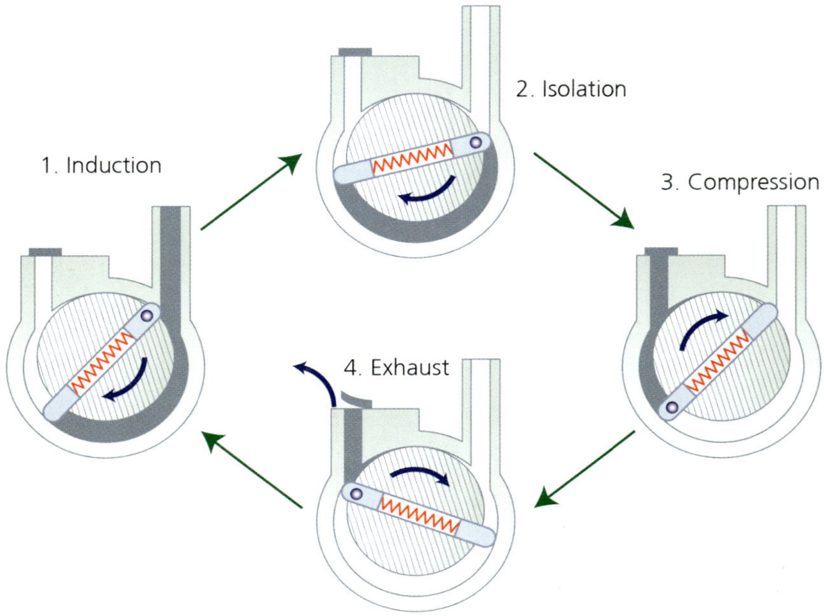

그림 3-34 ▸ Rotary Vane Oil-Sealed Mechanical Pump의 진공생성 원리[119]

능하다. 하지만 오일 누수나 오염과 같은 문제를 예방하기 위한 주의가 필요하며, 정기적인 점검과 유지보수가 중요하다.

Rotary Vane Oil-Sealed Mechanical Pump는 진공 생성을 위한 효율적인 방식을 제공하는 기계식 펌프이다. 이 펌프의 핵심 원리는 내부에서 회전하는 로터와 그에 장착된 미끄러지는 베인(vane)들을 사용하여 기체를 흡입, 압축, 그리고 배출하는 과정을 통해 작동한다. 로터는 실린더 내부에서 비대칭적으로 위치하며, 로터의 회전으로 인해 베인이 실린더 벽에 밀착되면서 기체를 펌프 내부로 끌어들이고 압축 공간을 만든다.

이 과정에서 중요한 역할을 하는 것이 오일이다. 오일은 베인과 실린더 벽 사이, 그리고 로터와 실린더 벽 사이의 밀봉을 개선하여 공기 누출을 최소화하고, 펌프의 마모를 감소시키며, 효율적인 열 분산을 도와준다. 또한, 오일은 펌프 내부에서 발생할 수 있는 기체와 증기를 포집하고 중화시키는 역할을 하여 펌프의 성능을 유지하고 수명을 연장시킨다. Rotary Vane Oil-Sealed Mechanical Pump의 주요 장점은 다양한 압력 조건에서 꾸준하고 신뢰할 수 있는 진공 생성 능력을 제공하며, 널리 사용되는 실험실 장비부터 산업 공정에 이르기까지 다양한 응용 분야에서 필수적인 역할을 한다는 것이다. 그러나 이러한 펌프는 오일의 정기적인 교체와 유지보수가 필요하며, 오일 오염이나 누출이 진공 시스템의 성능에 영향을 줄 수 있으므로 주의가 필요하다. 또한, 오일이 기체나 증기를 포집할 때 발생할 수 있는 오염 물질을 적절히 처리하기 위한 추가적인 시스템이 필요할 수 있다. 이러한 유지보수와 관리에도 불구하고, Rotary Vane Oil-Sealed Mechanical Pump는 그 효율성과 신뢰성으로 많은 분야에서 선호되는 진공 생성 방법이다.

(2) 건식 진공 펌프(Dry Vacuum Pump)

건식 진공 펌프(Dry Vacuum Pump)는 기계적 방법으로 진공 상태를 생성하는 장치로, 내부에서 오일이나 기타 윤활제를 전혀 사용하지 않는 것이 특징이다. 이러한 건식 진공 펌프들은 기체를 흡입, 이동, 압축, 그리고 배출하는 과정을 오염 없이 수행하여, 오염이 엄격하게 통제되어야 하는 환경에서 사용하는 장비로 꼽힌다. 건식 진공 펌프는 스크롤, 클로, 다이어프램, 스크류 등 다양한 유형이 있으며, 각각의 기계적 원리를 활용해 진공을 생성한다.

이러한 건식 진공 펌프는 오일 누출이나 윤활제에 의한 오염의 위험이 없어 작업 환경을 깨끗하게 유지할 수 있으며, 유지보수 비용과 노력을 줄일 수 있는 장점을 가지고 있다. 또한, 특정 화학 물질이나 민감한 재료들과의 반응을 방지할 수 있어 연구 및 산업 공정에서 널리 활용된다. 건식 진공 펌프의 선택은 특정 응용 분야의 요구 사항, 필요한 진공도, 처리해야 할 기체의 종류 등에 따라 달라질 수 있다.

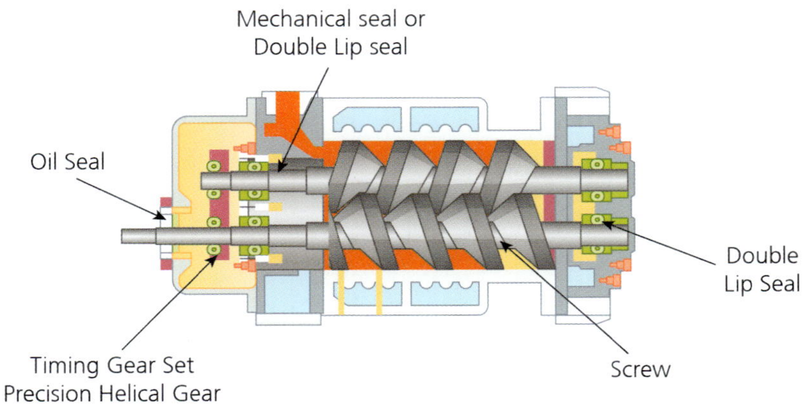

그림 3-35 ▸ 스크류 타입 건식 진공 펌프 구조 모식도[120]

(3) 흡착 펌프(Sorption Pump)

흡착 펌프(Sorption Pump)는 일반적으로 액체 질소와 같은 극저온 유체에 의해 냉각되는 분자체와 같은 다공성 물질에 분자를 흡착하여 진공을 생성하는 진공 펌프이다. 최종 압력은 약 10^{-2}mbar이며, 장점은 오일이나 기타 오염 물질이 없고, 움직이는 부품이 없어 비용이 저렴하고 진동이 없는 작동이 가능하다는 것이다. 가장 큰 단점은

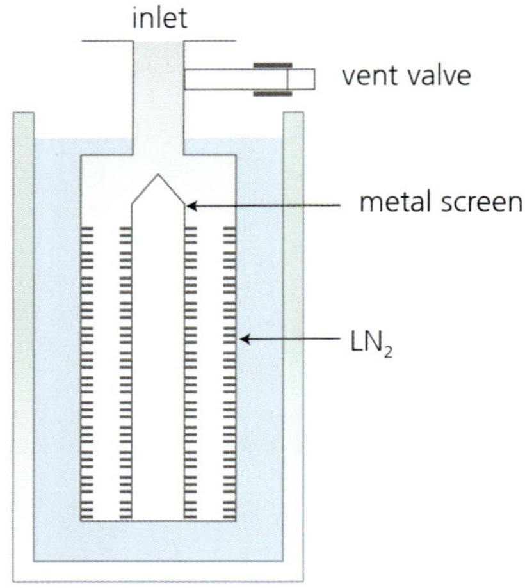

그림 3-36 ▸ 흡착 펌프의 구조 모식도[121]

연속적으로 작동할 수 없고, 액체 질소보다 응축 온도가 낮은 수소, 헬륨, 네온 등 모든 가스를 효과적으로 펌핑할 수 없다는 것이다. 주요 응용 분야는 표면 물리학과 같은 초고진공 실험에서 스퍼터 이온 펌프용 러핑 펌프로 사용된다.

흡착 펌프는 순환 펌프이며 그 주기는 흡착, 탈착 및 재생의 3단계로 구성된다.

① 흡착 단계에서 펌프는 실제로 진공을 생성하는 데 사용된다. 이는 일반적으로 액체 질소로 채워진 Dewar flask에 펌프 본체를 담그는 방식으로 펌프 본체를 낮은 온도로 냉각함으로써 달성된다. 이제 가스는 분자체의 넓은 표면에 의해 응축되거나 흡착된다.

② 탈착 단계에서 펌프는 실온까지 예열되고, 가스는 압력 방출 밸브나 기타 대기로의 개방을 통해 빠져나간다. 펌프가 독성, 가연성 또는 기타 위험한 가스를 펌핑하는 데 사용되었을 때, 흡착 단계 동안 펌핑된 모든 가스가 탈착 단계에서 방출되므로 대기로 안전하게 배기하도록 주의해야 한다.

③ 재생 단계에서 펌프 본체는 실온에서 탈착되지 않고 분자체에 축적되는 수증기를 제거하기 위해 300°C로 가열된다. 펌프를 완전히 재생하는 데는 일반적으로 2시간이 걸린다.

펌프는 효율이 너무 많이 떨어져 재생될 때까지 흡착과 탈착의 사이클로 사용되거나, 흡착과 탈착 후에 항상 재생이 이어지는 사이클로 사용될 수 있다. 새 분자체로 흡착 펌프를 채운 후에는 새 분자체가 수증기로 포화될 수 있으므로 항상 재생되어야 한다. 또한 펌프를 사용하지 않을 때는 수증기 포화를 방지하기 위해 대기로부터 차단

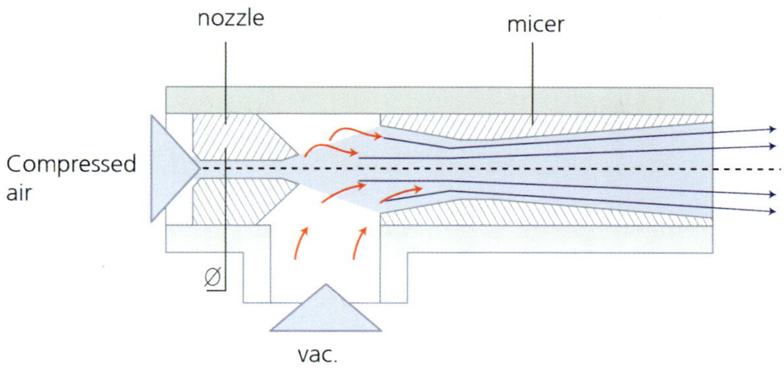

그림 3-37 ▸ Venturi Pump의 구조 모식도[122]

되어야 한다.

(4) Venturi Pump

Venturi Pump는 Venturi 효과를 기반으로 하는 유체역학적 장치로, 유체의 속도 변화를 통해 압력 차이를 생성하여 진공을 발생시킨다. 이 펌프는 일반적으로 한쪽 끝이 넓고 다른 쪽 끝이 좁아지는 특징적인 형태의 튜브를 포함하며, 이 구조를 통해 유체가 펌프를 통과할 때 속도가 증가하고 해당 지점의 압력이 감소한다. 유체가 Venturi Pump의 좁은 부분을 통과할 때 유체의 속도가 증가하고, 이와 동시에 Bernoulli의 원리에 따라 압력이 감소한다. 이 압력 감소는 주변에서 낮은 압력 영역을 형성하게 되고, 이를 통해 진공이 생성된다. Venturi Pump는 이러한 원리를 이용하여 유체, 가스, 또는 다른 물질들을 흡입하고 이동시킬 수 있다.

이러한 펌프는 복잡한 이동 부품이 없어 유지보수가 적고, 설치가 간단하며, 비교적 저렴하다는 장점이 있다. 또한, 화학적으로 반응하지 않는 유체를 사용하는 경우, 오염 위험이 없어 매우 청결한 작업 환경에서도 사용될 수 있다. 그러나 이 펌프의 효율성은 유체의 속도와 압력 차에 크게 의존하기 때문에 설계 시 유체의 특성과 통과해야 할 튜브의 형태를 세심하게 고려해야 한다. 또한, 특정 압력 이하에서는 효과적으로 작동하지 않을 수 있으므로 사용하고자 하는 응용 분야의 요구 사항을 정확히 이해하는 것이 중요하다.

2) 고진공 펌프(High Vacuum Pump)

(1) 오일 확산 진공 펌프(Oil Diffusion Pump)

오일 확산 진공 펌프(Oil Diffusion Pump)는 고진공을 생성하기 위해 사용되는 장

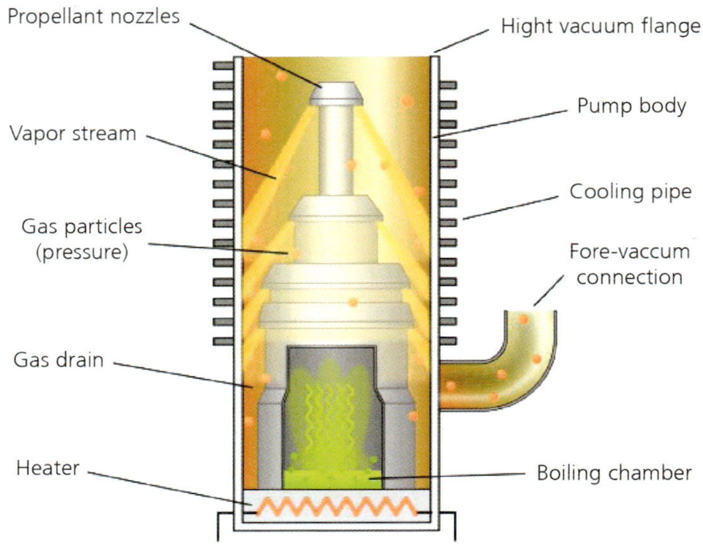

그림 3-38 ▸ 오일 확산 진공 펌프의 구조 모식도[123]

치로, 오일을 가열하여 증기를 생성하고, 이 증기가 펌프의 내부를 통해 분사되어 작동 공간에서 기체 분자를 포착 및 운반하는 방식으로 작동한다. 이 과정에서 기체 분자들은 증기 제트에 의해 펌프 출구로 이동되며, 이를 통해 매우 낮은 압력의 진공 상태가 만들어진다.

작동 과정은 다음과 같다.

① 가열 단계 : 펌프 하단에 위치한 오일이 가열된다. 가열된 오일은 증발하여 고속의 증기를 생성한다.

② 증기 분사 : 생성된 오일 증기가 펌프의 중앙부를 통해 상부로 분사된다. 이 증기는 특수 설계된 노즐을 통해 분사되어 고속으로 흐른다.

③ 기체 분자 포착 : 증기 제트는 작업 공간에서 기체 분자들을 포착하고, 이 기체 분자들을 증기와 함께 펌프의 출구 방향으로 운반한다.

④ 냉각 및 응축 : 펌프의 상부에서 증기와 포착된 기체 분자들은 냉각되어 응축된다. 응축된 증기와 기체 분자들은 다시 오일로 회수되며, 이 과정에서 진공 상태가 유지된다.

⑤ 기체 배출 : 포착된 기체 분자들은 펌프 출구를 통해 외부로 배출되거나, 전단 펌프(예 : 로터리 펌프)에 의해 최종적으로 제거된다.

오일 확산 진공 펌프의 주요 장점은 매우 낮은 압력의 고진공 상태를 생성할 수 있다는 점이다. 또한 이 펌프는 이동 부품이 없어 유지보수가 상대적으로 간단하고, 오일 증기를 사용하기 때문에 오염 물질의 배출이 적다. 하지만 오일의 선택과 관리가 중요하며, 오일이 오염되면 펌프 성능에 영향을 줄 수 있다. 또한 고진공 상태를 유지하기 위해서는 적절한 전단 펌프와의 조합이 필요하다.

(2) 터보 분자 펌프(Turbo Molecular Pump)

터보 분자 펌프(Turbo Molecular Pump, TMP)는 진공 기술에서 고진공을 생성하기 위해 사용되는 정교한 장치이다. 터보 분자 펌프는 주로 깨끗하고 정밀한 진공 환경을 제공하는 데 사용된다. 터보 분자 펌프의 기본 작동 원리는 고속으로 회전하는 로터와 고정된 스테이터를 사용하여 기체 분자의 운동량을 조작하는 것에 기반한다. 로터는 수십만 RPM (분당 회전수)으로 회전하며, 이 고속 회전은 기체 분자들과의 충돌을 통해 분자들을 펌프의 출구 방향으로 이동시킨다. 로터와 스테이터는 교대로 배치되어 있으며, 이 구성은 기체 분자들이 단방향으로만 이동하도록 유도하여 진공을 효과적으로 생성한다.

터보 분자 펌프를 구성하는 주요 요소에 대한 설명이다.

① 로터 : 고속으로 회전하는 로터는 TMP의 핵심 구성 요소로, 여러 개의 블레이드를 포함하고 있다. 로터의 빠른 회전은 기체 분자들을 가속시키는 주된 메커니즘이다.

② 스테이터 : 스테이터는 고정된 블레이드로 구성되어 있으며, 로터와 교차하여 배치된다. 스테이터는 기체 분자들의 경로를 조정하여 진공 펌프의 출구로 유도하는 역할을 한다.

③ 베어링 및 드라이브 시스템 : 고속 회전을 가능하게 하는 정밀 베어링과 드라이브 시

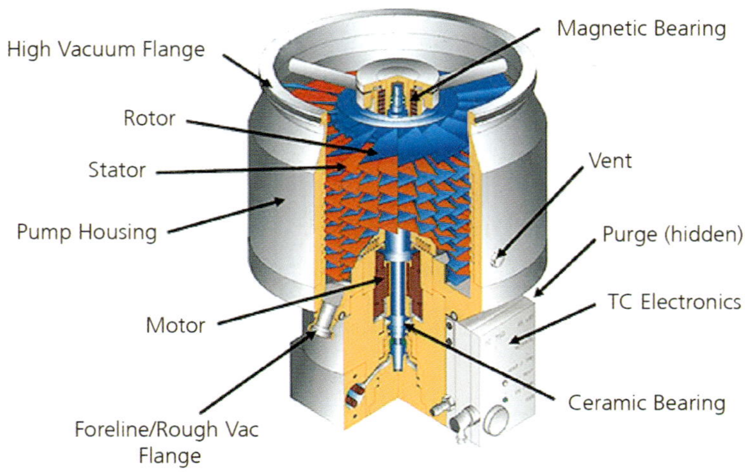

그림 3-39 ▸ 터보 분자 펌프의 구조 모식도[124]

스템이 필수적이다. 이러한 시스템은 로터의 안정적인 운영을 보장한다.

④ 냉각시스템 : 터보 분자 펌프의 효율적인 작동을 위해 로터 및 기타 구성 요소의 과열을 방지하는 냉각 시스템이 필요하다.

터보 분자 펌프는 대기압에서는 직접 사용할 수 없으며, 작동하기 위해서는 일정 수준 이하의 압력에서 시작해야 한다. 따라서 터보 분자 펌프를 작동하기 전에 기계식 포어펌프(예 : 로터리 펌프)를 사용하여 초기 진공 상태를 생성해야 한다. 터보 분자 펌프는 윤활유를 사용하지 않는 건식 펌프 깨끗한 환경이 필수적인 분야에서 이상적이다.

(3) 크라이오 펌프(Cryo Pump)

크라이오 펌프(Cryo Pump)는 고진공 및 초고진공 환경을 생성하기 위한 고도의 진공 펌프로, 극저온을 이용하여 기체 분자를 포착하는 원리를 기반으로 한다. 크라이오 펌프의 작동 원리는 매우 낮은 온도에서 기체 분자들이 응축되거나 흡착되는 물리적 성질을 이용한다.

크라이오 펌프는 다음 두 가지 주요 과정을 통해 진공을 생성한다.

① 응축 과정 : 대부분의 기체 분자들은 냉각 패널에 도달하면 그 표면에서 응축된다. 이 패널은 일반적으로 액체 질소나 헬륨 냉매를 사용하여 극저온으로 유지되며, 물, 아르곤, 질소와 같은 기체들을 효과적으로 포착한다.

② 흡착과정 : 보다 낮은 온도에서는 수소나 헬륨과 같은 가벼운 기체 분자들이 특수한 흡착제 물질에 의해 포착된다. 이 흡착제는 극저온에서도 기체 분자들을 붙잡을 수

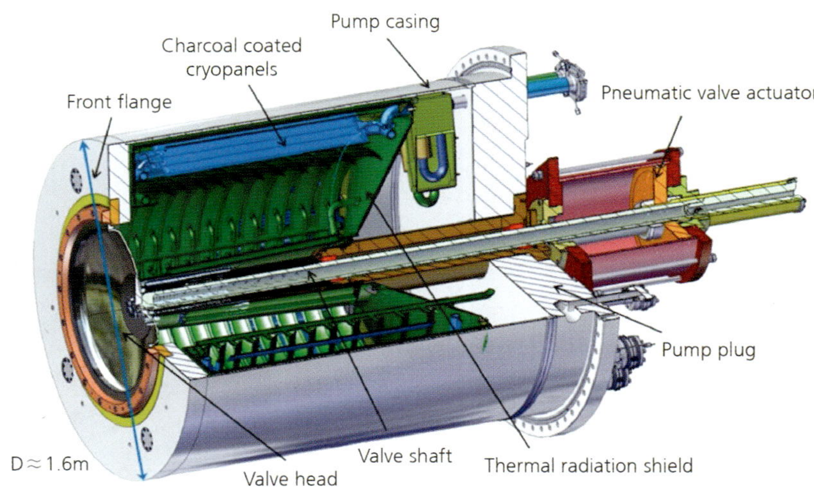

그림 3-40 ▸ 크라이오 펌프의 구조 모식도[125]

있는 능력을 가지고 있으며, 크라이오 펌프의 효율을 극대화하는 데 기여한다.

크라이오 펌프를 구성하는 주요 요소에 대한 설명이다.

① 냉각 시스템 : 크라이오 펌프의 핵심을 이루는 부분으로, 냉매를 순환시켜 패널이나 코일을 극저온 상태로 유지한다.
② 응축 패널 : 기체 분자들이 응축되는 극저온의 표면이다. 이 패널은 펌프의 진공 생성 능력을 결정하는 중요한 역할을 한다.
③ 흡착제 : 극저온에서도 가벼운 기체 분자들을 효과적으로 포착할 수 있는 물질이다.

크라이오 펌프는 매우 낮은 압력에서 효과적으로 작동하며, 초고진공 상태를 달성할 수 있으며, 오일이나 그리스와 같은 오염원이 없어 깨끗한 진공 환경을 제공한다. 또한 유지보수가 비교적 간단하며, 장기간 안정적인 성능을 유지할 수 있는 장점이 있다. 반면, 냉각 시스템 운영을 위한 초기 및 운영 비용이 높고, 큰 에너지 소비가 필요하며, 펌프를 냉각하고 재생하는 데 시간이 소요된다. 또한, 특정 기체(예 : 수소, 헬륨)를 포착하기 위해서는 매우 낮은 온도가 필요하다.

3) 초고진공 펌프(Ultrahigh Vacuum Pump)

(1) 티타늄 승화 펌프(Titanium Sublimation Pump)

티타늄 승화 펌프(Titanium Sublimation Pump, TSP)는 초고진공 환경을 생성 및 유지하기 위해 설계된 특수한 진공 펌프이다. 티타늄 승화 펌프의 핵심 기능은 고온에서 티타늄을 승화시켜 진공 시스템 내의 기체 분자들을 화학적으로 포착하는 것이다. 티타늄 승화 펌프의 작동원리는 다음의 과정을 따른다.

① 티타늄 승화 : 티타늄 승화 펌프 내부에서 티타늄 필라멘트나 포일을 고온으로 가열할 때, 티타늄은 고체에서 직접 기체 상태로 승화한다. 이 과정에서 발생하는 티타늄 증기가 진공 챔버 내로 확산된다.
② 기체 분자의 포착 : 승화된 티타늄 증기는 진공 챔버의 차가운 벽면에 닿으면 응축되어 얇은 티타늄 필름을 형성한다. 이 필름은 매우 높은 표면적을 가지고 있어, 진공 챔버 내의 기체 분자들을 효과적으로 포착하고 화학적으로 결합시키는 역할을 한다.
③ 고진공 및 초고진공 상태 생성 : 티타늄 필름에 의한 기체 분자의 포착은 진공 챔버 내의 총 기체 부하를 줄이며, 결과적으로 초고진공 상태를 달성하고 유지하는 데 기여한다.

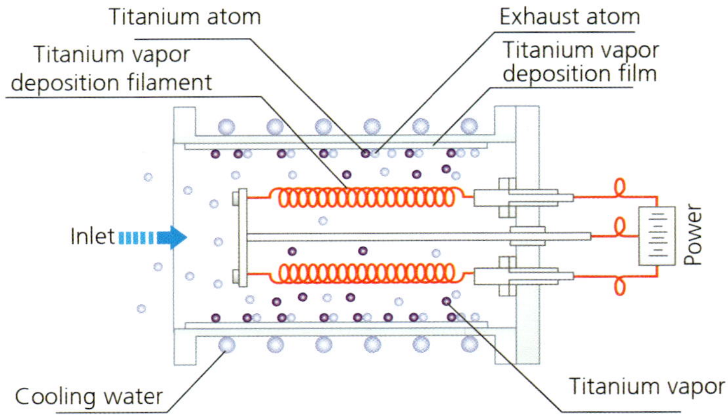

그림 3-41 ▸ 티타늄 승화 펌프의 구조 모식도[126]

티타늄 승화 펌프는 다음과 같은 특징을 가지고 있다.

① 화학적 포착 : 티타늄 승화 펌프는 티타늄과 기체 분자들 사이의 화학적 반응을 이용한다. 이는 특히 수소나 이산화탄소와 같은 활성 기체들을 포함한 다양한 기체 분자들을 효과적으로 처리할 수 있다.

② 재생 가능 : 티타늄 필름이 포화 상태에 도달하면, 펌프의 성능을 회복하기 위해 필라멘트를 재가열하여 추가적인 티타늄을 승화시킬 수 있다. 이 과정을 통해 펌프를 지속적으로 사용할 수 있다.

③ 에너지 소비 : 티타늄 승화 펌프의 티타늄 승화 과정은 지속적인 가열이 필요하기 때문에, 다른 유형의 진공 펌프에 비해 상대적으로 높은 에너지를 소비한다.

TSP는 반도체 제조 공정에서 극미량의 오염도가 허용되지 않는 고진공 환경이 필요할 때, 또는 과학 연구에서 극도로 낮은 압력 상태를 유지해야 하는 실험에서 매우 유용하다. 티타늄 승화 펌프는 다른 진공 생성 기술과 함께 사용되어 진공 시스템의 성능을 최적화하며, 특히 잔류 기체를 줄이는 데 탁월한 성능을 보인다.

(2) 비증발형 게터 펌프(Non-Evaporable Getter Pump)

비증발형 게터 펌프[Non-Evaporable Getter (NEG) Pump]는 기체를 흡착하고 진공을 생성하는 고급 진공 펌프이다. 비증발형 게터 펌프는 특히 안정적이고 깨끗한 진공 환경이 필요한 곳에서 사용된다. 비증발형 게터 펌프는 전형적으로 게터 소재로 알려진 특수한 합금(Al, Zr, Ti, V 및 Fe의 다공성 합금 또는 분말 혼합물)을 사용하여 작동한다. 펌프 카트리지의 비증발형 게터 물질은 활성화 과정을 통해 가스 흡착 작용을 시작하는데, 진공 중에서 일정 시간 동안 고온으로 가열하면 게터 물질이 활성화되고, 대기 중에서 게터 물질 표면에 있는 치밀한 산화막 층이 산화를 방지한다. 진공 중에서 게터 물질을 가열하면 이 산화막이 게터 물질 내부로 확산되어 들어가면서 깨끗한 금속 표면이 게터 물질 표면에 노출되며, 이때부터 진공 중에 있는 가스 분자들을 흡착하면서 게터 펌프로써 작동한다. 가열하는 동안 펌프 카트리지 표면에 물리적으로 단일 층으로 흡착되어 있던 가스분자들이 진공 대기 중으로 떨어져 나오며, 반대로 게터 표면에 화학적으로 붙어서 보호막을 형성하고 있던 기체분자들은 확산에 의하여 게터 물질 내부로 확산된다. 게터 펌프를 가동하기 위한 조건은 10^{-3}torr 이하가 되어야 하며, 조건에 만족하지 못할 시 텅스텐 히터가 탄화물로 변하기 쉽다.[127] 또한, 불활성 기체와는 반응을 하지 않아 헬륨이나 아르곤 등의 가스들은 배기가 되지 않는 단점을 비롯해 수소를 배기할 경우 메탄이 발생하는 단점이 있다.

(3) 스퍼터 이온 펌프(Sputter Ion Pump)

스퍼터 이온 펌프(Sputter Ion Pump)는 1960년대부터 지금까지 대표적인 초고진공 펌프로 사용되고 있다. 확산 펌프를 사용해도 초고진공을 얻을 수 있지만 유증기에 의한 영향을 무시할 수 없으므로, 기름 오염이 없고 구동부도 없는 스퍼터 이온 펌프가 가장 많이 사용되고 있다. 스퍼터 이온 펌프의 배기 작용은 패닝 방전의 원리에 기초하고 있다. 마주 보는 Cathode (음극, −) (일반적으로 Ti, Zr, Ta 또는 Mo와 같은 활성금속 재료로 구성된다)와 동일축에 Anode (양극, +)가 놓여 축 방향에 자계가 걸려 있다. 자계가 없으면 냉음극 글로우 방전은 1Pa 정도의 압력에서 소멸하지만, 자계를

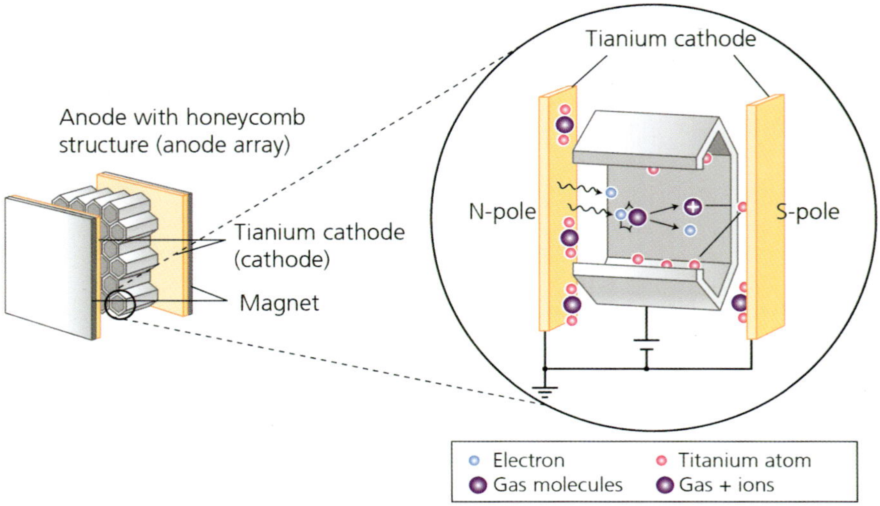

그림 3-42 ▸ 스퍼터 이온 펌프의 구조 모식도[128]

걸어서 1Pa 이하의 압력에서도 방전을 지속하게 된다. 이온 펌프의 기본 구조는 양쪽의 Cathode와 원통의 Anode에 둘러싸인 공간에서 발생한 전자는 공간 내부 자계의 방향에 나선 궤도를 그리면서 진행되지만, Cathode 부근의 전계에서 감속되어 원래 왔던 방향으로 다시 튕긴다. 결국, 전자는 Anode에도 Cathode에도 들어가지 않은 채 이 공간을 몇 번이고 왕복하게 된다. 긴 시간을 주행한 전자는 공간 안의 기체 분자와 전리 충돌해 유효한 2차 전자를 증식시킨다. 스퍼터 이온 펌프는 전리 충돌로 생성된 양이온은 전자에 비해 큰 질량을 가지고 있어 자계에 의해서 전자처럼 강하게 편향되지 않고, Cathode를 향해서 가속되어 Cathode 표면에 충돌한다. 충돌한 이온은 Cathode의 금속 결정 내에 들어간다. 이온 충격으로 Cathode 표면의 활성 금속(예를 들어, Ti 원자)이 스퍼터되고, 스퍼터된 티타늄 원자는 Anode나 마주하는 Cathode에 부착되어 막을 만든다. 티타늄은 화학적으로 활성 금속으로써 산소, 수소, 질소, 일산화탄소 외 다수의 활성 기체를 화학 흡착하는 능력이 있다. 따라서 기상에 잔류하는 활성 기체는 스퍼터 막이나 Cathode 표면에 화학 흡착되어 기상으로부터 제거된다. 빈번한 이온 충격을 받은 Cathode 면의 방전 중앙부 부근에서는 한 번 화학흡착 혹은 이온 보충이 행해져도 다시 Anode나 Cathode의 주변부에 퇴적된다. 한편 불활성 기체는 이온화된 후 Cathode 표면에 들어가서 뒤에서 날아온 스퍼터된 원자에 의해 파묻힌다. 이와 같이 기체 상태의 잔류 가스는 배기된다. 이러한 과정으로 스퍼터 이온 펌프는 진공을 만들어간다. 스퍼터 이온 펌프는 스퍼터의 원리를 이용하여 진공을 만드는 방법의 펌프이기 때문에, 초고진공의 영역에 도달하면 진공 챔버 안의 잔류 기체 수가 감소해 이온화의 비율이 낮아지고, 따라서 배기속도가 현저히 저하되거나 심할 경우 펌프가 가동하지 않을 수 있다는 단점이 있다.

CHAPTER 04

박막 어플리케이션: 산업 중심의 기술개발

학습목표

4.1 박막 공정의 산업 적용

4.1 ▶ 박막 공정의 산업 적용

4.1.1 박막 어플리케이션의 시작

박막제조 기술은 과학 기술의 기초로 양질의 박막 제조를 위해 다양한 노력이 부가되었다. 박막제조는 표면개질 기술의 한 분야로 단순한 기계 가공 등에 의한 실현 불가능한 1μm 이하의 얇은 막을 제조하는 기술이다. 박막은 사람들이 생활하는데, 필수요소로 자리 잡았으며 산업분야에서는 박막이 없는 곳을 찾아보기가 어렵다.

- 초기 발전 단계(20세기 초반~중반) : 박막 기술의 초기에는 주로 금속 증착과 유리의 코팅과 같은 간단한 응용으로 시작되었는데, 이 단계에서는 주로 증착기와 열처리로 금속 증착 및 코팅을 진행했다. 이러한 기술은 램프 코팅, 건축물 유리 코팅 등에 사용되었다.
- 반도체 산업의 발전(1950~1960년대) : 반도체 산업이 발전함에 따라 박막 기술은 더욱 중요해졌다. 특히 실리콘을 사용한 집적 회로(IC)의 발명으로 인해 박막 기술의 수요가 급증했다. 이 단계에서는 주로 산화물 박막을 형성하는 산화 처리 및 머리막 증착 등의 공정이 주목받았다.
- 고성능 소자의 등장(1970~1980년대) : 이 시기에는 반도체 소자의 소형화와 고성능화가 진행되었다. 이에 따라 박막 기술도 더 정교하고 정밀해져야 했다. 질소화규소(Nitrogen Dioxide)와 같은 더욱 고급된 소재를 사용한 박막 기술이 개발되었다.
- 다양한 응용 분야로 확장(1990~현재) : 1990년대 이후, 박막 기술은 반도체 산업뿐만 아니라 태양 전지, 플랫 패널 디스플레이, 광학 소자 등 다양한 분야로 확장되었다. 이에 따라 더 많은 소재 및 공정 기술이 개발되어 다양한 응용 분야에서 사용된다.

산업에서 처음으로 사용된 박막의 대표적인 예시는 광학적 목적을 기반으로 시작되었으며, 1912년 Pohl과 Pringsheim은 고진공 환경에서 MgO Crucible을 통해 Ag와 Al같은 금속원소를 이용하여 거울을 생산하는 연구결과를 발표하면서 산업분야에서의 널리 알려진 박막 증착 공정의 초기 application의 대표가 되었다. 전체적으로 박막은 기능성을 높이기 위해 원하는 물리적·화학적 특성을 가진 층을 적층해 벌크 소재의 성질을 높이는 데 쓰인다. 박막의 가장 기술적인 적용 분야에 대한 간략한 설명이 제시된다.

박막은 두께가 나노미터(단층)에서 수 마이크로미터에 이르는 물질의 층을 일컬으며, 박막과 같은 물질의 제어된 합성(증착이라고 하는 공정)은 많은 응용 분야에서 기본적인 단계이다. 이후 박막 코팅의 사용은 거울반응의 뒤를 이어 광학적 산업에 많은 영향을 미쳤는데, 대표적으로 반사방지코팅, 긁힘방지코팅, 자외선 및 적외선 반사 코팅이 많은 발전을 하였으며, 이와 병행하여 장식코팅, 마찰코팅, 생물의학적코팅, 자가세척코팅 등 많은 다른 기술분야로 퍼져나가 널리 알려지게 되었다. 박막은 유용할 뿐 아니라 제조기술에도 공학적 측면에서 눈부신 발전을 통하게 되었는데, 이는 박막 그 자체의 중요성도 있지만, 이를 증착하면서 표면특성만을 이용하려는 공정이 같이 발전하며 통신장치, 집적회로(IC), 트랜지스터, 태양전지, LED, 광전도체, LCD, 광자기 메모리, 콤팩트 디스크, 전기광학 코팅, 메모리, 평판 디스플레이, 스마트 윈도우, 컴퓨터칩, 광자기 드라이브, MEMS (Microelectromechanical Systems)과 NEMS (Nanoelectromechanical Systems) 등의 다기능 코팅이 필요한 분야에 공정을 적용함으로써 일상생활까지 접목되게 되었다.

4.1.2 과학분야

1) 부식방지

박막은 많은 장치의 금속 부품 부식을 방지하고 마모를 방지하는 데 도움이 된다. 부식이란 보통 금속이나 합금의 표면에서 발생하는 물질의 손실로 인한 현상으로, 습기의 존재 또는 온도 상승과 같은 특정 환경 조건이 있을 때 산화물이 형성되어 발생한다. 일반적인 예는 물의 존재로 인해 강철 표면에 녹이 생기는 것이다.

많은 산업용 기본 재료에는 부품이 고온, 부식성 환경 또는 둘 다 유지 가능하도록 하는 박막 코팅이 필요하다. 모든 형태의 부식은 잠재적으로 기계적 강도가 붕괴되어 기능을 상실하거나 영향을 받는 부품 및 제품의 심미적 손실로 이어진다. 다른 의미로 화학 또는 전기 화학 반응으로 인해 물질 물질이 돌이킬 수 없는 손상 또는 파괴되는 것을 말한다. 부식은 금속이나 기타 물질이 습기나 부식성 화학물질에 의해 산화되어 하나 이상의 전자를 잃게 되는 결과를 초래한다. 물질은 점진적으로 부식을 중심으로 붕괴되며, 보호막의 적용을 통해 이러한 표면 반응을 방지하고 물질이 파괴되지 않도록 보호할 수 있다.

이러한 보호막은 진공 환경에서 생성되는 다양한 PVD 공정 중 하나를 통해 적용될 수 있다. 이것은 단일 층 증착 또는 순차적으로 여러 층이 침전되어 코팅의 전반적인 내구성을 높일 수 있다. 대표적 예시로 금속으로 구성된 주방기구와 가전제품의 대부분 내구성이 짧아지고, 부식 문제로 교량까지 붕괴돼 인명·재산 손실이 발생해 국가 경제까지 영향을 받을 수 있다. 이는 전 세계적으로 매년 수조 달러 규모로 평가되는 금전 손실에 해당한다.

장신구, 손목시계, 칼과 같은 재료는 부식을 방지하기 위해 코팅되는 경우가 많으며, 박막 코팅은 보석 응용 분야에서 은과 같은 일부 귀중한 재료의 변색 방지 보호 기능으로도 사용된다. 크롬 및 아연과 같은 금속은 일반적으로 부식 방지 코팅에 사용되는 반면, 티타늄 질화물, 크롬 질화물 및 알루미나와 같은 일부 극도로 단단한 세라믹 재료는 장치 및 도구의 마모를 방지하는 데 사용된다. 대표적으로 드릴비트에 ZrN를 코팅하여 강도성뿐 아니라 내마모성을 증가시켜 소형 산업장비에도 이용되는 사례가 있다.

또한, 절삭공구에 대한 질화티타늄(TiN)의 음극 아크 증착은 전 세계적으로 다양한 산업 제품을 생산하는 대표적 대량생산 공정이다. TiN은 극도로 높은 미세 경도와 화학적, 열적 안정성을 가진 내화성 화합물이다. TiN 코팅 제품에는 드릴 비트의 플룻, 보링 밀용 공구, 선반 비트 툴링, 슬롯 톱날, 카운터보어 등과 같은 표준 금속 절단 공구뿐만 아니라 모든 유형의 다이 주조 장비, 성형 공구, 사출 성형 부품, 다이 펀치 등을 코팅한다. 하드코팅 적용용 TiN의 음극 아크 증착은 매우 큰 공업시장을 형성하고 있으며, 새로운 애플리케이션이 개발됨에 따라 빠르게 증가하여 페인트 안료 적용뿐만 아니라 휠, 트림 디자인 등 자동차 산업에서 많은 장식용 코팅 제품이 등장하고 있다. 스포츠 용품 또한 골프, 권총, 총통, 스키, 라켓 등에 새롭게 응용되고 있다.

2) 기계적 강도유지

박막은 마모, 긁힘, 지문이 생기는 많은 재료 중, 특히 광학 박막 요소의 부식으로부터 표면층을 보호하는 데 사용된다. 박막 코팅은 표면 광택, 겉보기 색상 및 질감의 변화를 통한 장식 효과 등과 같은 2차 기능도 가질 수 있으며 산업적 가치를 증가시키는 방법 중 하나로 활용된다. 얇은 필름은 플라스틱 기판 위에 금속 코팅을 하는 경우처럼 순수하게 장식용을 위한 증착 공정으로 사용되며, 이 코팅은 갈바닉 증착(Galvanic deposition)을 기반으로 하는 인체에 유해한 기존 공정을 피하면서 고진공 조건에서 증발 공정을 사용하여 제작할 수 있다.

3) 나노필름

나노기술의 박막에서 나노 공정의 응용법이 적용된 필름은 박막 연구에서 가장 최근에 발전한 것 중 하나이다. 여기에는 나노복합 재료로 코팅하여 소위 'Size effect' (크기효과)로 인한 재료에 향상된 기계적 특성을 부여하는 것이 포함된다. 얻을 수 있는 최종 기능과 효과는 내산화성, 높은 접착력, 낮은 열전도율, 내마모성, 높은 인성 및 경도 등이 있다. 나노필름과 나노공정 분야에서는 위의 내용인 PVD공정에서 가능한 최고 수치의 높은 순도와 낮은 수준의 결함으로 인해 주로 마그네트론 스퍼터링(Magnetron sputtering) 방법이 증착에 사용된다. 결론적으로, 박막에 대한 연구에서 더 많은 발전이 이루어지고 있기 때문에 우리 일상생활에서 박막이 하는 역할은 무궁무진하게 되었다. 박막 기술은 지금까지 섬유, 섬유 산업에서 생활용품, 기구, 자동차, 도구, 건축(도로), 건강진단, 장식 등에 이르기까지 다양하게 활용되어 왔으며, 위의 기능 모두는 산업 뿐 아니라 일상생활에서 매우 유용하게 사용된다. 따라서, 박막 기술은 '모두의 삶을 더 쉽고 편리하게 만드는 데 중요한 역할을 했다.'고 하여도 과언이 아니다. 또한 응용 분야 외에도 박막은 새롭고 독특한 특성을 가진 재료의 개발 및 연구에 중요한 역할을 하며, 그 예로는 다강성 물질과 양자 현상의 연구를 가능하게 하는 초격자(Superlattice)가 있다.

4.1.3 공학분야

1) 반도체

일반적으로 반도체는 도핑 수준에 따라 내제 반도체와 외제 반도체 등 크게 두 가지로 분류할 수 있다. 반도체에서 전도성은 전자의 열 자극에 의해 발현된다. 동시에, 들뜬 전자와 양전하를 띤 홀의 수는 같다. 여기서 양전하의 열자극은 운반체 생산 및 재결합 단계의 결과로 나타난다. 반면, 외인성 반도체는 낮은 전도성 값을 가지며, 응용에서 발생하는 문제를 극복하고 전도성을 높이기 위해 도핑이라는 중요한 과정이 적용된다. 이 과정은 전하 운반 전자와 양전하 홀의 농도에 소량의 불순물을 첨가함으로써 간단하게 설명될 수 있으며, 따라서 전도성 수준을 증가시킨다. 결정 구조를 변경하지 않고 구조에 불순물을 첨가하여 전자 구조를 바꾸는 것이 목적이다. 예를 들어, 원자가 전자가 5개인 비소와 원자가 전자가 4개인 저마늄은 저마늄 원자와 공유 결합하게 된다. 비소 원자의 추가적인 5번째 전자는 한 원자에서 다른 원자로 이동할 자유를 갖기 때문에 전도성을 갖는다. Dopant 원소가 전자를 공여하는 이런 반도체를 n형 반도체라고 한다. n형 도핑에서 자유 전자를 생성하는 것 외에도 자유 전자와 쌍으로 동일한 수의 양전하가 생성된다. 그 결과 도핑된 반도체 물질은 전기적으로 중립을 유지한다. 그러나 이러한 양전하는 양전하를 양전하 구멍으로 이해해서는 안 된다. 전하들은 자유 전자가 없을 때 발생하지만, 전류 흐름에 기여하지는 않는다. 순수한 반도체에 대한 자유 전자의 또 다른 전류흐름은 도너 전자가 원래 원자의 원자가 대역에 있는 전자보다 전도 대역에 훨씬 가깝다는 것이다. 다른 말로, 도너 전자의 에너지 수준은 원자가 전자의 에너지 수준보다 훨씬 좁고 n형 반도체에서 전류의 흐름을 용이하게 하는 또 다른 수준이다. 다른 유형의 외인성 반도체에서 3가 전자를 가진 순수한 반도체(예 : 게르마늄)가 갈륨으로 대체되면, 이러한 유형의 반도체는 p형 반도체라고 불린다. 네 개의 공유 결합 중 세 개는 구조 내에 점유되어 있다; 결합은 비어 있고 움직이는 전자와 반대 방향으로 상대적으로 움직이는 구멍으로 작용한다. 주요 현상은 전자가 한 결합에서 다른 결합으로 이동하다가 구멍을 남김으로써 발생하는 상대적인 움직임으로 정의된다. 순수 반도체와 다른 n형 반도체의 에너지 밴드 구조와 마찬가지로 p형 반도체도 원자가 밴드보다 수용체 에너지 수준이 높다. 박막 집적 회로 및 개별 반도체 장치는 전도성, 반도체 및 절연 재료의 박막 스택으로 만들어진다. 박막은 집적회로를 만들 때 기판(Si substrate)에 증착되며, 대부분 고순도 실리콘(High-purity Si)이나 탄화규소(SiC)로 만들어진다. 설계된 박막 스택이 '웨이퍼(Wafer)'라고도 하는 이 기판 위에 증착되며, 각 레이어는 리소그래피(lithography) 기술을 사용해 미세하게 패턴화되어 많은 수의 능동 및 수동 제어장치를 만들 수 있다. 각각의 설계된 회로는 서로 다른 도핑된 박막 층의 상호작용으로 차례로 만들어지며 다른 박막 간의 연결은 일반적으로 알루미늄 또는 구리로 만들어진 박막 금속 층을 사용하여 접합한다. 이 기술은 BJT, FET, MOSFET 및 다이오드와 같은 많은 기본 반도체 장치의 소형화 가능성으로 이어졌으며, 이는 차례로 근대 컴퓨터, 메모리 및 고성능 집적회로의 제조가 가능하게끔 되었다.

2) 광전자박막

박막 기술이 기본이 된 또 다른 분야로 광전자공학이 있다. 광전자공학은 빛을 감지하고 제어하는 전자 장치(가시광선 및 보이지 않는 방사선 포함)의 광범위한 응용 분야이다. 이 분야는 항공우주국방, 가전, 의료기기, 반도체 레이저 등 다양한 산업에 많이 적용되고 있으며 소비자, 산업, 군사 수요가 증가함에 따라 지속적으로 확대되고 있다. 광전자 소자의 핵심에 있는 민감한 광학은 경도, 반사율, 투과 또는 손상 임계값과 같은 성질의 향상을 포함하므로 다양한 이유로 박막 코팅이 필요하다. 이 얇은 필름은 또한 마모, 먼지 또는 열과 같은 환경적 요인으로부터 광학기기를 보호할 수 있다. 광전자 제품을 위한 박막 증착은 중요한 품질 및 생산성을 위해 깨끗한 환경과 높은 생산률로 반복 가능한 균일한 필름 애플리케이션이 필요한 복잡한 산업 공정 중 하나이다. 집적 회로의 제조(증착/리소그래피)에 사용되는 것과 유사한 기술을 사용하여 오늘날의 삶에서 매우 중요한 일부 장치의 제조가 가능하게 되었다. 조명 및 디스플레이 애플리케이션용 LED 및 OLED 장치, 비디오 카메라용 LCD, CMOS 센서 등에 많이 이용된다. 놀랍게도 박막 기술은 전기 전도성 투명 필름의 증착도 가능하게 되어, 대표적 예시로 인듐 주석 산화물(Indium Tin Oxide, ITO) 코팅은 일반적인 전기 전도성 전극의 형태로 사용된다. 또한, 박막 기술은 칩에 삽입되는 박막 배터리를 생산하는

데 사용되고 있다.

3) 유기박막

유기박막은 특히 많은 기술의 적용 범위를 넓히는 데 필수적인 유연성과 저비용 재료 가공 등 특정한 독특한 특성 때문에 큰 관심을 끌었다. 예를 들어, 광전력은 여전히 낮지만 효율성은 유기 폴리머 기반 모듈에서는 0.04%에서 약 8.3%까지 상당히 향상되었고, 재료 처리 비용(예 : 인쇄, 분사 및 유연한 모듈 제작 가능성)의 감소로 인해 발전하고 있다. 마찬가지로, Si 기반 전계효과 트랜지스터의 본질적인 복잡한 제작 과정과 강성은 유기 박막 전계효과 트랜지스터에 의해 어떻게든 극복하기 위해 많은 노력이 진행되고 있다. 유기박막은 메모리 장치, 센서, 전자 종이 및 스마트 카드와 같은 다양한 응용 분야에서 이미 사용되고 있다. 박막의 사용은 예를 들어 침습적 장치, 조직 공학 기질, 약물 전달 및 항균 코팅과 같은 생체 적합 및 기능적 특성을 제공할 수 있는 능력 때문에 생물 의학 응용 분야에서 상당한 공간을 얻었다. 삽입물의 표면은 인체에 적용되는 이유로 특수한 화학적 및 기계적 특성을 준수해야 하며, Ti_6Al_4V 박막은 대퇴골 삽입물에 적합한 조건을 만족하여 사용되었다. 이 구조는 좋은 접착력과 하네스 제공과는 별개로 생물학적 유체와의 화학적 상호작용을 통해 칼슘 층의 형성을 촉진하여 폴리머 기반의 박막은 임플란트에 생체 적합한 데 필수적인 단백질 흡착에 대한 우수한 저항성을 가지고 있는 것으로 입증되었다. 이러한 측면에서 Poly (Ethylene glycol) PEG, PEGylated 박막은 뼈, 치과 임플란트 및 조직 엔지니어링에 많이 사용되며, 합성 박막은 또한 뉴런에 삽입하기 위한 적절한 기계적, 생물학적 특성을 제공하기 위해 사용되어 왔다. 예를 들어, 실리콘 기반 임플란트는 미생물을 보호하기 위해 알루미늄, 이산화규소 또는 은의 충전재로 비정형 실리카에 의해 형성된 나노 구조로 코팅되어 있다. 유연한 기판에 압전 특성이 침전된 무기 박막도 나노 발전기와 생체 의학 응용용 나노 센서 제조를 위해 연구되고 있다. 이러한 압전 소자는 내부 장기의 움직임에 의해 제공되는 역학적 에너지를 전기 에너지로 변환하여 심박 조정기나 나노 센서를 구동할 수 있다. 기계적 움직임에 대한 높은 민감도로 인해 이러한 장치들은 나노 스케일의 세포 변형을 모니터링하는 데 사용될 수도 있다. 고성능 압전 소자는 $BaTiO_3$, PZNT 및 PMN-PT와 같은 페로브스카이트를 이용하여 제작되었다.

4.1.4 산업분야

1) 광학코팅

첨단 전자-광전자 소자는 많은 박막 유형의 적용을 위한 중요한 분야가 되었다. 특히 MOSFET과 CMOS는 반도체 박막의 기술 발전의 많은 부분을 흡수한다. MOSFET를 제작하려면 유전체 박막을 사용해야 한다[예 : 이산화규소(SiO_2)]. 광학 박막은 광학 부품의 전송, 반사 또는 편광 특성을 향상시키기 위해 설계된 매우 얇은 재료 층이다. 그것들은 유리 렌즈와 같은 단순한 기판이나 더 복잡한 광학 부품에 적용될 수 있다. 두께와 원자 층은 코팅마다 다양하며, 두께가 광학 필름의 작동 방식에 큰 영향을 미치는데, 특히 다른 두께가 특정 파장의 빛에 효과적이도록 조정될 수 있다는 점이 강조된다. 두께는 도포에 따라 다르지만 가시광선 파장에 대해 효과적이려면 코팅 두께가 최소 500nm 이상이어야 한다. 광학 구성요소에 적용할 수 있는 박막 코팅의 범주는 넓은 의미의 반사 방지 코팅으로도 알려져 있다. 광학코팅은 투과 및 반사특성을 변경하기 위해 유리 또는 플라스틱으로 만든 렌즈와 같은 광학 재료 위에 금속 또는 세라믹 재료의 하나 이상의 층을 증착하는 것을 포함한다. 반사 방지 코팅의 사용은 광학 표면의 반사를 줄이는 광학코팅의 대표적 예시이다. 이에 따라 사진 렌즈는 구성요소의 비용과 공정을 크게 변경하지 않고 응용하여 얻을 수 있다. 따라서, 기판 재료 및 상대적 제조 기술이 동일하게 유지되는 반면, 코팅 자체의 비용은 현저히 낮아 경제적인 많은 이득으로 발전되었다. 광학 코팅 분야에서 박막의 또 다른 산업응용분야는 박막 편광판(Thin Film Polarizers)이다. 박막 편광판은 박막 유전층의 간섭 효과를 기반으로 하는 광학 편광자이다. 예시로, 광학 시스템의 눈부심(Brightness)과 플레어(Flare)를 줄이기 위해 사용되거나 LCD 디스플레이의 기본 구성 요소로 사용되어 디스플레이 측면에도 발전하는 공정을 제공하였다. 이 박막은 제작이 용이하고 밴드갭(Band gap)이 커 임피던스가 높으며 고온과 화학 물질에 대한 저항성 때문에 사용되어 왔다. 따라서, 얇은 필름은 보통 MOSFET의 소스와 드레인 사이의 채널에 축적되어 작동 전압을 넘어선다. 대신 Cu 박막은 높은 전기 전도성과 전기화에 대한 저항성 때문에 CMOS에서 게이트 금속화로 흔히 사용된다. 또한 박막은 비휘발성 메모리 장치의 기존 플래시 메모리 장치를 대체하기 위한 좋은 자기 특성으로 인해 데이터 스토리지 장치에서 중요한 역할을 해왔다. 광학 박막은 다른 종류의 코팅보다 더 복잡하며 보통 여러 개의 원자 층으로 구성되어 있다. 이 층들은 보통 금속 층과 유전 층의 혼합체이며, 모두 코팅의 원하는 특성에 따라 두께가 다르다. 나노스케일에서는 서로 다른 기판층 사이의 굴절률의 차이, 층과 광소재의 표면 사이의 공기는 빛이 반사, 굴절 및 광학소자에 전달되는 방식에 영향을 미친다.

2) 디스플레이 산업

박막공학은 현대 디스플레이 기술, 특히 액정 디스플레이(LCD), 유기 발광 다이오드(OLED) 및 퀀텀 닷 디스플레이 등과 같은 주요 분야에서 중요하게 사용된다.

(1) 박막 트랜지스터, TFT

TFT는 디스플레이의 각 픽셀을 제어하는 역할을 한다. 이 박막 트랜지스터는 전기 신호를 받아서 그에 맞게 픽셀의 밝기를 조절하며, 이러한 기능은 LCD와 OLED 디스플레이에서 특히 중요하다. TFT는 주로 실리콘을 기반으로 한 박막으로 제작되며, 고정밀 패턴과 높은 전자 이동도가 요구된다.

(2) 투명 전도성 산화물, TCO

디스플레이의 전극으로 사용되는 TCO는 빛을 최대한 통과시키면서도 우수한 전기 전도성을 가져야 한다. 일반적으로 인듐 주석 산화물(ITO)이 사용되며, 이는 터치스크린 디스플레이에서도 중요한 역할을 한다.

(3) 발광층OLED 디스플레이

OLED 디스플레이에서는 유기 재료로 만든 박막이 전기 신호를 받을 때 빛을 발산한다. 이 박막은 전자와 정공이 만나서 에너지를 방출할 때 발광하며, 다양한 색상의 빛을 내기 위해 서로 다른 유기 화합물이 사용된다.

(4) 컬러 필터 및 흡수층

LCD에서는 백라이트에서 나온 빛을 특정 색상으로 필터링하기 위해 컬러 필터가 사용된다. 이 필터는 주로 RGB 색상으로 구성되며, 각 픽셀의 색상을 정확하게 만들어낸다. 또한 빛의 반사를 줄이고 명암비를 향상시키기 위한 흡수층이 사용될 수 있다.

(5) 보호층 및 인터페이스 층

디스플레이의 내구성을 높이기 위해 스크래치 방지나 방수 기능을 가진 보호층이 적용된다. 또한, 디스플레이의 다른 층들 사이에서 전기적 및 기계적 성질을 조정하기 위한 인터페이스 층이 중요할 수 있다.

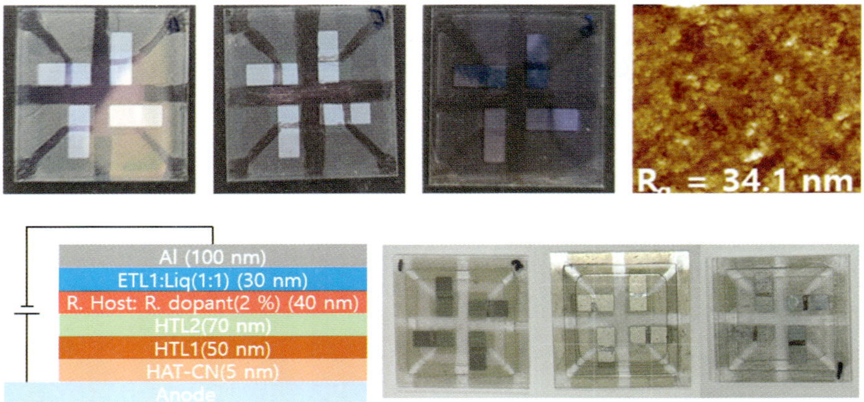

그림 4-1 ▸ 스핀코팅을 통한 OLED 소자 증착 실제 사진

(6) 퀀텀 닷 레이어

최신 퀀텀 닷 디스플레이에서는 퀀텀 닷 층이 사용되어 더 넓은 색영역과 향상된 밝기를 제공한다. 이 박막은 퀀텀 닷 입자를 포함하며, 이들 입자는 특정 파장의 빛을 방출하여 더 선명하고 정확한 색상을 생성한다.

3) 이차전지산업

배터리의 성능, 효율성, 안전성, 그리고 수명을 개선하는 데 중요한 역할을 한다. 박막 공학은 다음과 같은 주요 분야에서 활용된다.

(1) 전극 코팅

이차전지의 양극과 음극 재료에 박막 코팅을 적용하여 전기화학적 특성을 향상시킬 수 있다. 예를 들어, 전극의 표면에 도입된 박막 코팅은 전극의 안정성을 높이고, 리튬 이온의 이동을 촉진하며, 사이클 수명을 연장한다. 또한 전극 재료의 구조적 무결성을 유지하는 데도 도움을 준다.

(2) 고체 전해질

전통적인 액체 전해질 대신 고체 전해질을 사용한 전지는 더 안전하고 오래 지속될 수 있다. 박막 기술을 이용하여 고체 전해질층을 전극 사이에 형성함으로써 누수의 위험 없이 이온 전도성을 제공할 수 있다. 예를 들어, 고체전해질 사이의 계면 저항을 줄이기 위해 기능성 층의 삽입이나, 실질적인 박막배터리가 있다. 박막 배터리의 경우 PVD 장비를 통해 제작될 수 있으며, 셀의 각각의 음극, 양극, 전해질 두께는 마이크

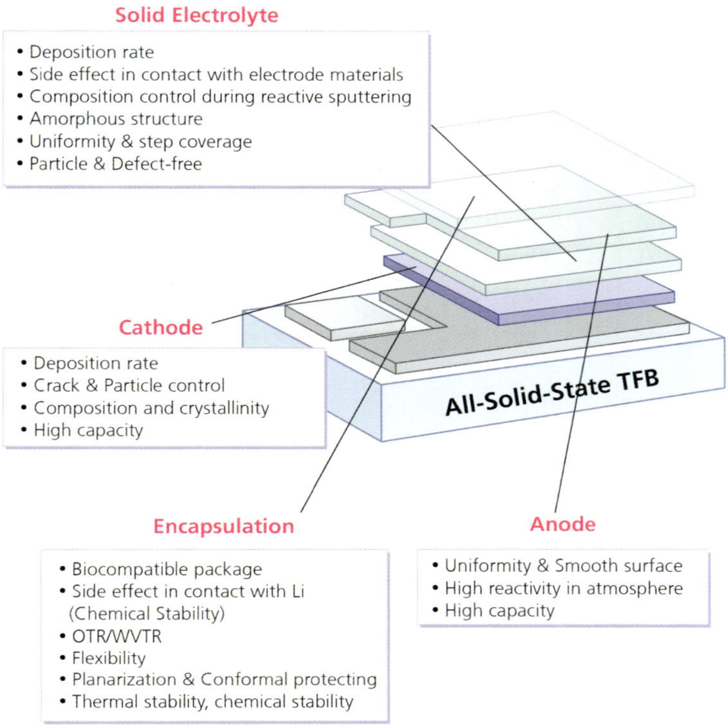

	Thin-film battery	Bulk (pouch)
Structure	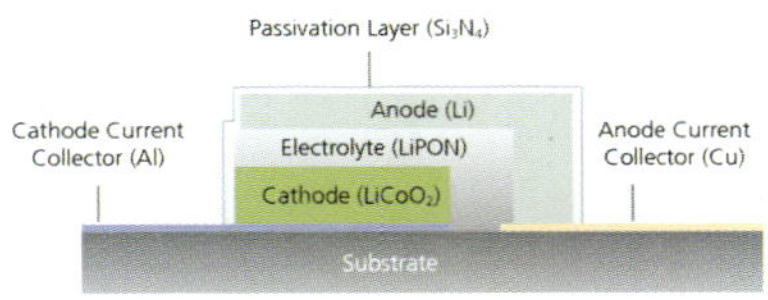	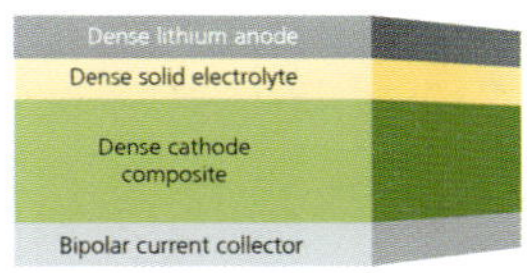
Thickness	0.2mm to 1mm	> 1mm
Smallest footprint	$4mm^2$	> $100mm^2$
Process cost	High	Medium

그림 4-2 ▸ 박막전지의 구조 및 벌크 전지와의 비교표

로 단위이다.

(3) 방열 코팅

배터리가 작동할 때 발생하는 열을 효과적으로 관리하기 위해 방열 코팅이 적용될 수 있다. 이 박막 코팅은 열을 분산시키고 배터리의 온도를 조절하여 성능 저하와 안전 위험을 줄인다.

(4) 인터페이스 층 개선

배터리 내부의 다양한 층 사이의 인터페이스는 전기화학적 성능과 안정성에 큰 영향을 미친다. 박막공학을 이용하여 이러한 인터페이스의 전기적, 기계적 특성을 최적화하면 전지의 전반적인 성능이 개선된다.

(5) 보호 및 격리 층

배터리의 내구성과 안전성을 높이기 위해 보호 및 격리 층으로 박막을 적용할 수 있다. 이 층은 화학적 또는 물리적 손상으로부터 전지를 보호하고, 전지 사이의 불필요한 전기 화학적 반응을 차단한다.

(6) 표면 개질

이차전지의 표면에 특정 기능성 박막을 적용하여 전지의 전기화학적 특성을 조절하거나 개선할 수 있다. 예를 들어, 표면에 적용된 박막이 이온 교환을 촉진하거나 특정 화학적 반응을 방지할 수 있다.

4) 태양전지산업

화석 연료의 고갈과 기후 변화로 인해 재생 가능한 에너지원의 사용이 더욱 두드러지며, 지속 가능한 프로세스로 에너지를 생산하는 시스템인 신재생에너지(Sustainable energy)와 같은 태양 에너지를 사용하는 것과 관련하여 사용 가능한 대표적 두 가지 기술인 열 태양광 및 광전지가 있다. 열 태양광 시스템은 태양열 집열기라고 하는 에너지 교환기를 통해 태양 에너지(복사 에너지)를 열 에너지로 변환하며, 태양열 집열기는 두 가지 유형이 있다. 집열체와 반집열체(Concentrating and non-concentrating)라는 두 가지 종류의 박막은 광열변환 효율을 높이는 태양열 집열기의 코팅 역할을 한다. 이로 인해 에너지 교환을 통한 발전이 가능하게 되었다. 두 번째 기술인 광전지는 제조 공정에서 효율성을 향상시키기 위해 박막 기능층을 증착해야 하는 실리콘 기반 전지의 사용이 필수적이다. 또한, 박막 태양 전지의 틈새 기술은 높은 신뢰성과 효율성이 핵심인 소프트웨어 기반 응용 프로그램(예 : 통신 위성, 군사 등)에 사용되는 초고효율 태양광 전지 제조에 영향을 미쳤다.

박막 태양전지는 박막공학이 핵심적인 역할을 한다. 이 기술은 태양전지의 효율을 높이고, 제조 비용을 줄이며, 새로운 응용 분야에 적용될 수 있도록 한다.

(1) 박막 태양전지의 제조

전통적인 결정질 실리콘 태양전지와 달리 박막 태양전지는 매우 얇은 광활성층을 사용하여 빛을 전기로 변환한다. 대표적인 재료로는 캐드뮴 텔루라이드(CdTe), 구리 인듐 갈륨 셀레나이드(CIGS), 및 비정질 실리콘(a-Si)이 있다. 이들 재료는 훨씬 적은 양의 재료를 사용하여 비용을 절감하면서도, 빛을 효과적으로 흡수하고 전기로 변환 가능하다.

(2) 광흡수층 개선

박막 태양전지는 광흡수층을 매우 얇게 만들어 물질 사용량을 줄이면서도 높은 광흡수율을 유지해야 한다. 이를 위해 고도로 최적화된 박막 층을 설계하고, 새로운 합금이나 나노구조를 도입하여 빛의 흡수를 극대화 할 수 있다.

(3) 투명 전도성 산화물(TCO) 층

태양전지의 상부에는 투명 전도성 산화물 층이 적용되어 빛을 통과시키면서 전기도 전도해야 한다. TCO 층은 주로 인듐 주석 산화물(ITO) 또는 알루미늄 도핑된 아연 산화물(AZO)과 같은 물질로 구성된다. 이 층은 광효율을 높이는 데 중요한 역할을 한다.

(4) 백 리플렉터와 안티리플렉티브(AR) 코팅

태양전지의 뒷면에는 종종 빛을 반사시켜 광흡수를 증가시키는 백 리플렉터가 적용된다. 또한, 전면에는 빛의 반사를 줄이고 흡수를 늘리는 AR 코팅이 사용된다. 이러한 층들은 박막공학을 통해 최적화되어 태양전지의 전체적인 성능을 향상시킨다.

(5) 접합 및 계면 공학

태양전지 내부의 다양한 층 사이의 전기적 특성과 기계적 결합을 최적화하기 위해 접합 및 계면 공학이 중요하다. 이는 전자와 정공이 생성 및 수집되는 과정의 효율을 극대화하여 전체 태양전지의 성능을 향상시키는 데 기여한다.

5) 연료전지산업

해당 분야에서의 박막공학은 주로 성능 향상, 효율 증대, 그리고 내구성 개선을 목적으로 사용된다. 전극 재료의 박막 코팅, 고체전해질층의 박막화, 방벽층으로서의 박막, 분리판/인터커넥터의 보호층, 표면 개질을 위한 박막 등이 있다.

(1) 전극 재료의 박막 코팅

연료전지의 전극은 종종 박막 코팅을 통해 최적화된다. 예를 들어, 백금과 같은 촉매 물질을 전극 표면에 매우 얇게 코팅하여 반응 효율을 높이고 촉매 사용량을 줄일 수 있다. 이는 연료전지의 전반적인 비용을 낮추고 성능을 향상시키는 데 기여한다.

(2) 고체전해질층의 박막화

고체산화물연료전지(SOFC)나 양이온교환전해질막연료전지(PEMFC)에서 전해질층을 박막 형태로 제작하여 전자 또는 이온의 이동 경로를 최적화한다. 이는 연료전지의 전기화학적 효율을 크게 향상시키며, 더 얇은 전해질층은 낮은 작동 온도에서도 효과적으로 작동할 수 있게 한다.

(3) 방벽층으로서의 박막

연료전지 내부에서 다양한 화학물질이 서로 반응하지 않도록 분리하는 역할을 한다. 예를 들어, 산소 이동을 통제하는 산화물 박막이나 수소 투과를 막는 금속 박막 등이 사용될 수 있다. 이러한 박막은 연료전지의 안정성과 수명을 개선한다.

(4) 분리판/인터커넥터의 보호층

연료전지 스택에서 각 셀을 연결하는 인터커넥터는 고온 및 부식 환경에 노출된다. 이를 보호하기 위해 내열성 및 내부식성을 갖는 세라믹 또는 금속 박막으로 코팅되어, 인터커넥터의 수명을 연장시키고 전체 연료전지의 신뢰성을 보장한다. 예를 들어, 고

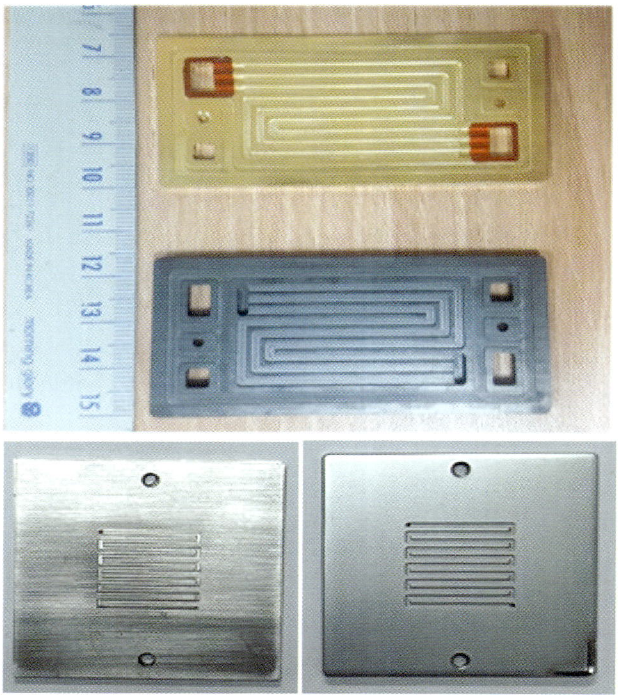

그림 4-3 ▸ 연료전지 분리판의 코팅 실제 사진
(위쪽이 금, 아래쪽은 Cr 기반의 합금)

크롬 표면을 제공하여 우수한 Cr_2O_3 (크롬산화물)을 통해 PEMFC 온도 및 습도, 산성 환경에서 분리판을 보호하거나, 높은 일함수를 가지고 있는 재료를 코팅(귀금속, 백금 혹은 금)을 적용하여 박막화한다. 이는 내부식성과 분리판 유로 등에 적용되어 부식저해제의 역할을 가능하게 한다.

(5) 표면 개질을 위한 박막

연료전지의 다양한 구성 요소의 표면 성질을 개선하기 위해 박막 코팅을 사용한다. 이는 부식 방지, 내화학성 향상, 또는 전기적 특성 조절 등을 위해 이루어진다.

6) 원자력발전 산업

박막공학의 활용은 주로 원자로의 효율성과 안전성을 높이는 데 중점을 두고 있다. 특히 고온, 고압, 그리고 방사선에 견딜 수 있는 재료의 개발이 중요하며, 다음과 같은 주요 분야에서 박막공학이 활용된다.

(1) 부식 방지 코팅

원자력발전소의 주요 문제 중 하나는 냉각수와 반응하여 발생하는 재료의 부식이다. 이를 방지하기 위해 원자로 내부의 금속 부품에는 내식성을 갖춘 박막 코팅이 적용된다. 예를 들어, 합금 층이나 세라믹 코팅이 사용되어 부식을 방지하고 재료의 수명을 연장하는 형태이다. 실질적인 예시로, 사고저항성핵연료(accident tolerant fuel) 기술은 후쿠시마 원자로 사고 이후부터 연구 개발되어 현재 EU-택소노미, K-택소노미 등에 따라 적용하기를 권고하고 있다. 핵연료피복관의 냉각수상실사고시 지르코늄 기반의 합금과 수증기와의 반응을 없애기 위해 피복관 내·외부에 박막 등의 형성을 통한 연구개발이 진행되고 있으며, 지르코늄 튜브위에 Cr을 코팅하거나 SiC, CrN 등의 세라믹을 코팅을 통해 수증기와의 접촉을 제어하거나 반응하지 않도록 한다.

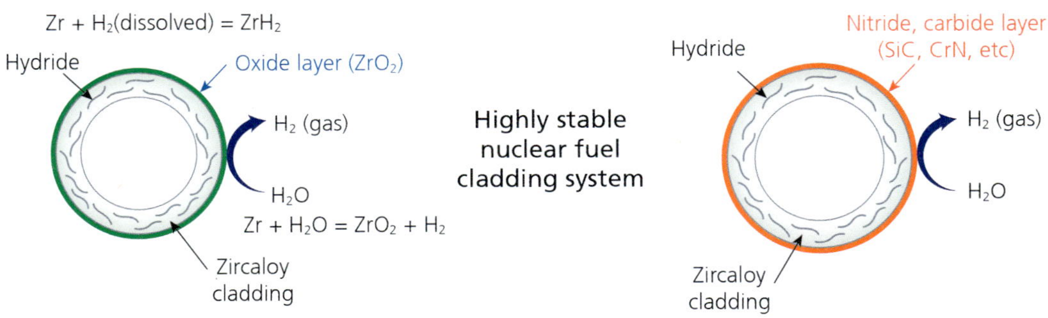

그림 4-4 ▸ 박막형 코팅을 적용한 지르코늄함금에서의 사고저항성 핵연료 기술

(2) 방사선 차폐 코팅

원자로 내부와 외부의 방사선 노출을 최소화하기 위해 특수한 방사선 차폐 코팅이 사용될 수 있다. 이러한 코팅은 방사능 물질의 유출을 막고 외부 환경으로의 방사선 노출을 감소시키는 데 기여한다.

(3) 열 전도성 증진 코팅

원자로의 효율성을 최대화하기 위해서는 열 전도율을 높이는 것이 중요하다. 이를 위해 열 전도성이 높은 재료로 박막 코팅을 하여 열이 원자로 내부에서 효율적으로 전달되도록 한다.

(4) 계면 특성 개선 코팅

원자로 내부에서 다양한 재료들이 접촉하는 계면에서는 기계적, 화학적 성질이 최적화되어야 합니다. 계면 특성을 개선하기 위한 박막 코팅은 금속 간의 부식, 마모, 및 기타 화학적 반응을 줄이는 데 도움을 준다.

(5) 센서 기술과의 통합

원자력발전소에서는 다양한 환경 변수를 정밀하게 모니터링할 필요가 있다. 박막 기술을 이용하여 제작된 고감도 센서들은 온도, 압력, 방사선 수준 등을 감지하여 원자로의 안전 운영을 지원한다.

7) 우주산업

박막은 극한의 환경에서 우주선의 성능과 안정성을 높이는 데 중요한 역할을 한다.

(1) 열 관리 시스템

우주 환경에서는 극심한 온도 변화에 대응해야 하기 때문에 효과적인 열 관리가 필수적이다. 박막 코팅은 우주선의 표면에 적용되어 열 반사 또는 흡수 특성을 개선하여 내부 온도를 조절한다. 예를 들어, 고반사 박막은 태양광을 반사시켜 우주선을 냉각하는 데 사용된다.

(2) 방사선 보호

우주선과 위성은 지구 대기권 외부의 강력한 우주 방사선에 노출된다. 특수 개발된 박막 코팅은 이러한 방사선으로부터 중요한 전자 장비를 보호하는 데 사용된다. 이 박막들은 방사선 피폭을 줄이면서도 추가적인 무게 부담을 최소화한다.

(3) 광학 장비의 향상

우주 탐사에서 사용되는 망원경과 카메라와 같은 광학 장비도 박막공학의 혜택을 받는다. 광학 요소에 적용된 다양한 박막 코팅은 빛의 반사를 최소화하고, 이미지의 품질을 향상시키는 데 도움을 준다.

(4) 미세먼지 및 환경 보호

우주선은 발사 및 재진입 과정에서 극한의 환경에 노출된다. 이를 위해 우주선의 외부 구조에 적용되는 박막 코팅은 미세먼지와 환경적 요인으로부터 보호하는 기능을 할 수 있다. 이 박막은 또한 기계적 손상으로부터 보호하는 역할도 한다.

(5) 자체 수리 기능

최근에는 손상이 발생했을 때 스스로 복구할 수 있는 '셀프힐링' 박막 기술의 개발이 진행 중이다. 이 기술은 우주선이 장기간 우주 환경에 노출되었을 때 발생할 수 있는 손상을 자동으로 복구할 수 있게 할 수 있다.

이처럼 박막공학은 미래 유망 신산업 분야별 차세대 반도체, 신금속소재, 차세대세라믹소재, 첨단화학소재를 포함하고, 첨단바이오, 인공지능, 반도체, 이차전지, 우주 등의 첨단 산업에서의 박막공학의 적용 및 활용은 무궁무진하다.

CHAPTER 05

결론

학습목표

5.1 왜 박막일 수밖에 없을까?

5.1 ▶ 왜 박막일 수밖에 없을까?

5.1.1 마치며

위 내용에 언급한 바와 같이 박막은 두께가 나노미터(단층)에서 수 마이크로미터에 이르는 물질의 층을 말한다. 박막을 형성하기 위한 제어된 환경에서의 공정(예를 들면, 증착이라고 하는 공정)은 많은 응용 분야에서 기본임이 틀림없다. 이는 핵생성을 기반으로 진행되며, 2D, 즉 면(plane)의 구조를 형성할 수 있는 최소단위인 원자단위의 증착 기술을 통해 분자 단위의 기능을 가지는 단량체로 성장하기 위해 많은 이론저그 공정적 정밀함이 반영된다. 일반적인 예로, 가정용 거울은 반사 인터페이스를 형성하기 위해 은거울 반응을 통해 유리 뒷면에 얇은 금속층을 형성하여 거울을 생산하였다. 은도금 공정처럼 예전에는 얇은 금속층을 형성하기 위해 도금과 같은 방식을 많이 이용하였으나, 최근에는 스퍼터링과 같은 공정을 이용하여 더 균일하고 얇으면서, 박막의 질은 더 좋은 금속층을 형성하고 있다. 또한, 박막 증착 기술의 발전은 자기 기로고 매체, 반도체 장치, LED, 광학 코팅(예 : 반사 방지 코팅), 절삭 공구의 하드 코팅과 같은 분야뿐 아니라 광범위한 기술 혁신을 가능하게 했다. 그리고 에너지 생성(예 : 태양 전지) 및 저장(박막전지) 모두 박막 공정이 사용되고 있으며, 커패시티 전극 제작과정 중 슬러리화 공정 등에 사용되고 유기물과 결합하여 사용하는 약물 전달 시스템(DDS)에 이용되어 의약품 분야에도 적용되고 있다. 어떠한 물체 표면에 적용된 2D 특성을 가지는 얇은 막을 '박막'이라 일컬으며, 이러한 박막 형성의 전체적인 핵생성 원리, 수식, 실험을 통해 이해하고 어떠한 형태로 어떻게 박막이 형성되는 지 알아야 한다. 따라서 물체 표현이나 특정 막이 형성되어 있는 표면 위에 또 다른 박막을 형성하는 여러 가지 공정들을 일상생활에 적용하여 '박막 공학'이라 함은 멀리 있는 것이 아닌, 가까이에서 접할 수 있는 친숙하며 여러 학문이 결합된 복합적인 공학으로 접했으면 좋겠다. '얇음'은 상대적인 용어이지만 대부분의 박막 형성 기술은 수십 나노미터 내에서 층 두께를 제어하여 진행된다. 저자는 '얇음'이라는 것은 박막처럼 표면 특성만 발휘되며, 이것이 박막의 기초적 기능이라 정의하고 있다. 이처럼 상대적인 '얇음'은 본인들의 기준에 맞게 잘 설계하는 것 또한 공학의 이해라고 생각되며, 이 책을 통해 박막과 가까워지는 계기가 되었으면 한다.

참고문헌, 찾아보기

참고문헌

[1] 에어로졸 증착법에 의한 압전 PZT 후막의 제조와 특성평가, 부경대학교, 김기훈, 2008

[2] 세라믹공정-후막 세라믹제조, 재료연구소-소재기술백서, 신소재경제신문, 2011

[3] 4H-SiC기판 위에 Aerosol Deposition으로 증착된 Al_2O_3 박막의 후 열처리 효과, 한국전기전자학회, 2014

[4] 광촉매 나노소재를 이용한 자가세정 및 방오기능을 지닌 주택/빌딩용 고기능 유리 개발, 서울시립대학교, 2016

[5] 소수성 졸-겔로 개질된 센서 막 표면의 미생물 비점착과 광학 특성 연구, 한국공업화학회, 김선용, 2008

[6] [MEMS] Physical Vapor Deposition (PVD) (1), 나가디's 공부방 (nagadi.tistory.com)

[7] 방송미디어분야 자료의 통합 연계 및 활용방안 연구, 방송미디어 분야의 통계, 신지형, 2018

[8] [MEMS] Physical Vapor Deposition (PVD) (2), 나가디's 공부방 (nagadi.tistory.com)

[9] 전자기적으로 조절 가능한 특성시간을 갖는 인공물질의 실현, 정윤희, 2018

[10] 핵의 성장과 연속된 박막의 형성 #1., 개날연블로그 (marriott.tistory.com)

[11] RF 마그네트론 스퍼터링 시스템을 이용한 3차원 바나듐 옥사이드 나노구조물의 성장, 한국산학기술학회, 이민규, 2022

[12] 수소동위원소 투과 방지를 위한 박막의 제조 및 투과 특성 연구, 단국대학교, 노승정, 2012

[13] 핵의 성장과 연속된 박막의 형성 #2., 개날연블로그 (marriott.tistory.com)

[14] [박막공학] 핵 생성 2, 네이버 블로그 (blog.naver.com/novellove627)

[15] 박막 두께의 결정, 개날연블로그 (marriott.tistory.com)

[16] 박막의 성장과 미세조직 - Structure Zone Model #1, 개날연블로그 (marriott.tistory.com)

[17] 생체막과 상호작용하는 생분자와 기능성 분자의 거동에 대한 분자 동역학 모의실험 연구, 강원대학교, 송연호, 2022

[18] 카메라 모듈용 IR Cut-off filter 제작 및 특성 연구, 전남대학교, 신광수, 2010

[19] 플라즈마란?, 화학공학연구정보센터 (www.cheric.org)

[20] 열 플라즈마를 이용한 소재 공정기술, 한국과학기술정보연구원, 심영일, 2009

[21] What is cold plasma?, plasma care (www.terraplasma-medical.com)

[22] Debye sheath, Wikipedia (en.wikipedia.org)
[23] 플라즈마 진동수와 전자온도, 플라즈마응용연구실 (pal.snu.ac.kr)
[24] 플라즈마-1, SeMi뀨의 반도체/디스플레이/배터리 이야기 (blog.naver.com/jgw1030)
[25] What is the Maxwell-Boltzmann distribution?, Khan Academy (schema.org/Organization)
[26] 전자속도, 이온속도, 중성자속도, 설계프로그램R6 (blog.naver.com/lee_jinhwan)
[27] plasma 기초 5. 전자와 이온의 속도로 인한 플로팅 전위, 쉽게 풀어보는 반도체와 영화, (jhjjs.tistory.com)
[28] 플라즈마 쉬쓰 (Plasma Sheath) 이해하기, 반도체 (blog.naver.com/lee_jinhwan)
[29] Poisson's equation, Wikipedia (en.wikipedia.org)
[30] 플라즈마 식각기술, 미래컴, 염근영, 2006
[31] 디바이 차폐 (Debye shielding), 개날연블로그 (marriott.tistory.com)
[32] 플라즈마 진동(Plasma Oscillation), 개날연블로그 (marriott.tistory.com)
[33] plasma 기초 7. 양극성 확산 (ambipolar diffusion)란 무엇인가, 쉽게 풀어보는 반도체와 영화 (jhjjs.tistory.com)
[34] Physical vapor deposition, Wikipedia (en.wikipedia.org)
[35] Morphological and multifractal properties of Cr thin films deposited onto different substrates, Birjand University of Technology, Amir Zelati, 2022
[36] Opportunities and Challenges for Perovskite Solar Cells Based on Vacuum Thermal Evaporation, 성균관대학교, 이주홍, 2022
[37] Influence of heat treatment on H_2S gas sensing features of NiO thin films deposited via thermal evaporation technique, Cornell University, Davoud Dastan, 2023
[38] A Bioinspired Ultra Flexible Artificial van der Waals 2D-MoS_2 Channel/$LiSiO_x$ Solid Electrolyte Synapse Arrays via Laser-Lift Off Process for Wearable Adaptive Neuromorphic Computing, 한국재료연구원, 황연정, 2023
[39] Wafer-scale and universal van der Waals metal semiconductor contact, Henan University, Lingan Kong, 2023
[40] Study on the structural and magnetic properties of e-beam evaporated Co thin films annealed in vacuum, University of Belgrade, M. Novaković, 2022
[41] Investigation of structural and optical properties of Ge/Al_2O_3 multilayer thin films fabricated using electron beam evaporation, Malaviya National Institute of Technology Jaipur, Komal Shekhawat, 2023
[42] Optimization of Electron-Beam Evaporation Process Parameters for ZrN Thin Films by Plasma Treatment and Taguchi Method, Feng Chia University,

Chuen-Lin Tien, 2023
[43] Thin films of solid electrolyte lithium sulfate deposited by e-beam evaporation, Sathyabama Institute of Science and Technology, Sony Varghese, 2023
[44] Preparation of TiO_2/SnO_2 Electron Transport Layer for Performance Enhancement of All-Inorganic Perovskite Solar Cells Using Electron Beam Evaporation at Low Temperature, Shaanxi University, Tao Xue, 2023
[45] 박막형성법의 종류 #2. 진공증착, 개날연블로그 (marriott.tistory.com)
[46] 평균자유행로, 개날연블로그 (marriott.tistory.com)
[47] Electron-beam physical vapor deposition, Wikipedia, (en.wikipedia.org)
[48] Sputtering, Wikipedia (en.wikipedia.org)
[49] Electrical breakdown of Gases in subatmospheric pressure, Auburn University, Yuxuan Chen, 2016
[50] Examination of the catalytic effect of Ni, NiCr, and NiV catalysts prepared as thin films by magnetron sputtering process in the hydrolysis of sodium borohydride, International Journal of Hydrogen Energy, Akkus M. S., 2023
[51] Magnetron sputtering of transition metal nitride thin films for environmental remediation. Coatings, Aissani Linda, 2022
[52] Investigation of the wear and corrosion behaviors of CrN films onto oxynitriding-treated AISI H13 alloy steel by the direct current magnetron sputtering process, Thin Solid Films, Chang Shih-Hsien, 2022
[53] High mobility silicon indium oxide thin-film transistor fabrication by sputtering process, Vacuum, IArulkumar S., 2022
[54] Effects of sputtering process on the thermochromic function of vanadium dioxide thin films, Journal of Vacuum Science & Technology A, Li Chuan, 2022
[55] Surface protection of SS-316L with boron nitride based thin films using radio frequency magnetron sputtering technique, Journal of Electrochemical Science and Engineering, Singh Mukhtiar, 2022
[56] Morphology tuned plasmonic TiN nanostructures formed by angle-dependent sputtering process for SERS measurements, Journal of Materials Science, Barman Tapan, 2023
[57] Influence of magnetron sputtering process on the stability of WO_3 thin film gas sensor, Materials Today Communications, Zhu Chaoqi, 2023
[58] Effects of oxygen gas in the sputtering process of the WO_3 sensing layer on NO_2 sensing characteristics of the FET-type gas sensor, Solid-State Electronics, Jeong Yujeong, 2023

[59] Synthesis of CuO thin films by a direct current reactive sputtering process for CO gas sensing application, Physica Scripta, Mahana, Debashrita, 2023
[60] [MEMS] Chemical Vapor Deposition (CVD) (1), 나가디's 공부방 (nagadi.tistory.com)
[61] Dopant 물질에 따른 Amorphous carbon layer 특성 분석 연구, 대전대학교, 정원준, 2016
[62] Influence of nitrogen gas over microstructural, vibrational and mechanical properties of CVD Titanium nitride (TiN) thin film coating, Ceramics International, Das Soham, 2021
[63] Tin oxide based nanostructured materials: synthesis and potential applications, Nanoscale, Mishra, 2022
[64] High yield production of 3D graphene powders by thermal chemical vapor deposition and application as highly efficient conductive additive of lithium ion battery electrodes, Carbon, Ji Xixi, 2021
[65] Nucleation and growth dynamics of graphene grown by radio frequency plasma-enhanced chemical vapor deposition, Scientific Reports, Li Na, 2021
[66] A review on supercapacitors based on plasma enhanced chemical vapor deposited vertical graphene arrays, Journal of Energy Storage, Sahoo Surjit, 2022
[67] Insights into the mechanism for vertical graphene growth by plasma-enhanced chemical vapor deposition, ACS Applied Materials & Interfaces, Sun Jie, 2022
[68] Improved AlScN/GaN heterostructures grown by metal-organic chemical vapor deposition, Semiconductor Science and Technology, Manz Christian, 2021
[69] Laser-assisted metal-organic chemical vapor deposition of gallium nitride, physica status solidi (RRL)-Rapid Research Letters, Zhang Yuxuan, 2021
[70] In Situ Dielectric $Al_2O_3/\beta-Ga_2O_3$ Interfaces Grown Using Metal-Organic Chemical Vapor Deposition, Advanced Electronic Materials, Roy Saurav, 2021
[71] Vertical $\beta-Ga_2O_3$ field plate Schottky barrier diode from metal-organic chemical vapor deposition, Applied Physics Letters, Fa rzana Esmat, 2021
[72] 5.3 증착 공정) CVD 장비 종류, 각 장비 장단점, 석사생의 반도체 일기 (yonsekoon.tistory.com)
[73] 박막 형성 기술 시장, 주식회사 야노경제연구소, 2014
[74] Scaled indium oxide transistors fabricated using atomic layer deposition, Nature Electronics, Si Mengwei, 2022
[75] Atomic Layer Deposition of Large-Area Polycrystalline Transition Metal Dichalcogenides from 100 C through Control of Plasma Chemistry, Chemistry of

Materials, Mattinen Miika, 2022
[76] Bimolecular Reaction Mechanism in the Amido Complex-Based Atomic Layer Deposition of HfO_2, Chemistry of Materials, D'acunto Giulio, 2023
[77] Construction of CdS@ZnO core-shell nanorod arrays by atomic layer deposition for efficient photoelectrochemical H_2 evolution, Separation and Purification Technology, Feng Xiangbo, 2023
[78] Stabilizing supported Ni catalysts for dry reforming of methane by combined La doping and Al overcoating using atomic layer deposition, ACS Catalysis, Ahn Sol 2022
[79] Atomic layer deposition fabricated core-shell nanostructures for enhanced polyetherimide composite dielectrics, Journal of Materials Chemistry A, Wu Xudong, 2022
[80] Nanostructuring Pt-Pd Bimetallic Electrocatalysts for CO_2 Reduction Using Atmospheric Pressure Atomic Layer Deposition, ChemCatChem, Li Ming, 2022
[81] CNT-ZnO core-shell photoanodes for photoelectrochemical water splitting, Coatings, Prasadam Vasu Prasad, 2022
[82] Excellent long-term stable H_2S gas sensor based on Nb_2O_5/SnO_2 core-shell heterostructure nanorods Applied Surface Science, Mao Li-Wen, 2022
[83] Heterostructured α-Fe_2O_3@ZnO@ZIF-8 Core-Shell Nanowires for a Highly Selective MEMS-Based ppb-Level H_2S Gas Sensor System, Small, Zhu Li-Yuan, 2022
[84] 하프늄 실리케이트 박막의 플라즈마 원자층 증착 공정과 VCSEL (Vertical Cavity Surface-Emitting Laser)을 이용한 급속 열처리 공정 연구, 홍익대학교, 김재환, 2019
[85] A brief review of atomic layer deposition: from fundamentals to applications, Stanford University, Richard W. Johnson, 2014
[86] ITO 후면전극을 이용한 반투광형 CIGS 박막 태양전지 특성연구, 동아대학교, 박세준, 2021
[87] 첨단기술융합 고부가가치 마스크팩 개발, 제주대학교, 2012
[88] UV Blocking Ga_2O_3/Cu_2O Heterojunction Photoelectric Device, 인천대학교, 주영웅, 2023
[89] 스퍼터링 장치의 구성, 개날연 블로그 (marriott.tistory.com)
[90] [신소재공학] Sputtering을 이용한 Ti 증착(요소설계) - 반도체 형성 원리에 대해 (blog.naver.com/hhmj4001)
[91] 드디어 스퍼터링!! #1. 시편 장착, 스퍼터 작동 및 세팅 확인, 개날연 블로그

(marriott.tistory.com)
[92] FA기반 페로브스카이트 태양전지의 대면적화와 다형질제어를 위한 연구, 한밭대학교, 김한솔, 2021
[93] VPI Coater Global, What is DC and RF Sputtering (www.vpi2004.com)
[94] Science all, 글로 방전 (glow discharge) (www.scienceall.com)
[95] 대기압 플라즈마 젯 어레이의 방전 특성과 활성 산소 종 측정, 동아대학교, 김동영, 2018
[96] 플라즈마 관련 기초지식, 플라즈마응용연구실 (pal.snu.ac.kr)
[97] [Etch 공정 심화 3] 플라즈마 종류와 응용 (Feat.Dry Etch) (castorpollux1010.tistory.com)
[98] 플라즈마 전자공학, 교문사(청문각), 정진욱, 2017
[99] 플라즈마 방전 글로우 영역들 (mcmc.tistory.com)
[100] 스퍼터 건과 타겟 (Sputter Gun and Target) #1. 일반적인 건과 타겟의 모습, 개날연 블로그 (marriott.tistory.com)
[101] Useful Information and Facts about Practice of Sputtering, SPECS GmbH - Surface Analysis and Computer Technology, 2012
[102] MFC (Mass Flow Controller): 질량유량제어기란?, LakePark, (wahf10.tistory.com)
[103] 가스 공급 - 질량 유량계 MFC(Mass Flow Controleer), 개날연 블로그 (marriott.tistory.com)
[104] 코딩 부스터, Mass Flow Controller 이란? (blog.naver.com/posionsnake)
[105] Gas Correction Factors for Thermal-based Mass Flow, MKS Instruments (mks.com)
[106] 기판(substrate)의 선택과 세척, 개날연 블로그 (marriott.tistory.com)
[107] 스퍼터링 공정변수 #5. 반응성 스퍼터링 - 분압(1), 개날연 블로그 (marriott.tistory.com)
[108] 스퍼터링 공정변수 #1. 인가전력(파워), 개날연 블로그 (marriott.tistory.com)
[109] 가이슬러관 (방전관), 현대이엔지 (blog.naver.com/rhkstn813)
[110] 진공도 측정 - 진공 게이지 (Vacuum Gauge or Pressure Gauge), 개날연 블로그 (marriott.tistory.com)
[111] 탄성식 압력계의 원리, 사물인터넷의 핵심 - 스마트센서로 정복하다 (blog.naver.com/iotsensor)
[112] 진공 게이지 종류, 사물인터넷의 핵심 - 스마트센서로 정복하다 (blog.naver.com/iotsensor)
[113] SRS, Stanford Research System (https://www.thinksrs.com)
[114] CAPACITANCE DIAPHRAGM VACUUM GAUGE EXPLAINED, SENS4

(sens4.com)
[115] Recommended practice for calibrating vacuum gauges of the thermal conductivity type, Journal of Vacuum Science & Technology A, R. E. Ellefson, 2000
[116] #1. 진공공학 진공게이지 - 가이슬러관, 피라니게이지, 이온화게이지, 열전자형 이온게이지, 감성공대남 (blog.naver.com/cola400won)
[117] Pressure Measurement, Encyclopedia of Applied Physics, W. Große Bley, 2019
[118] [진공]2.Roughing Pumps(저진공펌프), 진공과 플라즈마 공정 (blog.naver.com/kuwon3369)
[119] 진공 펌프의 이해 - 로터리 펌프(Oil Sealed Rotary Vane Pump), InfoRADCorp. (www.inforad.co.kr)
[120] 건식진공펌프(스크류), fourislas (blog.naver.com/fourislas)
[121] Vacuum Pumps, IT 톺아보기 (depletionregion.tistory.com/96)
[122] COVAL (www.coval-inc.com)
[123] Fraunhofer (www.ist.fraunhofer.de)
[124] Kurt J. Lesker (www.lesker.com)
[125] iter (www.iter.org)
[126] ULVAC (showcase.ulvac.co.jp/ja)
[127] 진공의 원리화 진공펌프의 종류, 주식회사 지에스이엠 (blog.naver.com/gsem0501)
[128] Matsusada Precision (www.matsusada.com)

찾아보기

국문 찾아보기

영문 찾아보기

사 사

본 성과는 2024년도 정부(산업통상자원부)의 재원으로 한국산업기술진흥원(KIAT)의 지원을 받아 수행된 연구임. (No. P0012453, 2024년 산업혁신인재성장지원사업) 그리고, 본 성과는 2022년도 정부(산업통상자원부)의 재원으로 한국에너지기술평가원(KETEP)의 지원을 받아 수행된 연구임. (No. 20224000000530, GCU-AU 에너지 원자력 재료 국제 협력 공학 인력양성 프로그램)

This work was supported by Korea Institute for Advancement of Technology (KIAT) grant funded by the Korea Government (MOTIE) (No. P0012453, The Competency Development Program for Industry Specialist) and this work was supported by Korea Institute of Energy Technology Evaluation and Planning (KETEP) grant funded by the Korean government (MOTIE) (20224000000530, GCU-AU Energy Nuclear Materials International Cooperation Engineering Human Resources Development Program).

윤영수

- 연세대학교 요업공학 학사(1988)
- 한국과학기술원(KAIST) 원자력공학과 석 · 박사(1990, 1994)
- 한국과학기술연구원(KIST) 박사후연구원(1994～1995)
- 미국 Minnesota 대학교 academic staff (1995～1997)
- 한국과학기술연구원(KIST) 책임연구원(1997～1993)
- 건국대학교 신기술융합학과 부교수(2004～2008)
- 연세대학교 재료공학과 부교수(2008～2012)
- 現) 가천대학교 신소재공학과 교수(2013～)
- 現) 가천대학교 전지 및 에너지 변환 연구소 소장(2013～)

최지혁

- 가천대학교 신소재공학과 에너지재료연구실 박사과정

김수형

- 가천대학교 신소재공학과 에너지재료연구실 박사과정

이운호

- 가천대학교 신소재공학과 에너지재료연구실 박사과정수료

박막 공학의 첫걸음 정가 18,000원

발　행　2024년 9월 30일 초판 1쇄
저　자　윤영수 · 최지혁 · 김수형 · 이운호
발행인　정우용
발행처　도서출판 동화기술
경기도 파주시 광인사길 201(문발동, 파주출판도시)
Tel (031)955-4211～6 donghwapub@nate.com
Fax (031)955-4217 www.donghwapub.co.kr
(등록) 1977년 12월 19일/9-16호

ISBN 978-89-425-9638-6